普通高等教育"十三五"规划教材

土木工程类系列教材

基坑工程

马海龙　梁发云　编著

清华大学出版社

北京

内容简介

本书主要介绍基坑支护工程的理论及计算方法,全书包括绪论、基坑勘察及设计原则、土压力、支挡结构内力、支挡式基坑的稳定性及变形、板式支挡结构(含混凝土灌注桩、型钢水泥土搅拌墙、双排桩、地下连续墙等支护形式)、内支撑系统及锚杆技术、重力式水泥土墙、土钉墙、基坑被动区加固、基坑支护有限元分析、基坑地下水控制、基坑监测等13章内容。

本书可作为土木工程专业本科生和研究生相应课程的教材,也可作为从事岩土工程勘察、土木工程设计、土木工程施工和监理监测等技术人员的参考书。

图书在版编目(CIP)数据

基坑工程/马海龙,梁发云编著.—北京:清华大学出版社,2018(2022.1重印)
(普通高等教育"十三五"规划教材 土木工程类系列教材)
ISBN 978-7-302-50121-3

Ⅰ.①基… Ⅱ.①马… ②梁… Ⅲ.①基坑工程-高等学校-教材 Ⅳ.①TU46

中国版本图书馆 CIP 数据核字(2018)第 106243 号

责任编辑:秦　娜
封面设计:陈国熙
责任校对:刘玉霞
责任印制:宋　林

出版发行:清华大学出版社
　　　　　网　　　址:http://www.tup.com.cn,http://www.wqbook.com
　　　　　地　　　址:北京清华大学学研大厦 A 座　　　　　邮　　编:100084
　　　　　社 总 机:010-62770175　　　　　邮　　购:010-62786544
　　　　　投稿与读者服务:010-62776969,c-service@tup.tsinghua.edu.cn
　　　　　质量反馈:010-62772015,zhiliang@tup.tsinghua.edu.cn
印 装 者:北京国马印刷厂
经　　销:全国新华书店
开　　本:185mm×260mm　　印　张:16.75　　　字　　数:403 千字
版　　次:2018 年 6 月第 1 版　　　　　　　　　印　　次:2022 年 1 月第 6 次印刷
定　　价:49.80 元

产品编号:077176-02

随着经济的发展，大型建筑越来越多，基坑工程越来越受到重视。基坑工程学是土木工程专业中的一门综合性课程，编者依据国家现行建筑基坑工程技术规程，对既有基础知识进行阐述，力求有较强的系统性；同时注重案例的讲解和新技术的推介，兼顾知识的实用性，循序渐进，重点突出。书中既有高校基坑课程教学经验的总结，也有工程实践具体的运用，加强了理论与实践的结合。这本教学用书对基坑工程的设计理论及设计方法有较为清晰的认识与把握，因此更是勘测、设计、施工等从业人员的参考书，它可以解决施工中出现的许多实际问题，对从业的同行一定有所裨益。

依据对基坑工程应用、研究及教学的认识，编者对全书的内容做了精心的选择与安排。本书具有以下特点：

一、全书章节按照支护方法的重要性及常用性安排前后顺序；

二、主要依据现行的行业标准《建筑基坑支护技术规程》（JGJ 120—2012）的条款编写，但考虑到软土深大基坑的复杂性，亦参考了上海市工程建设规范《基坑工程技术规范》（DG/T J08—61—2010）的相关内容，把基坑被动区加固列为一章，提高对软土的适用性；

三、对于有支护方法的章节，公式后面都有精心设计的例题，增加学生对计算公式内容的理解；

四、对主要支护方法，有具体工程案例点评，有成功的案例，也有失败的经验，适当配有工程插图，增加对基坑风险的认识，图文并茂；

五、编写中参考了基坑工程国内外最新研究成果，也把编者对基坑工程的研究及设计认识融入全书中；

六、每章后的习题是针对本章学习内容设计的，每个计算题都是解决基坑设计中的某个问题，针对性强；

七、考虑到土木工程专业优秀本科生及研究生的需求性，将"基坑支护有限元分析"列为一章。

本书由浙江理工大学土木系马海龙、同济大学地下系梁发云编著。第 1~7 章及第 9 章、第 10 章、第 13 章由马海龙编写，第 8 章由梁发云编写，第 11 章、第 12 章由梁发云编写。全书由马海龙统稿。硕士研究生雷珊珊、包彦冉为本书的绘图、计算题的计算做了大量工作，在此表示感谢。

本书是在高等学校土木工程专业规范指导下编写的，并获得浙江理工大学本科教材建设资金资助。

本书虽经多遍审阅校核，可能还存在不妥、疏漏甚至谬误之处，如蒙读者发现，恳请指正批评。联系邮箱 ma-hailong@ 163.com。

编著者

2017 年 12 月

目 录

第 1 章

绪　论

1.1　概述

1.1.1　引言

随着经济的发展,在用地越发紧张的城市中心,结合城市建设和改造开发大型地下空间,诸如地下铁道及地下车站、地下停车库、地下商场、地下变电站、地下仓库、地下民防工事等,以及量大面广的高层建筑的地下结构遍布每一个城市的角角落落,这些无一例外地都要涉及基坑开挖问题。

近年来我国的地下空间平面开发规模越来越大,仅上海市地下空间开发面积达 10 万～30 万 m² 的地下综合体项目就多达几十个。非大型地下综合体基坑开挖面积一般也可达2 万～10 万 m²,常熟新茂星河湾基坑开挖面积为 2.5 万 m²,上海仲盛广场基坑开挖面积为5 万 m²,天津市 117 大厦基坑开挖面积为 9.6 万 m²。

基坑的开挖深度也越来越大,基坑深度为 16.0～25.0m 以上的工程,近年来大量出现。苏州东方之门最大开挖深度为 22.0m,天津津塔开挖深度为 23.5m,上海世博园 500kV 地下变电站开挖深度为 34.0m,新加坡地铁环线 M3 型断面基坑开挖深度为 33.0m。

由于基坑不是孤立的开挖,受到周围环境条件的限制,这些深大基坑通常都位于建筑密集的城市中心,基坑工程周围布满地下管线、建筑物、交通干道、地铁隧道等各种地下构筑物,施工场地狭小、地质条件复杂、施工作业难度大、周边设施环境保护要求高。所有这些都导致基坑工程的设计和施工难度越来越大,重大恶性基坑事故不断发生,工程建设的安全生产形势越来越严峻。基坑周边典型环境条件如图 1-1 所示。

1.1.2　基坑定义及基坑的安全评估

为进行建(构)筑物地下部分的施工,由地面向下开挖出的空间就是基坑。基坑是一个系统工程,包括勘察、设计、施工、监测等内容。勘察设计方面,主要包含岩土工程勘察、基坑支护结构的设计、地下水控制等。施工方面,涉及各种支护结构的施工工艺、施工方法等。工程监测方面,不仅有对支护结构本身的监测,还有对周围环境的监测。

基坑工程既是一门系统工程,同时又是一门风险工程。在设计、施工中既要保证整个支护结构在施工过程中的安全,又要控制结构的变形和周围土体的变形,保证周围环境条件不因基坑的施工而受到明显影响。

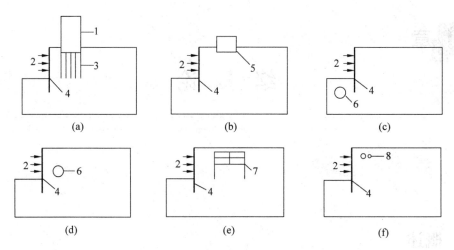

图 1-1　基坑周边典型的环境条件

（a）基坑周边存在桩基础建筑物；（b）基坑周边存在浅基础建筑物；（c）坑底以下存在隧道；
（d）基坑旁边存在隧道；（e）基坑周边存在地铁车站；（f）基坑紧邻地下管线
1—建筑物；2—基坑；3—桩基；4—围护墙；5—浅基础建筑物；6—隧道；7—地铁车站；8—地下管线

正是因为基坑工程的特殊性，所以应该分阶段对基坑工程做好安全评估。这些安全评估阶段包含基坑工程的安全勘察、安全设计、安全施工、安全监测与控制、安全分析与决策，以及信息化在基坑工程安全中的应用。上述安全性评估任一项出错，都有可能给基坑安全、周围环境安全带来不良后果。

1.2　基坑事故案例

1.2.1　杭州地铁湘湖站北 2 号基坑坍塌事故

湘湖站为杭州地铁一号线的起始站，车站为南北向，总长 934.5m，标准宽 20.5m，为 12.0m 宽岛式站台车站。车站全长分为 8 个基坑，发生事故的为南北走向的 2 号基坑，该基坑长 107.8m，宽 21.05m，基坑深度 15.7～16.3m。基坑采用地下连续墙＋四道钢管内支撑支护，地下连续墙厚度 0.8m，嵌入基坑底面以下深度 17.3m，由于⑥1 层淤泥质粉质黏土较厚，墙底还是悬浮于⑥1 层淤泥质粉质黏土之中。2008 年 11 月 15 日 15:15 左右，北 2 基坑西侧风情大道长约 75.0m 路面发生塌陷，造成 17 人死亡、4 人失踪。基坑事故现场如图 1-2 所示。

（a）　　　　　　　　　　　　　　　　　　（b）

图 1-2　杭州地铁湘湖站基坑事故图

1．事故调查组分析造成事故的直接原因

（1）土方超挖。设计文件规定，基坑开挖至支撑设计标高以下 0.5m 时，必须停止开挖，及时设置支撑，不得超挖。但实际开挖时，在拟设置最下一道支撑时，有的地段已挖至基坑底面，支撑架设和垫层浇筑不及时。

（2）支撑体系存在薄弱环节。设计单位没有提供支撑钢管与地下连续墙的连接节点详图及钢管连接点大样图，没有提出相应的技术要求，也没有对钢支撑与地连墙预埋件提出焊接要求，实际上是没有进行焊接。局部范围地连墙产生过大侧向位移，造成有的支撑轴力过大及严重偏心，导致支撑体系失稳。

（3）监测工作处于失效状态。11 月 15 日前，地面最大沉降已达 316mm，测斜管测得 18m 处最大位移 43.7mm，11 月 13 日时最大侧向位移已达 65mm，均早已超过报警值，但均未报警。

2．造成事故的间接原因

（1）原方案设计时，设计单位曾提出在基坑被动区进行条状水泥土搅拌桩加固，后施工单位建议用降水固结，取代条状加固措施，设计单位在施工图设计时提出：①基坑内地下水降低到结构内部构件最低点以下 1.0m 处，并大于基坑底面以下 3.0m；②基坑开挖前进行降水试验，并应提前 4 周进行降水；③地面沉降超过报警值时，应停止降水，并及时上报。但实际施工时并未完全遵照执行。

（2）原勘察单位和后来补充勘察单位所提供的土层物理力学性质指标差异并不大，如④2、⑥两层软土，后者的含水量及孔隙比均比前者低，但未根据当地软土特点，综合判断及合理选用基坑围护设计参数，力学参数选用偏高，降低了基坑体系的安全储备。

（3）监理对不符合设计要求及规范的严重行为制止不力。

1.2.2　新加坡 Nicoll 大道地铁基坑事故

2004 年 4 月 20 日下午 3：30 左右，新加坡地铁环线 C824 标段的一段明挖区段隧道，在挖至第 10 道（也是最后一道）支撑的时候，长约 100.0m 区段的围护体系完全崩溃，造成 4 人死亡，紧邻基坑的 Nicoll 快速道路也相应塌陷中断，相关的城市生命线（如煤气管线，66kV 高压电缆）等严重受损。事故现场如图 1-3 所示。

(a)　　　　　　　　　　　　　　(b)

图 1-3　新加坡 Nicoll 大道地铁基坑事故现场图

C824 标段围护结构采用 800～1000mm 厚地下连续墙,开挖深度 34.5m。墙体设计深度为 38.1～43.2m,采用标准的明挖顺作。自上而下设 10 道 H 型钢支撑,基坑被动区设计两层旋喷桩满堂加固,上层 2.0m 厚(实际施工 1.5m),位于第 9、10 道支撑之间,下层 2.6m 厚,设在底板以下。有一根 66kV 的高压电缆斜穿过该区段,在 66kV 电缆穿过的两侧地连墙由 800mm 增加到 1000mm。支护剖面图如图 1-4 所示。

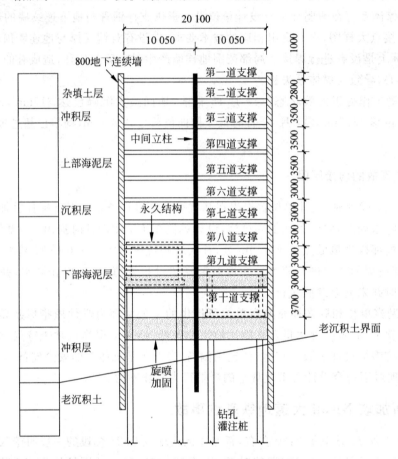

图 1-4 Nicoll 大道地铁基坑支护剖面图(单位:mm)

造成本次事故的原因分析如下:

首先是设计者采用错误的土体抗剪强度指标。设计采用的是有效应力强度指标,直接导致抗剪强度指标大于土体的真实工作抗剪强度指标。在开挖深度范围内大部分为海泥,该土层具有含水量高、强度低和透水性差等特点。对该土层采用有效应力强度指标会导致高估土体强度,从而使计算的围护体系的变形和内力均较实际情况低,导致围护体系的设计偏于不安全。

其次是对竖向支护体最大容许水平变形的多次修正。2004 年 2 月 23 日,当开挖到第 6 道支撑,I-65 测斜孔读数达到 159.0mm,超过设计限制值 145.0mm,LTA(业主方,新加坡陆路交通局)因此要求停止开挖并进行反分析,NLCJV(总承包方,包括设计)按照原模型进行反分析。反分析中,却对输入的参数进行折减以达到需要的拟合效果。本次反分析的结果表明,地下连续墙的最大变形将达到 253.0mm,并认为在这范围内是容许的,该值因此被建议为新的设计限值。预测到的最大弯矩为 2339.0kN·m/m,多处超出地下连续墙的极限承载力。反分析报告还预测到在第 4、5、8 道和第 9 道支撑轴力会增加,第 5 道支撑轴力将增加高达 52%。尽管计算表明墙体已经超出了极限承载力,支撑轴力在大幅度增加,可是反分析并未对围护体系设计进行重新评估,而是选择了加强观测作为应对措施,于是施工又重新开始。

就在第一次反分析报告准备正式提交时,2004 年 4 月 1 日,当开挖进行到第 9 道支撑时,I-104 测到的最大读数为 302.9mm,再次超出了第一次反分析建议的限值 253.0mm,该断面的第二轮反分析又开始了。鉴于施工进度紧迫,现场并没有因此停工。和前面四次反分析一样(其他断面也出现了险情,进行了四次反分析),在第一次反分析基础上进一步折减参数以达到拟合的效果。本次反分析的结果表明,实际弯矩已经超出地下连续墙承载力,支撑轴力较上次的反分析结果又有大幅度增加。

就施工监测而言,一些测点的布设与安装不符合要求,导致测得的读数不能真实地反映实际情况,对一些敏感和高风险的区段没有引起相应的重视,对异常的监测数据没有给出合理解释等,说明施工监测存在诸多薄弱环节,没有发挥其应有的功效。

1.2.3 基坑事故潜在因素

在工程建设中所发生的重大事故,以地下工程居多,地下工程事故中又主要是与基坑工程相关的事故。基坑工程由于其固有的特性加上人们认识上存在的偏差,其事故发生率居高不下。

从以上两例基坑事故看,基坑事故往往是由多方面的原因造成的。根据国际隧道工程保险集团对施工现场发生安全事故原因的调查结果表明:地下工程发生事故的原因是多方面的,其中设计失误占 41%,施工缺陷占 21%,不可抗力占 18%,勘察责任占 12%,缺乏信息沟通占 8%。可以说,没有任何一种土建设计的失误率超过地下工程设计,所以读者一定要注意,地下工程设计者承担着更大的风险。

1.3 基坑工程的特点

1. 风险性大

基坑支护体系是临时性结构,除了少数"两墙合一"的支护结构是按较高的安全储备设计之外,大部分的支护结构在设计计算时,有些荷载,如地震荷载不加考虑,除特殊要求外,水平荷载也只按主动土压力考虑,相对于永久性结构而言,在强度、变形、防渗、耐久性等方面的要求会低一些,安全储备较小。基坑工程具有较大的风险性,对设计、施工和监测的要求更高。

2. 区域性强

场地的工程地质条件和水文地质条件对基坑工程性状具有极大的影响。我国幅员辽阔,地质条件变化大,软土、砂性土、黄土、岩石等地基中的基坑工程所采用的围护结构体系差异很大,即使是同一种土层,由于含水量不同、地下水的水位不同、是否有承压水等,对基坑工程的性状同样影响很大。围护结构体系的设计、基坑的施工均要根据具体的地质条件因地制宜,不同地区的经验只供参考借鉴。

3. 环境条件影响大

基坑工程围护结构体系受到周围建筑物和地下管线等的影响,根据周边环境的重要性选择基坑工程设计方案,是依据基坑本身的稳定性控制或是变形控制。若周围环境复杂,周边建(构)筑物重要性高,基坑设计需要按照变形控制。若基坑处于空旷地区,支护结构的变形不会对周边环境产生不良影响,基坑设计可按稳定性控制进行。

4. 综合性强

基坑工程的设计和施工不仅需要岩土工程方面的知识,也需要结构工程方面的知识。同时,基坑工程中设计和施工是密不可分的,设计计算的工况必须和施工实际的工况一致才能确保设计的可靠性。设计人员必须了解施工,施工人员应该了解设计,施工人员尤其要领会设计的各种工况。设计计算理论的不完善和施工中的不确定因素会增加基坑工程失效的风险,所以,需要设计、施工人员具有丰富的现场实践经验。

5. 计算理论不完善

这里包含两层含义,一是土压力的计算,二是支护结构的计算。

作用在基坑围护结构上的土压力不仅与位移大小、方向有关,还与作用时间有关。目前,应用于工程的土压力理论还不完善,实际设计计算中往往采用经验取值,或者按照朗肯土压力理论或库仑土压力理论计算,然后再根据经验进行修正。在考虑地下水对土压力的影响时,是采用水土压力合算还是分算更符合实际情况,在学术界和工程界认识还不一致,各地制定的技术规程或规范中的规定也不尽相同。

早期的基坑支护结构设计主要依据古典的土力学原理,采用静力平衡的解析法。古典方法主要有卜鲁姆(H. Blum)的极限平衡法、求解入土深度的盾恩法、考虑板桩或支撑合理受力的等弯矩法及等反力法等。这些古典方法解决了一些基坑的基本问题,但计算仅限于力的平衡,较少考虑实际施工工况,采用这些计算方法所得到的计算结果用于基坑支护结构分析时,内力与实际情况的误差较大,难以反映复杂地下工程的施工工况,一般只适用于小型的简单基坑。之后提出了一种近似计算方法——等值梁法,它与实际吻合度较好,计算方法简单,在工程中逐渐广泛运用,并在单支点等值梁计算法的基础上,通过适当假定,形成了多支点板桩墙的计算模式,使之成为当时基坑设计常用的方法。在基坑支护结构日趋复杂的情况下,需要进行不同工况的分析,于是就提出了考虑施工工况的设计方法,但至此为止,基坑设计仍是以静力平衡的解析法为主,无法进行变形分析。

弹性支点法(或称弹性基床系数法)较好地解决了力和变形的计算问题,成为目前设计的主要方法之一,也是我国现行基坑工程规范推荐的主要计算方法。

6. 时空效应强

实践发现,基坑工程具有明显的时空效应。时空效应指基坑支护结构的变形和周边地层的变形随时间推移而发展,也因开挖的空间尺度、开挖后的坑底暴露面积而不同,对指导基坑设计与施工具有很强的实际意义。土体所具有的流变性对作用于围护结构上的土压力、土坡的稳定性和围护结构变形等有很大的影响。这种规律尽管已被初步的认识和利用,形成了一种新的设计和施工方法,但离完善还是有较大的距离。

1.4 基坑工程主要支护方法

基坑支护总体方案的选择直接关系到工程造价、施工进度及周围环境的安全。总体方案主要有顺作法和逆作法两类基本形式,它们具有各自的特点。在同一个基坑工程中,顺作法和逆作法也可以在不同的基坑区域组合使用,从而在特定条件下满足工程的技术经济性要求。基坑工程的总体支护方案分类如图 1-5 所示。

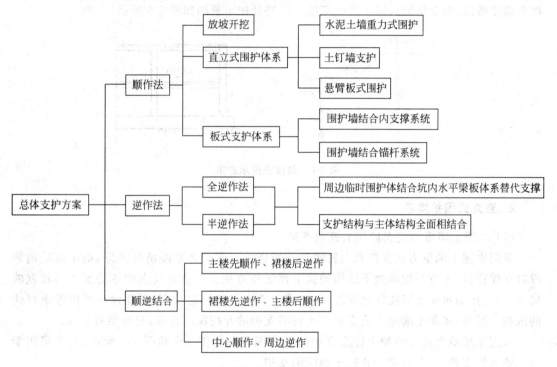

图 1-5 基坑工程总体支护方案分类

逆作法只在某些特殊情况下使用,比如严格控制周围环境变形时采用,本书主要讲解顺做法施工。

所谓顺作法,是指先施工周边围护结构,然后由上而下分层开挖,并依次设置水平支撑(或锚杆系统),开挖至坑底后,再由下而上施工主体地下结构基础底板、竖向墙柱构件及水平楼板构件,并按一定的顺序拆除水平内支撑系统(如果有水平内支撑),进而完成地下结构施工的过程。当不设支护结构而直接采用放坡开挖时,则是先直接放坡开挖至坑底,然后自下而上依次施工地下结构。

顺作法是基坑工程的传统开挖施工方法,施工工艺成熟,支护结构体系与主体结构相对独立,相比逆作法,其设计、施工均比较便捷。由于是传统工艺,对施工单位的管理和技术水平的要求相对较低,施工单位的选择面较广。

另外,顺作法相对于逆作法而言,其基坑支护结构的设计与主体设计关联性较低,受主体设计进度的制约小,基坑工程有条件可以尽早开工。顺作法常用的总体方案包括放坡开挖、直立式围护体系和板式支护体系三大类。其中直立式围护体系又可分为水泥土墙重力式围护、土钉墙支护和悬臂板式支护(双排桩支护),板式支护又包括竖向支护体结合内支撑系统和竖向支护体结合锚杆系统两种形式。

1. 放坡开挖

放坡开挖一般适用于浅基坑,土层条件较好。由于基坑敞开施工,工艺简便、造价节约、施工进度快。但这种施工方式要求具有足够的施工场地,否则将限制放坡范围。另外,采用大放坡后,将明显增加土方开挖量,给土方的堆放也提出要求,土方回填量相比有支护的基坑大幅度增加,也要保证回填土的密实度。放坡开挖示意图如图1-6所示。

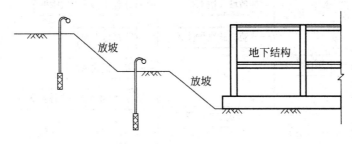

图1-6 放坡开挖示意图

2. 直立式围护体系

(1)水泥土墙重力式支护和土钉墙支护

采用水泥土墙重力式支护和土钉墙支护的直立式支护体系经济性较好,由于基坑内部没有支撑杆件,土方开挖和地下结构的施工都比较方便。但直立式支护体需要占用较宽的场地空间,比如水泥土墙往往比较厚,土钉墙中的土钉有一定长度,因此设计时应考虑红线的限制。另外,水泥土墙重力式支护和土钉墙支护的开挖深度有限,对地层有要求。

水泥土墙重力式支护和土钉墙支护的示意图分别如图1-7和图1-8所示,前者多用于软土地区的支护,后者则用于非软土地区的支护。

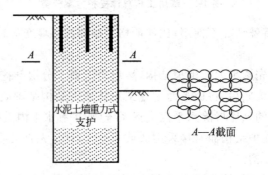

图1-7 水泥土墙重力式支护示意图

(2)悬臂板式支护

悬臂板式支护指采用具有一定刚度的板式支护体,如钻孔灌注桩、地下连续墙或者钢板桩。单排悬臂灌注桩支护一般用于浅基坑,在工程实践中,由于其顶部变形较大,材料性能难以充分发挥,经济性不好,用在基坑支护上比较少。

双排桩、格形地下连续墙等所构成的悬臂板式支护体系,加宽了挡土结构厚度,整体刚度显著增大,有效减小变形,支挡性能比单排桩明显改善。图1-9为双排桩支护剖面示意图。

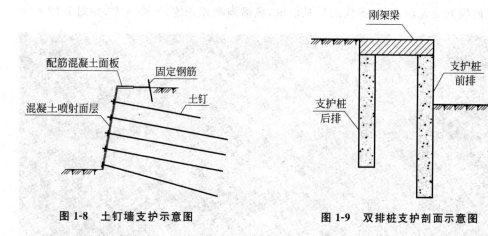

图1-8 土钉墙支护示意图　　　　　图1-9 双排桩支护剖面示意图

3. 板式支护体系

板式支护体系由支护墙(竖向支护体)和内支撑(或锚杆)组成,支护墙的形式主要包括地下连续墙、一字形排列的灌注桩、型钢水泥土搅拌墙、钢板桩及钢筋混凝土板桩等。内支撑可采用钢筋混凝土支撑和钢支撑。

(1)支护墙结合内支撑系统

在基坑周边环境条件复杂、开挖深度较大、变形控制要求高的软土地区,支护墙结合内支撑系统是常用的支护形式。支护墙结合内支撑系统的典型基坑支护剖面如图1-10所示。

(2)支护墙结合锚杆系统

支护墙结合锚杆系统,系利用锚杆抗拔力来抵抗作用在支护墙上的侧压力,锚杆依赖土体本身的强度来提供锚固力,因此土体的强度越高,锚固效果越好,反之越差,这种支护方式不适用于软弱地层。支护墙结合锚杆系统的典型基坑支护剖面如图1-11所示。

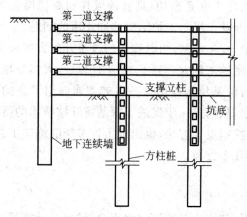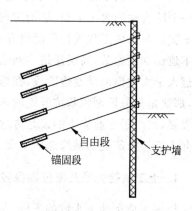

图1-10 支护墙结合内支撑系统示意图　　　图1-11 支护墙结合锚杆支护系统示意图

1.5 基坑工程发展展望

基坑工程是一个古老而又具有时代特点的岩土工程课题,最早的放坡开挖及简易木桩围护可追溯到公元前,比如秦代的兵马俑坑,纵横沟槽式开挖,气势恢宏,如图 1-12 所示。

图 1-12 秦代兵马俑坑

随着经济的高速发展及城市化进程的加快,城市地下空间利用、高层建筑、地下轨道交通及设施的建设使得基坑工程施工及设计的难度不断增大,由此引出了诸多关于基坑工程的研究课题,也相应地为施工及科研人员提供了更丰富的研究背景。

随着工程实践的不断深入,基坑工程学作为一门新学科正在逐步形成。基坑工程是集岩土工程和结构工程于一体的系统工程,并且与施工联系密切,具有地域性和高风险性,既是一个综合性的岩土工程、结构工程问题,又是涉及土层与支护结构共同作用的问题。

我国对基坑工程进行广泛研究始于 20 世纪 80 年代初,当时我国的改革开放方兴未艾,基本建设如火如荼,高层建筑不断涌现,基坑深度越来越大。到了 90 年代以后,大多数城市都进入了大规模旧城改造阶段,在繁华市区进行深基坑开挖给这一古老课题提出了新的要求,那就是如何控制深基坑开挖的环境效应问题,从而进一步促进了深基坑开挖技术的研究与发展,产生了一些先进的设计方法,比如变形控制设计方法,也出现了许多新的施工工艺。引起人们广泛研究的基坑课题主要集中在以下几个方面。

1. 土工试验标准及原位勘探技术

根据土质和地下水位的不同,基坑设计中提出"水土分算"和"水土合算"两种计算模式,这两种模式需采用不同的土体物理力学性质指标,目前不同的规范对这些指标的规定不尽相同,需要加强研究,提高认识水平。

很多情况下,不同勘察单位对同一种土层提供的参数有一定的差异性。造成这种情况的原因,一是现场取土是否扰动,二是室内试验人员的试验水平。这些原因都会导致较难真实反映土体原位状况,对于灵敏度高的软黏土来说,则应尽可能地采用原位测试结果。目前常用的静力触探、十字板剪切试验等原位测试技术在操作及精度方面尚有改进和提高的空间。

随着深基坑工程对勘探技术要求的提高,需要加强该领域的研究,提高原位测试技术水平。

2. 优化设计计算的理论和方法

传统的库仑主动土压力理论主要适用于重力式挡土墙等刚性支挡结构,而不适合柔性支挡结构。对于柔性支挡体系,Terzaghi 和 Peck 曾经提出过一个经验方法,被西方文献和规范采用。而我国规范推荐的方法是建立在经典的朗肯和库仑土压力理论上,用于原状土和柔性支挡结构中不尽合理,需对此进行补充完善。作用在挡土墙上的土压力大小与挡土墙位移大小有关,应发展考虑位移影响的土压力理论。

有限元法可以考虑多种因素如土体的非线性、弹塑性、流变性和应力路径等复杂因素的影响,可以获得分析和设计基坑所需的重要信息,如墙后地面沉降情况、土体内的塑性区发展情况等。但有限元法在应用中存在土体本构模型和模型参数难以确定等问题。

如何结合实际工程对现有的设计方法进行完善,提出实用可靠的深基坑设计计算方法,特别是发展按变形控制的基坑设计理论,将是未来深基坑工程理论的一个重要发展方向。

3. 完善相关的工程控制标准

深基坑工程事故可分为两类:一类是支护体系的自身破坏,另一类是开挖支护过程中引起相邻建(构)筑物及市政设施破坏或影响其正常使用。对在城市建筑物密集地区设计的深基坑支护结构来说,需要严格控制周边地面沉降,因而多采用基于变形控制的预警制度,重视对其周边建筑及管线的保护。在设计时如何控制周围地面沉降以及如何确定变形控制的临界值仍是一个难题,相关控制标准亟须完善。

4. 发展新型支护结构形式

深基坑支护技术的发展带动了一批新型支护结构的出现,它们有各自的优点和适用范围。未来大量深基坑工程的建设也必然催生更多新型支护结构的出现,如何根据实际工程情况提出新的支护形式,以及如何将主体结构与支护结构有机结合起来,将是下一步深基坑支护技术的重要发展方向。

5. 时空效应及动态设计和信息化施工技术

深基坑的设计施工具有很强的时空效应,基坑每步开挖土层的面积大小、深度、形状等空间因素以及开挖面无支撑暴露时间、开挖速度、开挖顺序等时间因素对基坑支护结构及周围土体的变形影响显著。实际工程中,支护结构所承受的土体压力是随开挖过程而变化的,支护结构适应的是动态变化的环境条件。时空效应理论的一个重要特点就是采用动态设计,把施工工序和施工参数作为必需的设计依据,并以切实执行施工工艺和施工参数作为实现设计要求的保证。

深基坑工程施工条件的复杂性和多变性决定了其设计不可能一次完成,合理的设计方案应是根据实际的工程状态不断做出调整,因此应在深基坑的设计施工中大力推广动态设计和信息化施工技术,及时根据现场情况优化设计方案,确保设计方案的合理性、实用性。

21 世纪进入了向地下要空间的时代,随着大型地下商业广场、地下车库、地下泵房以及地铁的大规模兴建,基坑工程将面临更多的挑战。

习题

 1.1 什么是基坑?基坑的安全评估有哪些内容?

 1.2 顺作法施工时,基坑支护形式有哪些?

 1.3 引起新加坡 Nicoll 大道基坑坍塌的主要原因有哪些?

 1.4 基坑工程的特点是什么?

 1.5 基坑工程的热点研究课题有哪些?

第2章

基坑勘察及设计原则

2.1 基坑工程勘察

从事任何方面的土木工程设计之前,都要进行岩土工程勘察,为设计提供足够的岩土工程方面的参数。作为高度依赖岩土参数进行设计的基坑工程,对岩土工程勘察有较高的要求。目前基坑工程勘察技术要求,既要满足行业标准《建筑基坑支护技术规程》(JGJ 120—2012),又要满足国家标准《岩土工程勘察规范》(GB 50021—2001)(2009 年版)。

2.1.1 岩土工程勘察

1. 基坑工程的岩土勘察规定

(1) 勘探点范围应根据基坑开挖深度及场地的岩土工程条件确定。基坑外宜布置勘探点,其范围不宜小于基坑深度的 1 倍。当需要采用锚杆时,基坑外勘探点的范围不宜小于基坑深度的 2 倍。当基坑外无法布置勘探点时,应通过调查取得相关勘察资料并结合场地内的勘察资料进行综合分析。

(2) 勘探点应沿基坑边布置,其间距宜取 15~25m。当场地存在软弱土层、暗沟或岩溶等复杂地质条件时,应加密勘探点并查明其分布和工程特性。

(3) 基坑周边勘探孔的深度不宜小于基坑深度的 2 倍。基坑面以下存在软弱土层或承压水含水层时,勘探孔深度应穿过软弱土层或承压水含水层。

(4) 应按现行国家标准《岩土工程勘察规范》(GB 50021—2001)(2009 年版)的规定进行原位测试和室内试验,并提出各层土的物理性质指标和力学指标。对主要土层和厚度大于 3m 的素填土,应进行抗剪强度试验并提出相应的抗剪强度指标。

(5) 当有地下水时,应查明各含水层的埋深、厚度和分布,判断地下水类型、补给和排泄条件。有承压水时,应分层测量其水头高度。

(6) 应对基坑开挖与支护结构使用期内地下水位的变化幅度进行分析。

(7) 当基坑需要降水时,宜采用抽水试验测定各含水层的渗透系数与影响半径,勘察报告中应提出各含水层的渗透系数。

(8) 当建筑地基勘察资料不能满足基坑支护设计与施工要求时,应进行补充勘察。

2. 基坑工程周边环境调查

基坑支护设计前,除了要有岩土工程勘察报告,还应查明基坑周边环境条件。

（1）既有建筑物的结构类型、层数、位置、基础形式和尺寸、埋深、使用年限、用途等。

（2）各种既有地下管线、地下构筑物的类型、位置、尺寸、埋深等。对既有供水、污水、雨水等地下输水管线，尚应包括其使用状况及渗漏状况。

（3）道路的类型、位置、宽度，道路行驶情况，最大车辆荷载等。

（4）基坑开挖与支护结构使用期内施工材料、施工设备等临时荷载的要求。

（5）雨期场地周围地表水汇流和排泄条件。

场地浅层土的性质对围护体的成孔施工有较大的影响，因此应予详细查明。可在沿基坑周边布置小螺纹钻孔，孔间距可为 10.0～15.0m。发现暗浜及厚度较大的杂填土等不良地质现象时，可加密孔距，控制其边界的孔距为 2.0～3.0m。场地条件许可时宜将探摸范围适当外延，探摸深度应进入正常土层不少于 0.5m。当场地地表下存在障碍物而无法按要求完成浅层勘察时，可在施工清障后进行施工勘察。

2.1.2 地下水的勘察

地下水是基坑勘察中的重要工作内容之一，勘察报告应提供场地内上层滞水、潜水、裂隙水以及承压水等有关参数，包括埋藏条件、地下水位、土层的渗流特性及产生管涌、流砂的可能性。

当场地水文地质条件复杂，在基坑开挖过程中需要对地下水进行治理（降水或隔渗）时，应进行专门的水文地质勘察。当基坑开挖可能产生流砂、流土、管涌等渗透性破坏时，应有针对性地进行勘察，分析评价其产生的可能性及对工程的影响。当基坑开挖过程中有渗流时，地下水的渗流作用宜通过渗流计算确定。

2.1.3 地下障碍物

勘察应提供基坑及围护墙边界附近场地填土、暗浜及地下障碍物等不良地质现象的分布范围与深度，并反映其对基坑的影响情况。常见的地下障碍物有：

（1）回填的工业或建筑垃圾；

（2）原有建筑物的地下室、浅基础或桩基础；

（3）废弃的人防工程、管道、隧道、风井等。

2.1.4 周边环境条件

环境保护是基坑工程的重要任务之一，在建筑物密集、管线众多的区域，环境保护问题尤其突出。在不了解周围建（构）筑物及设施情况时就进行盲目开挖，极易造成损失，且有些后果很严重。因此基坑工程在设计前应进行环境调查，了解周边环境的详细资料，为设计和施工采取针对性的保护措施提供依据。

1. 红线

国内许多地区明文规定，基坑支护结构不得超越红线。基坑开挖边线与红线之间的距离，要满足设置围护体的宽度要求，同时在拟建的地下结构外墙与围护体之间，为了进行模板架设以及防水层施工，通常还需要留设不少于 0.8m 的施工空间。因此，基坑周边围护体的选型，应满足地下结构外墙与红线之间的距离要求。

2. 建(构)筑物

当基坑临近有建筑物、地铁隧道、地铁车站、地下车库、地下通道、地下商场、防汛墙、共同沟等建(构)筑物存在时,应查明其与基坑的平面和剖面关系,并获取这些建(构)筑物本身的有关资料,如层高、基础埋深、结构形式、荷载状况、使用状况、对变形的敏感程度等。一般而言,当建(构)筑物的保护要求较高,基坑工程设计和施工中需采取有效的保护措施确保其安全。

3. 市政管线与道路

地下管线的种类很多,如雨水管、污水管、上水管、煤气管、热水管道、电力管线、电话通信电缆、广播电视电缆等。由于地下管线的保护要求多种多样,且有的地下管线年代已久,难以查清,但又很易损坏,因此应与管线管理单位协商,综合确定管线的容许变形量及监控实施方案。

城市区域的基坑工程,周边常常临近道路,一方面基坑开挖可能会对周边的道路产生影响,严重时会导致周边道路的破坏而产生严重的后果,另一方面临近道路的交通荷载也会对基坑的受力、变形产生影响,因此必须调查基坑周边的道路状况。调查的内容一般包括道路的性质、类型、与基坑的位置关系、路基与路面结构类型、交通流量、交通荷载、交通通行规则等。

2.1.5　勘察报告应提供计算所需的参数和建议

(1) 边坡的局部稳定性、整体稳定性和坑底抗隆起稳定性;
(2) 坑底和侧壁的渗透稳定性;
(3) 挡土结构和边坡可能发生的变形;
(4) 降水效果和降水对环境的影响;
(5) 开挖和降水对临近建筑物和地下设施的影响。

2.1.6　勘察报告应包含的内容

(1) 与基坑开挖有关的场地条件、土质条件和工程条件;
(2) 提出处理方式、计算参数和支护结构选型的建议;
(3) 提出地下水控制方法、计算参数和施工控制的建议;
(4) 提出施工方案和施工中可能遇到的问题及防治措施和建议;
(5) 对施工阶段的环境保护和监测工作的建议。

2.2　土的主要物理力学参数

岩土工程勘察可以获得土的物理力学性质指标,是基坑支护设计计算重要的参数。特别是土的抗剪强度指标,在土压力计算和基坑稳定性验算中均要使用,而土的渗透系数则是抗渗流稳定性、设计降水方案时必不可少的参数。

2.2.1 土的抗剪强度指标

土的抗剪强度指标可通过室内三轴剪切试验、直接剪切试验,或原位的标准贯入试验、十字板剪切试验等方法得到。三轴剪切试验、直接剪切试验等室内试验得到的参数见表 2-1。

表 2-1　室内试验得到的参数

室内试验	三轴剪切试验			直接剪切试验		
排水条件	不固结不排水	固结不排水	固结排水	快剪	固结快剪	慢剪
试验指标	c_{uu}、φ_{uu}	c_{cu}、φ_{cu}	c_{cd}、φ_{cd}	c_q、φ_q	c_{cq}、φ_{cq}	c_s、φ_s

试验方法不同,试验受力条件及排水固结条件就不同,得出的抗剪强度指标也不同,在数值上差别很大。在选择测定土的强度指标试验方法时,应使试验的模拟条件尽量符合土体在现场的实际受力和排水条件。

总体上来说,当采用有效应力方法(如稳定性分析的有效应力法,考虑土体固结使强度增长的计算等)进行设计时,宜使用有效强度指标。对于渗透性较差的深厚软土而施工速度又较快的工程的施工期和竣工期的稳定验算,宜采用不固结不排水剪试验指标(或快剪指标),如沿海深厚软土地基上的预压堆载、筒仓、冶金矿料和煤场等的地基稳定控制设计等。分级加载施工期的稳定验算或者软土层较薄、渗透性较大和施工速度较慢等工程的竣工和使用期的验算等,一般可采用固结不排水剪切(固结快剪)试验指标。

2.2.2 土的渗透系数

土的渗透性和土中渗流对土体的强度和土体的变形有重要影响。饱和土渗透系数的测定方法很多,目前常用的测定方法可分为直接方法和间接方法两大类。直接方法包括常水头试验和变水头试验,前者主要适用于渗透性较大的土,后者适用于渗透性较小的土。间接方法包括根据固结试验成果和颗粒级配等资料计算,前者适用于黏性土,后者适用于无黏性土。渗透系数的测定方法还可以分为实验室试验和现场原位试验两大类。常见土的渗透系数经验值见表 2-2。

表 2-2　渗透系数经验值

土　类	渗透系数/(cm/s)	土　类	渗透系数/(cm/s)
粗砾	$10^0 \sim 5 \times 10^{-1}$	黄土(砂质)	$10^{-3} \sim 10^{-4}$
砂质砾、河砂	$10^{-1} \sim 10^{-2}$	黄土(黏质)	$10^{-5} \sim 10^{-6}$
粗砂	$5 \times 10^{-2} \sim 10^{-2}$	粉质黏土	$10^{-4} \sim 10^{-6}$
细砂	$5 \times 10^{-3} \sim 10^{-3}$	黏土	$10^{-6} \sim 10^{-8}$
粉砂	$2 \times 10^{-3} \sim 10^{-4}$	淤泥质土	$10^{-6} \sim 10^{-7}$
粉土	$10^{-3} \sim 10^{-4}$	淤泥	$10^{-8} \sim 10^{-10}$

2.2.3 水土压力的分算与合算

基坑支护工程的土压力、水压力计算,主要采用以朗肯土压力理论为基础的计算方法,根据不同的土层性质和施工条件,可分为水土合算和水土分算两种方法。

地下水位以下的水压力和土压力,按有效应力原理分析时,水压力与土压力应分开计算。水土分算方法概念比较明确,但是在实际使用中还存在一些困难,特别是对黏性土,水压力取值的难度大,土压力计算如果采用有效应力抗剪强度指标,与土体特性出入较大。因此,在很多情况下黏性土往往采用总应力法计算土压力,即将水压力和土压力合算,目前积累了一定的工程实践经验。

1. 水土分算

水土分算是分别计算土压力和水压力,以两者之和作为总的土压力。水土分算适用于土孔隙中存在自由的重力水的情况或土的渗透性较好的情况,一般适用于碎石土和砂土,地下水在土颗粒间容易流动,重力水在土颗粒中产生孔隙水压力。对于碎石土、砂土、粉性土等渗透性较好的土层,应该采用水土分算的原则来确定支护结构的土压力。

土压力通常可按朗肯主动压力和被动土压力公式计算。地下水无渗流时,作用于挡土结构上的水压力按静水压力三角形分布计算。地下水有稳定渗流时,作用于挡土结构上的水压力可通过渗流分析计算各点的水压力,或近似地按静水压力计算,水位以下土的重度应采用浮重度,土的抗剪强度指标宜取有效应力的抗剪强度指标。

2. 水土合算

水土合算是将土和土孔隙中的水看作同一分析对象,适用于不透水和弱透水的黏土、粉质黏土和淤泥质土。通过现场测试资料的分析,黏性土中实测的水压力往往达不到静水压力值,可认为土孔隙中的水主要是结合水,不是自由的重力水,它不易自由流动,因此不单独考虑静水压力。为此将土粒与孔隙水看作一个整体,可以直接用土的饱和重度和总应力抗剪强度指标计算土压力。

然而,黏性土并不是完全理想的不透水体,在黏性土层尤其是夹粉土等透水层时,采用水土合算方法只是一种近似方法。这种方法亦存在一些问题,可能低估了水压力的作用。

2.2.4 规范建议选用的土体物理力学指标

《建筑基坑支护技术规程》(JGJ 120—2012)规定,进行土压力及水压力计算、土的各类稳定性验算时,土压力及水压力的分、合算方法及相应的土的抗剪强度指标类别应符合下列规定。

(1) 对地下水位以上的黏性土、黏质粉土,土的抗剪强度指标应采用三轴固结不排水抗剪强度指标 c_{cu},φ_{cu} 或直剪固结快剪强度指标 c_{cq},φ_{cq},对地下水位以上的砂质粉土、砂土、碎石土,土的抗剪强度指标应采用有效应力强度指标 c',φ'。

(2) 对地下水位以下的黏性土、黏质粉土,可采用土压力、水压力合算方法。此时,对正常固结和超固结土,土的抗剪强度指标应采用三轴固结不排水抗剪强度指标 c_{cu},φ_{cu} 或直剪固结快剪强度指标 c_{cq},φ_{cq},对欠固结土,宜采用有效自重应力下预固结的三轴不固结不排水抗剪强度指标 c_{uu},φ_{uu}。

(3) 对地下水位以下的砂质粉土、砂土和碎石土,应采用土压力、水压力分算方法。此时,土的抗剪强度指标应采用有效应力强度指标 c',φ',对砂质粉土,缺少有效应力强度指标时,也可采用三轴固结不排水抗剪强度指标 c_{cu},φ_{cu} 或直剪固结快剪强度指标 c_{cq},φ_{cq} 代替,对砂土和碎石土,有效应力强度指标 φ' 可根据标准贯入试验实测击数和水下休止角等物理力学指标取值。

（4）土压力、水压力采用分算方法时，水压力可按静水压力计算。当地下水渗流时，宜按渗流理论计算水压力和土的竖向有效应力。当存在多个含水层时，应分别计算各含水层的水压力。

（5）有可靠的地方经验时，土的抗剪强度指标尚可根据室内、原位试验得到的其他物理力学指标，按经验方法确定。

2.3　基坑极限状态设计

基坑极限状态设计方法的通用表达式，依据国家标准《工程结构可靠性设计统一标准》（GB 50153—2008）而定，是本书各种支护结构统一的设计表达式。

2.3.1　基坑的极限状态

基坑设计应采用极限状态设计，包括承载力极限状态、正常使用极限状态。

1. 承载力极限状态

（1）支护结构构件或连接，因超过材料强度而破坏，或因过度变形而不适于继续承受荷载，或出现压屈、局部失稳；

（2）支护结构和土体整体滑动；

（3）坑底因隆起而丧失稳定；

（4）对支挡式结构，挡土构件因坑底土体丧失嵌固能力而推移或倾覆；

（5）对锚拉式支挡结构或土钉墙，锚杆或土钉因土体丧失锚固能力而拔出；

（6）对重力式水泥土墙，墙体倾覆或滑移；

（7）对重力式水泥土墙、支挡式结构，其持力土层因丧失承载能力而破坏；

（8）地下水渗流引起的土体渗透破坏。

2. 正常使用极限状态

（1）造成基坑周边建（构）筑物、地下管线、道路等损坏或影响其正常使用的支护结构位移；

（2）因地下水位下降、地下水渗流或施工因素而造成基坑周边建（构）筑物、地下管线、道路等损坏或影响其正常使用的土体变形；

（3）影响主体地下结构正常施工的支护结构位移；

（4）影响主体地下结构正常施工的地下水渗流。

2.3.2　基坑极限状态设计方法

由材料（主要是竖向支护结构、水平向内支撑及锚杆等）强度控制的结构构件的破坏采用极限状态设计法，荷载效应采用荷载基本组合的设计值，抗力采用结构构件的承载力设计值并考虑结构构件的重要性系数。

涉及岩土稳定性的承载能力极限状态，采用单一安全系数法，即 K 法。

1. 承载能力极限状态

（1）支护结构构件或连接，因超过材料强度，或过度变形的承载能力极限状态设计，应符合下式要求：

$$\gamma_0 S_d \leqslant R_d \tag{2-1}$$

式中　γ_0——支护结构重要性系数，对应支护结构的安全等级一级、二级、三级，分别不应小于 1.1,1.0,0.9，《建筑基坑支护技术规程》(JGJ 120—2012)给出了支护结构安全等级，见表 2-3；

　　　S_d——作用基本组合的效应（轴力、弯矩、剪力）设计值；

　　　R_d——结构构件的抗力设计值。

表 2-3　支护结构安全等级

安全等级	破 坏 后 果	γ_0
一级	支护结构失效、土体过大变形对基坑周边环境或主体结构施工安全的影响很严重	1.1
二级	支护结构失效、土体过大变形对基坑周边环境或主体结构施工安全的影响严重	1.0
三级	支护结构失效、土体过大变形对基坑周边环境或主体结构施工安全的影响不严重	0.9

对临时性支护结构，作用基本组合的效应设计值按下式确定：

$$S_d = \gamma_F S_k \tag{2-2}$$

式中　γ_F——作用基本组合的综合分项系数，不小于 1.25；

　　　S_k——作用标准组合的效应。

基坑工程设计等级由《建筑地基基础设计规范》(GB 50007—2011)给出，见表 2-4。支护结构安全等级重要性系数可参考表 2-3 及表 2-4 的规定综合确定。

表 2-4　基坑工程设计等级

设计等级	基 坑 工 程
甲级	位于复杂地质条件及软土地区的二层及二层以上地下室的基坑工程
	开挖深度大于 15.0m 的基坑工程
	周边环境条件复杂、环境保护要求高的基坑工程
乙级	除甲级、丙级以外的基坑工程
丙级	非软土地区且场地地质条件简单、基坑周边环境条件简单、环境保护要求不高且开挖深度小于 5.0m 的基坑工程

（2）整体滑动、坑底隆起失稳、挡土构件嵌固段推移、锚杆与土钉拔出、支护结构倾覆与滑移、土体渗透破坏等稳定性计算和验算，均应符合下式要求：

$$\frac{R_k}{S_k} \geqslant K \tag{2-3}$$

式中　R_k——抗滑力、抗滑力矩、抗倾覆力矩、锚杆和土钉的极限抗拔承载力等土的抗力标准值；

　　　S_k——滑动力、滑动力矩、倾覆力矩、锚杆和土钉的拉力等作用标准值的效应；

　　　K——安全系数。

（3）承载能力极限状态设计中,支挡结构的作用效应主要包括以下各项:

① 土压力、水压力;

② 地面超载;

③ 施工荷载;

④ 临近建筑物荷载;

⑤ 周边道路交通荷载;

⑥ 对超长内支撑,尚应考虑温度变化对支护结构产生的内力与变形。

2．正常使用极限状态

1）正常使用极限状态设计

正常使用极限状态设计是指涉及基坑周边建筑、地下管线、道路等环境对象,对基坑变形的适应能力及主体结构设计施工的要求,并保护基坑周边环境的安全与正常使用。

由支护结构水平位移、基坑周边建筑物和地面沉降等控制的正常使用极限状态设计,应符合下式要求:

$$S_k \leqslant C \qquad (2\text{-}4)$$

式中　S_k——作用标准组合的效应(水平位移、沉降等)设计值;

　　　C——支护结构水平位移、基坑周边建筑物和地面沉降的限制。

基坑支护设计应按下列要求设定支护结构的水平位移控制值和基坑周边环境的沉降控制值。

（1）当基坑开挖影响范围内有建筑物时,支护结构水平位移控制值、建筑物的沉降控制值应按不影响其正常使用的要求确定,并应符合现行国家标准《建筑地基基础设计规范》(GB 50007—2011)中对地基变形允许值的规定。当基坑开挖影响范围内有地下管线、地下构筑物、道路时,支护结构水平位移控制值、地面沉降控制值应按不影响其正常使用的要求确定,并应符合现行相关标准对其允许变形的规定。

（2）当支护结构构件同时用作主体地下结构构件时,支护结构水平位移控制值不应大于主体结构设计对其变形的限值。

（3）当无上述第(1)条、第(2)条情况时,支护结构水平位移控制值应根据地区经验,按工程的具体条件确定。

2）基坑变形限值

（1）支护结构的水平位移

支护结构的水平位移大小直接决定着支护结构的支护安全性,由于支护结构的水平位移受基坑开挖深度、支护结构的刚度、支护形式、土的性质等因素影响,区域经验很重要,《建筑基坑支护技术规程》(JGJ 120—2012)中没有给出具体的参考值。一些地方规范给出了支护结构变形建议值,上海市《基坑工程技术规范》(DG/T J08—61—2010)根据上海地区基坑情况,在基坑周围环境没有明确的变形控制标准时,结合基坑的环境保护等级,给出了基坑变形设计控制指标。该指标包含两方面的内容,一是竖向支护结构最大侧移(水平位移),二是坑外地表最大沉降,对于软土中的基坑,该指标具有很高的参考价值,见表 2-5。

表 2-5　上海市基坑变形设计控制指标

基坑环境保护等级	围护结构最大侧移	坑外地表最大沉降
一级	0.18%H	0.15%H
二级	0.3%H	0.25%H
三级	0.7%H	0.55%H

注：H 为基坑开挖深度，m。

（2）基坑周围环境的变形

基坑的施工，不可避免会对周围环境带来影响，直接体现在基坑周围土体的沉降。对周围建（构）筑物等产生的沉降设计值，应控制在建（构）筑物的容许沉降以内。地基的容许变形值应符合《建筑地基基础设计规范》（GB 50007—2011）中对地基变形容许值的规定，以及相关规范对地下管线、地下构筑物、道路变形的要求。表 2-6 是《建筑地基基础设计规范》（GB 50007—2011）中对地基变形容许值的规定。

表 2-6　地基变形容许值

变 形 特 征		地基土类别	
		中、低压缩性土	高压缩性土
砌体承重结构基础的局部倾斜		0.002	0.003
工业与民用建筑相邻柱基的沉降差	框架结构	0.002l	0.003l
	砌体墙填充的边排柱	0.0007l	0.001l
	当基础不均匀沉降时不产生附加应力的结构	0.005l	0.005l
单层排架结构（柱距为 6m）柱基的沉降量/mm		(120)	200
桥式吊车轨面的倾斜（按不调整轨道考虑）	纵向	0.004	
	横向	0.003	
多层和高层建筑的整体倾斜	$H_g \leqslant 24$	0.004	
	$24 < H_g \leqslant 60$	0.003	
	$60 < H_g \leqslant 100$	0.0025	
	$H_g > 100$	0.002	
体型简单的高层建筑基础的平均沉降量/mm		200	
高耸结构基础的倾斜	$H_g \leqslant 20$	0.008	
	$20 < H_g \leqslant 50$	0.006	
	$50 < H_g \leqslant 100$	0.005	
	$100 < H_g \leqslant 150$	0.004	
	$150 < H_g \leqslant 200$	0.003	
	$200 < H_g \leqslant 250$	0.002	
高耸结构基础的沉降量/mm	$H_g \leqslant 100$	400	
	$100 < H_g \leqslant 200$	300	
	$200 < H_g \leqslant 250$	200	

注：1. 本表数值为建筑物地基实际最终变形允许值；
　　2. 有括号者仅适用于中压缩性土；
　　3. l 为相邻柱基的中心距离，mm，H_g 为自室外地面起算的建筑物高度，m；
　　4. 倾斜指基础倾斜方向两端点的沉降差与其距离的比值；
　　5. 局部倾斜指砌体承重结构沿纵向 6～10m 内基础两点的沉降差与其距离的比值。

3. 支护结构的内力设计值

支护结构的内力设计值,采用重要性系数与作用基本组合的效应设计值的乘积,采用下列公式计算:

弯矩设计值

$$M = \gamma_0 \gamma_F M_k \tag{2-5}$$

剪力设计值

$$V = \gamma_0 \gamma_F V_k \tag{2-6}$$

轴向力设计值

$$N = \gamma_0 \gamma_F N_k \tag{2-7}$$

式中　M——弯矩设计值,kN·m;

M_k——作用标准组合的弯矩值,kN·m;

V——剪力设计值,kN;

V_k——作用标准组合的剪力值,kN;

N——轴向拉力设计值或轴向压力设计值,kN;

N_k——作用标准组合的轴向拉力或轴向压力值,kN。

2.4　设计基本规定

2.4.1　基坑设计使用年限

基坑支护是为主体结构地下部分施工而采取的临时措施,地下结构施工完成后,基坑支护的使命也就完成了。由于支护结构的使用期短(一般情况在一年之内),因此,设计时采用的荷载一般不需考虑长期作用。

如果基坑开挖后支护结构的使用时间较长,荷载可能会随时间发生改变,材料性能和基坑周边环境也可能会发生变化。所以,为了防止人们忽略由于延长支护结构使用期而带来的荷载、材料性能、基坑周边环境等条件的变化,避免超越设计状况,设计时应确定支护结构的使用期限,并应在设计文件中给出明确规定。

支护结构的支护期限规定不小于一年,除考虑主体地下结构施工工期的因素外,也要考虑到施工季节对支护结构的影响。一年中的不同季节,地下水位、气候、温度等外界环境的变化会使土的性状及支护结构的性能随之改变,而且有时影响较大。受各种因素的影响,设计预期的施工季节并不一定与实际施工的季节相同,即使对支护结构使用期不足一年的工程,也应使支护结构一年四季都能适用。因而,规范规定支护结构使用期限应不小于一年。

对大多数建筑工程,一年的支护期能满足主体地下结构的施工周期要求,对有特殊施工周期要求的工程,应该根据实际情况延长支护期限并应对荷载、结构构件的耐久性等设计条件作相应考虑。

2.4.2　支护结构安全等级

依据国家标准《工程结构可靠性设计统一标准》(GB 50153—2008)对结构安全等级确

定的原则,以破坏后果严重程度,将支护结构划分为三个安全等级。对基坑支护而言,破坏后果具体表现为支护结构破坏、土体过大变形对基坑周边环境及主体结构施工安全的影响。支护结构的安全等级,主要反映在设计时支护结构及其构件的重要性系数和各种稳定性安全系数的取值上。

对支护结构安全等级采用原则性划分方法而未采用定量划分方法,是考虑到基坑深度、周边建筑物距离及埋深、结构及基础形式、土的性状等因素对破坏后果的影响程度难以用统一标准界定,不能保证普遍适用,定量化的方法对具体工程可能会出现不合理的情况。支护结构的安全等级划分见表 2-3。

通常情况下,依据表 2-3 的描述选用支护结构安全等级时应掌握以下原则:

(1)基坑周边存在受影响的重要既有住宅、公共建筑、道路或地下管线时,或因场地的地质条件复杂、缺少同类地质条件下相近基坑深度的经验时,支护结构破坏、基坑失稳或过大变形对人的生命、经济、社会或环境影响很大,安全等级应定为一级。

(2)当支护结构破坏、基坑过大变形不会危及人的生命、经济损失轻微、对社会或环境的影响不大时,安全等级可定为三级。

(3)对大多数基坑,安全等级应该定为二级。

(4)对内支撑结构,当基坑一侧支撑失稳破坏会殃及基坑另一侧支护结构因受力改变而使支护结构形成连续倒塌时,相互影响的基坑各边支护结构应取相同的安全等级。

在进行各类稳定性分析时,稳定安全系数的大小与支护结构的安全等级相关,支护结构安全等级越高,要求的稳定安全系数也越大。

2.5 基坑工程设计

2.5.1 前期资料准备

基坑工程总体方案应根据工程地质与水文地质条件、环境条件、施工条件以及基坑使用要求与基坑规模等,通过技术与经济性比较确定。

主体结构的设计资料是基坑支护结构设计必不可少的依据。基坑工程总体方案设计时应具备下列资料:

(1)岩土工程勘察报告;

(2)建筑总平面图(用以确定基坑与红线、周边环境之间的距离关系);

(3)各层建筑、结构平面图;

(4)建筑剖面图;

(5)基础结构与桩基设计资料。

基坑现场的施工条件也是支护结构设计的重要依据,主要应考虑以下问题:

(1)工程所在地的施工经验与施工能力。基坑支护结构设计方案应确保有与之相匹配的施工技术保障,设计技术人员应尽可能因地制宜地确定设计方案,使方案与当地的施工技术水平、施工习惯相匹配。

(2)场地周边对施工期间在交通组织、噪声、振动以及工地形象等方面的要求。例如在居民楼等建筑物附近进行基坑开挖,除应采用刚度较大的支护结构体系以控制变形外,尚应考虑采用在施工中噪声低、污染较小的支护结构形式。

(3) 当地政府对施工的有关管理规定,如对于土方运输时间、爆破(内支撑拆除)等方面的规定。

(4) 场地内部对土方、材料运输及材料堆放等方面的要求。在场地狭小、难以提供足够的场地展开施工作业时,基坑支护设计一般应考虑采用易于结合设置施工栈桥和施工平台的方案或考虑分区开挖实施的方案。

2.5.2　基坑工程设计内容与要求

1. 设计内容

基坑工程的设计在设计依据的收集和整理的基础上,根据设计计算理论,提出围护结构、支撑(锚杆)结构、被动区地基加固、基坑开挖方式、开挖支撑施工、施工监控以及施工场地总平面布置等各项设计。

1) 设计计算需要考虑的问题

(1) 按主体工程地下室所处场地的工程地质及水文地质和周围环境条件,考虑基坑工程设计中的对策是否全面、合理。

(2) 对主体工程地下室的建造层数、开挖深度、基坑面积及形状、施工方法、造价、工期、主体工程和上部工程造价、工期等主要经济指标进行综合分析,以评价基坑工程技术方案的经济合理性。

(3) 研究基坑工程的围护结构是否可以兼作主体工程的部分永久结构,对其技术经济效果进行评估。

(4) 研究基坑工程开挖方式的可靠性和合理性。

(5) 对大型主体工程及其基坑工程施工的分期和前后期工程施工进度安排及相邻影响,进行技术经济分析,通过分析对比提出适应于分期施工的总体方案。

(6) 考虑基坑工程与主体工程之间友好协调,使临时性的基坑工程与主体工程的结合更加合理,更加经济。可以考虑部分工程桩兼作立柱桩,地下主体工程施工时支撑如何换撑,基坑支护结构与主体工程结构的结合方式,围护结构如何适应地下主体结构施工的浇筑方式(逆筑或顺筑),以及如何处理支模、防水等工序的配合要求等。

2) 设计要完成的主要内容

(1) 支护体系的方案比较与选型;

(2) 基坑的稳定性验算;

(3) 支护结构的承载力和变形计算;

(4) 环境影响分析与保护技术措施;

(5) 降水技术要求;

(6) 土方开挖技术要求;

(7) 基坑监测要求。

2. 设计要求

1）设计总体要求

（1）安全可靠

基坑工程的作用是为地下工程的开挖施工创造条件，首先必须确保基坑工程本体的安全，为地下结构的施工提供安全的施工空间。其次，基坑施工必然会产生变形，可能会影响周边的建筑物、地下构筑物和管线的正常使用，甚至会危及周边环境的安全，所以基坑工程施工必须确保周围环境的安全。

（2）经济合理

基坑围护结构体系作为一种临时性结构，在地下结构施工完成后即完成使命，因此在确保基坑本体安全和周边环境安全的前提条件下，尽可能降低工程费用，要从工期、材料、设备、人工以及环境保护等多方面综合研究经济合理性。

（3）技术可行

基坑围护结构设计不仅要符合基本的力学原理，而且要能够经济、便利地实施，如设计方案是否与施工机械相匹配（如地下连续墙的分幅宽度是否与成槽设备的宽度相匹配），施工机械是否具有足够施工能力（如地下连续墙成槽机械的成槽深度、搅拌桩施工机械的有效施工深度），费用是否经济，支撑是否可以租赁，等等。

（4）施工便利

基坑的作用既然是为地下结构提供施工空间，就必须在安全可靠、经济合理的原则下，最大限度地满足便利施工的要求，尽可能采用合理的围护结构方案减少对施工的影响，保证施工工期（如在由塔楼和裙房组成的建筑物群的基坑工程设计中，采用边桁架方式在塔楼处营造较大的施工空间，便于控制总工期的塔楼快速出地面，减少总工期）。

2）设计具体要求

（1）支护结构按平面结构分析时，应按基坑各部位的开挖深度、周边环境条件、地质条件等因素划分设计计算剖面。对每一计算剖面，应按其最不利条件进行计算。对电梯井、集水坑等特殊部位，宜单独划分计算剖面。

（2）基坑侧壁与主体地下结构的净空间（支护结构内侧到地下结构外墙之间的净距离）不小于800mm。

（3）采用锚杆时，锚杆的锚头及腰梁不应妨碍地下结构外墙的施工。

（4）采用内支撑时，内支撑及腰梁的设置应便于地下结构及其防水的施工。

（5）基坑支护设计应规定支护结构各构件施工顺序及相应工况的开挖深度。基坑开挖各阶段和支护结构使用阶段，均应符合设计要求。

2.6　支护结构选型

2.6.1　支挡式结构

支挡式结构是由挡土构件和支撑或锚杆组成的一类支护结构体系的统称，其结构类型包括：排桩-支撑结构、排桩-锚杆结构、型桩水泥土墙-支撑结构、型桩水泥土墙-锚杆结构、地下连续墙-支撑结构、地下连续墙-锚杆结构、悬臂式排桩或地下连续墙、双排桩等,这类支护结构都可用弹性支点法进行结构分析。支挡式结构受力明确,计算方法和工程实践相对成熟,是目前应用最多也较为可靠的支护结构形式。

支撑式支挡结构(排桩-支撑结构、型桩水泥土墙-支撑结构、地下连续墙-支撑结构)易于控制水平变形,当基坑较深或基坑周边环境对支护结构位移的要求严格时,常采用这种结构形式。

锚拉式支挡结构(排桩-锚杆结构、型桩水泥土墙-锚杆结构、地下连续墙-锚杆结构),可使挡土构件内力分布较均匀,控制变形能力弱于内支撑,主要用在较好的地层,以提供较高的锚固力。

悬臂式支挡结构顶部位移较大,内力分布不理想,但可省去支撑和锚杆,当基坑较浅且基坑周边环境对支护结构位移的限制不严格时,可采用悬臂式支挡结构。不过此类结构由于经济性不强,变形难以控制,现在很少使用。

双排桩支挡结构是一种刚架结构形式,其内力分布特性明显优于悬臂式结构,水平变形也比悬臂式结构小得多,适用的基坑深度比悬臂式结构略大,但占用的场地较大,当不适合采用其他支护结构形式且在场地条件及基坑深度均满足要求的情况下,可采用双排桩支挡结构。

仅从技术角度讲,支撑式支挡结构比锚拉式支挡结构适用范围更宽,但内支撑的设置给后期主体结构施工造成较大障碍,所以,当能用其他支护结构形式时,人们一般不愿意首选内支撑结构。锚拉式支挡结构可以给后期主体结构施工提供很大的便利,但有些情况下是不适合使用锚杆的。另外,锚杆长期留在地下,给相邻地域的使用和地下空间开发造成障碍,不符合保护环境和可持续发展的要求,一些国家在法律上禁止锚杆侵入红线之外的地下区域。

2.6.2　重力式水泥土墙

水泥土墙一般用在深度不大的软土基坑。这种条件下,锚杆没有合适的锚固土层,不能提供足够的锚固力,内支撑又会增加施工成本。这时可选择水泥土墙这种支护方式。

水泥土墙一般采用水泥土搅拌桩,墙体材料是水泥土,其抗拉、抗剪强度较低。按梁式结构设计时性能很差,与混凝土材料无法相比。因此,水泥土墙的厚度一般较大,按重力式结构设计。

水泥土墙用于淤泥质土、淤泥中的基坑时,基坑深度不宜大于7m。由于按重力式设计,需要较大的墙宽。当基坑深度大于7m时,随基坑深度增加,墙的宽度、深度增大,经济上、施工成本和工期各方面都不具优势了。

2.6.3　土钉墙

土钉墙是一种经济、简便、施工快速、不需大型施工设备的基坑支护形式。目前土钉墙的设计理论还不完善,设计方法主要按土钉墙整体滑动稳定性控制,同时对单根土钉抗拔力进行验算,而土钉墙面层及连接按构造设计。

由于土钉墙是自稳定体系结构,土钉墙的支护深度高度依赖于被支护土体的物理力学性质,土体的抗剪强度高、内摩擦角大,土钉的抗拔力就高,土钉墙的自稳性就好,因此土钉墙不适合软土中的基坑支护。

土钉墙与水泥土桩、微型桩及预应力锚杆组合形成复合土钉支护后,支护应用范围有所扩大,主要形成下列几种形式:①土钉＋预应力锚杆;②土钉＋水泥土桩;③土钉＋水泥土桩＋预应力锚杆;④土钉＋微型桩＋预应力锚杆。不同的组合形式作用不同,可根据实际工程需要选择。

2.6.4　支护结构选择

根据基坑开挖深度、地质情况、环境安全等级等,初选基坑支护形式可参考表2-7。

表2-7　基坑支护形式选用建议

支护结构类型		安全等级	基坑深度、环境条件、土类和地下水条件	
支挡式结构	锚拉式结构	一级 二级 三级	适用于较深的基坑	1. 排桩适用于可采用降水或截水帷幕的基坑 2. 地下连续墙宜同时用作主体地下结构外墙,可同时用于截水 3. 锚杆不宜用在软土层和高水位的碎石土、砂土层中 4. 当临近基坑有建筑物地下室、地下构筑物等,锚杆的有效锚固长度不足时,不应采用锚杆
	支撑式结构		适用于较深的基坑	
	支护结构与主体结构结合的逆作法		适用于基坑周边环境条件很复杂的深基坑	
	双排桩	二级 三级	当锚拉式、支撑式、悬臂式结构不适用时,可考虑采用双排桩	
	悬臂式结构		适用于较浅的基坑	
土钉墙	单一土钉墙	二级 三级	适用于地下水位以上或降水的非软土基坑,且基坑深度不宜大于12m	当基坑潜在滑动面内有建筑物、重要地下管线时,不宜采用土钉墙
	预应力锚杆复合土钉墙		适用于地下水位以上或降水的非软土基坑,且基坑深度不宜大于15m	
	水泥土桩复合土钉墙		用于非软土基坑时,基坑深度不宜大于12m,用于淤泥质土基坑时,基坑深度不宜大于6m,不宜用在高水位的碎石土、砂土层中	
	微型桩复合土钉墙		适用于地下水位以上或降水的基坑,用于非软土基坑时,基坑深度不宜大于12m,用于淤泥质土基坑时,基坑深度不宜大于6m	
重力式水泥土墙		二级 三级	适用于淤泥质土、淤泥基坑,且基坑深度不宜大于7m	
放坡		三级	1. 施工场地满足放坡条件 2. 放坡与上述支护结构形式结合	

注:1. 当基坑不同部位的周边环境条件、土层性状、基坑深度等不同时,可在不同部位分别采用不同的支护形式;
　　2. 支护结构可采用上、下部以不同结构类型组合的形式。

习题

2.1　基坑工程勘察要点有哪些？

2.2　什么是基坑的极限状态设计方法？承载能力极限状态设计的两个公式分别针对什么对象？

2.3　如何理解水土压力的分算与合算？

2.4　计算土压力时，如何选用土体的抗剪强度指标？

2.5　如何理解基坑支护结构的安全等级？

2.6　选择基坑支护形式主要考虑哪些方面因素？

第 3 章

土 压 力

3.1 土压力理论

作用于基坑支护结构上的土体的水平力称为土压力。土压力是作用于支护结构上的主要荷载,土压力的大小和分布主要与土体的物理力学性质、地下水状况、支护结构(墙体)位移、水平向支撑刚度、填土面形式等诸多因素有关。

3.1.1 土压力类型

根据支护结构(墙体)的位移情况和墙后土体所处的状态,土压力可分为静止土压力、主动土压力、被动土压力。

(1)静止土压力:当支护结构(墙体)静止不动,在土压力的作用下不向任何方向发生移动,墙后土体处于弹性平衡状态,作用在支护结构(墙体)上的土压力称为静止土压力,用 E_0 表示,如图 3-1(a)所示。

如建筑物地下室的外墙,由于横墙与楼板的支撑作用,墙体水平变形很小,可以认为无水平向变形,则作用于墙上的土压力可认为是静止土压力。

(2)主动土压力:若支护结构(墙体)在土压力的作用下背离土体方向移动,墙后土压力逐渐减小,当支护结构(墙体)偏移到一定程度,墙后土体达到极限平衡状态时,作用在支护结构(墙体)上的土压力称为主动土压力,一般用 E_a 表示,如图 3-1(b)所示。

支护结构在土压力的作用下,将向基坑内移动或绕前趾向基坑内转动。墙体受土体的推力而发生位移,土中发挥的剪切阻力可使土压力减小。位移越大,土压力值越小,一直到土的抗剪强度完全发挥出来,即土体已达到主动极限平衡状态,以致产生了剪切破坏,形成滑动面。

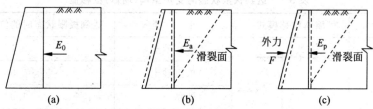

图 3-1 三种土压力产生示意图

(a)静止土压力;(b)主动土压力;(c)被动土压力

（3）被动土压力：若支护结构（墙体）在外力作用下，向土体方向偏移，墙后土压力逐渐增大，当支护结构（墙体）偏移至土体达到极限平衡状态时，作用在支护结构（墙体）上的土压力称为被动土压力，用 E_p 表示，如图 3-1(c)所示。

支护结构（墙体）在主动土压力作用下，向坑内移动的同时，支护结构（墙体）的嵌固部分（开挖面以下）被推向土体，使土体发生变形，土中发挥的剪切阻力可使土对墙的抵抗力增大。墙推向土体的位移越大，土压力值也越大，直到抗剪强度完全发挥出来，即土体达到被动极限平衡状态，以致产生了剪切破坏，形成滑动面。

对于基坑支护结构的嵌固段，在基坑内侧作用有被动土压力，而嵌固段的外侧则作用有主动土压力。

3.1.2　土压力大小及性质与位移的关系

三种土压力产生的条件及其与支护结构（墙体）位移的关系如图 3-1 所示。在相同条件下，主动土压力小于静止土压力，而静止土压力又小于被动土压力，即，$E_a < E_0 < E_p$。同时，产生主动土压力所需的位移量比产生被动土压力所需的位移量小得多，如图 3-2 所示。

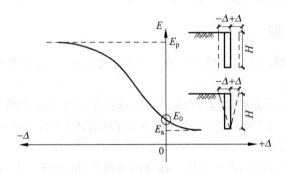

图 3-2　支护结构位移与土压力的关系

在基坑工程中，主动土压力极限状态一般较易达到，而达到被动土压力极限状态则需要较大的土体位移，如图 3-2 所示。因此，应根据支护结构（墙体）与土体的位移情况和采取的施工措施等因素确定土压力的工作状态和状态程度。

研究资料表明，松散土达到极限状态时所需的位移较密实土要大。一般而言，达到被动土压力极限值所需的位移要比达到主动土压力极限值所需的位移大得多。研究给出了达到极限状态土压力所需的支护结构（墙体）位移值，见表 3-1。

表 3-1　达到极限状态时支护结构（墙体）位移值

极 限 状 态	墙体位移模式	土　　类	达到极限状态时的位移(y_a/h)/%
主动状态		密实砂土	0.1
		松散砂土	0.5
		硬黏土	1.0
		软黏土	2.0

续表

极限状态	墙体位移模式	土类	达到极限状态时的位移(y_a/h)/%
被动状态	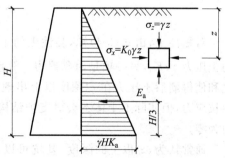	密实砂土	2.0
		松散砂土	6.0
		硬黏土	2.0
		软黏土	4.0

注：y_a为位移值；h为基坑深度。

设计时土压力的取值应根据支护结构(墙体)与土体的实际位移情况，分别取主动土压力极限值(主动土压力)、被动土压力极限值(被动土压力)或主动土压力提高值、被动土压力降低值(如采用弹性地基反力)，以符合工程实际。

对于无支撑或无锚杆的基坑支护结构(如板桩、重力式挡墙等)，其土压力通常可以按极限状态的主动土压力进行计算。当对支护结构水平位移有严格限制时，如出于环境保护要求对基坑变形有严格限制，采用了刚度大的支护结构体系或本身刚度较大的圆形基坑支护结构等，墙体的变形不容许土体达到极限平衡状态，此时主动侧的土压力值将高于主动土压力极限值。对此，设计时宜采用提高的主动土压力值，提高的主动土压力强度值理论上介于主动土压力强度与静止土压力强度之间。对环境位移限制非常严格或刚度很大的圆形基坑，可将主动侧土压力取为静止土压力值。

当基坑的侧壁长度大于基坑开挖深度10倍以上时，可按平面应变问题设计计算，即沿基坑坑壁的长度方向，取每延长米计算作用在支护结构上的土压力。实际工程中，这一条件基本上都能满足，对于不能满足长条形基坑要求的，按照平面应变问题计算是偏于安全的。

3.1.3　静止土压力

静止土压力可按下面所述方法计算。在均质填土表面下任意深度 z 处取一微小单元体，图 3-3 所示，其上作用着竖向土的自重应力 γz，则该处的静止土压力强度按下式计算：

$$\sigma_x = K_0 \gamma z \tag{3-1}$$

式中　K_0——静止土压力系数或称为土的侧压力系数，可近似按 $K_0 = 1 - \sin\varphi'$（φ' 为土的有效内摩擦角）计算；

γ——墙后土体重度，水位以下用浮重度。

对正常固结土，静止土压力系数 K_0 可参考表 3-2 取值。

图 3-3　静止土压力分布

表 3-2　静止土压力系数 K_0 参考值

土类	坚硬土	硬-可塑黏性土、粉质黏土、砂土	可-软塑黏性土	软塑黏性土	流塑黏性土
K_0	0.2~0.4	0.4~0.5	0.5~0.6	0.6~0.75	0.75~0.8

由式(3-1)可知,静止土压力沿墙高为三角形分布,如图 3-3 所示。取单位长度的支护结构(墙体)进行计算,则作用在支护结构(墙体)上的静止土压力为

$$E_0 = \frac{1}{2}\gamma H^2 K_0 \tag{3-2}$$

式中 H——支护结构(墙体)高度。

单位长度支护结构上的静止土压力合力 E_0 的作用点在距墙底 $H/3$ 处。

3.1.4 朗肯土压力

1857 年英国学者朗肯(Rankine)通过研究弹性半空间体内的应力状态,根据支护结构的移动方向,由土体内任一点的极限平衡状态推导出了作用于支护结构上的土压力的方法,又称极限应力法。该理论做如下假定:

(1) 墙身是刚性的,不考虑墙身的变形;

(2) 墙后填土延伸到无限远处,填土表面水平;

(3) 墙背垂直、光滑。

1. 朗肯主动土压力

1) 朗肯主动土压力强度 p_a

对无黏性土:

$$p_a = \gamma z K_a \tag{3-3}$$

对黏性土:

$$p_a = \gamma z K_a - 2c\sqrt{K_a} \tag{3-4}$$

$$K_a = \tan^2\left(45° - \frac{\varphi}{2}\right)$$

式中 K_a——主动土压力系数。

2) 朗肯主动土压力合力 E_a

对无黏性土:

$$E_a = \frac{1}{2}\gamma H^2 K_a \tag{3-5}$$

对黏性土,由式(3-4)知,黏性土的主动土压力由两部分组成:第一项为土体自重产生的土压力 $\gamma z K_a$,另一项是由黏聚力 c 引起的负侧压力 $-2c\sqrt{K_a}$(可视为拉力)。可看出两项之和使得墙后土压力在 z_0 深度以上出现负值,表明 z_0 深度以上,土的黏聚力对支护结构产生拉应力,但实际上土体不会对支护结构产生拉应力,在 z_0 以上可视为对支护结构的土压力为零。

通常认为,z_0 以上的深度,基坑可以直立开挖,因此,z_0 又称为基坑直立开挖的临界深度,如图 3-4(c)所示。z_0 按下式计算:

$$z_0 = \frac{2c}{\gamma\sqrt{K_a}}$$

总主动土压力合力 E_a 应为 $\triangle abc$ 的面积,即

$$E_a = \frac{1}{2}\gamma H^2 K_a - 2cH\sqrt{K_a} + \frac{2c^2}{\gamma} \tag{3-6}$$

朗肯主动土压力强度分布图如图 3-4 所示。

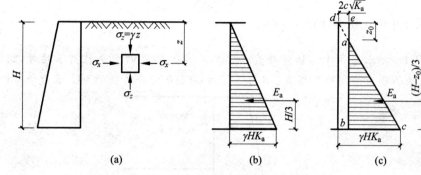

图 3-4　朗肯主动土压力强度分布图

(a) 挡土结构；(b) 无黏性土；(c) 黏性土

2. 朗肯被动土压力

1）朗肯被动土压力强度 p_p

对无黏性土：

$$p_p = \gamma z K_p$$

对黏性土：

$$p_p = \gamma z K_p + 2c\sqrt{K_p} \tag{3-7}$$

$$K_p = \tan^2\left(45° + \frac{\varphi}{2}\right)$$

式中　K_p——被动土压力系数。

2）朗肯被动土压力合力 E_p

对无黏性土

$$E_p = \frac{1}{2}\gamma H^2 K_p \tag{3-8}$$

对黏性土

$$E_p = \frac{1}{2}\gamma H^2 K_p + 2cH\sqrt{K_p} \tag{3-9}$$

朗肯被动土压力强度分布图如图 3-5 所示。

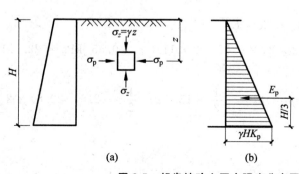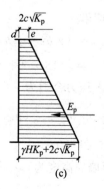

图 3-5　朗肯被动土压力强度分布图

(a) 挡土结构；(b) 无黏性土；(c) 黏性土

3．常见情况朗肯土压力的计算

1）成层土中的土压力计算

> **例题 3-1** 挡土墙高 4m，墙背垂直、光滑，墙后土体表面水平且无限延伸，土体分两层，各层土的物理力学指标如图 3-6 所示。求主动土压力合力并绘制土压力分布图。

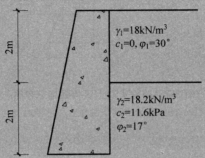

图 3-6 挡土墙剖面图

解：已知 $\varphi_1 = 30°, \varphi_2 = 17°$，则

$$K_{a1} = \tan^2\left(45° - \frac{30°}{2}\right) = 0.33$$

$$K_{a2} = \tan^2\left(45° - \frac{17°}{2}\right) = 0.55$$

第一层的土压力强度：

层顶面处

$$p_{a1上} = \gamma_1 h_1 K_{a1} - 2c_1\sqrt{K_{a1}} = 0$$

层底面处

$$p_{a1下} = \gamma_1 h_1 K_{a1} - 2c_1\sqrt{K_{a1}} = (18 \times 2 \times 0.33)\text{kPa} = 12\text{kPa}$$

第二层的土压力强度：

层顶面处

$$p_{a2上} = \gamma_1 h_1 K_{a2} - 2c_2\sqrt{K_{a2}} = (18 \times 2 \times 0.55 - 2 \times 11.6 \times \sqrt{0.55})\text{kPa} = 2.6\text{kPa}$$

层底面处

$$p_{a2下} = (\gamma_1 h_1 + \gamma_2 h_2)K_{a2} - 2c_2\sqrt{K_{a2}}$$
$$= [(18 \times 2 + 18.2 \times 2) \times 0.55 - 2 \times 11.6 \times \sqrt{0.55}]\text{kPa} = 22.6\text{kPa}$$

主动土压力合力为

$$E_a = \frac{1}{2}p_{a1下}h_1 + \frac{1}{2}(p_{a2上} + p_{a2下})h_2 = \left[\frac{1}{2} \times 12 \times 2 + \frac{1}{2} \times (2.6 + 22.6) \times 2\right]\text{kN/m}$$
$$= 37.2\text{kN/m}$$

E_a 距墙底高度为

$$x_c = \left\{\left[12 \times \left(2 + \frac{2}{3}\right) + 5.2 \times 1 + 20 \times \frac{2}{3}\right] \times \frac{1}{37.2}\right\}\text{m} = 1.36\text{m}$$

土压力分布见图 3-7。

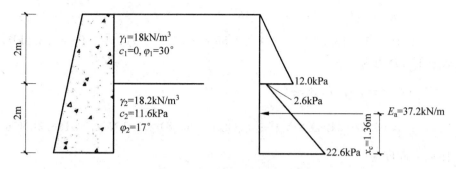

图 3-7　土压力沿墙身分布图

2）土体表面有均布荷载的土压力计算

例题 3-2　挡土墙高 8m，墙背垂直、光滑，墙后填土面水平，其上作用均布荷载 $q=$ 20kPa。试计算图 3-8 所示挡土墙上的主动土压力分布强度及其合力。

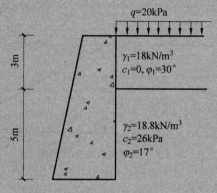

图 3-8　有荷载的挡土墙剖面图

解：已知 $\varphi_1=30°$，$\varphi_2=17°$，则

$$K_{a1} = \tan^2\left(45° - \frac{30°}{2}\right) = 0.33$$

$$K_{a2} = \tan^2\left(45° - \frac{17°}{2}\right) = 0.55$$

第一层的土压力强度：

层顶面处

$$p_{a1上} = (\gamma_1 z_1 + q)K_{a1} - 2c_1\sqrt{K_{a1}} = (20 \times 0.33)\text{kPa} = 6.6\text{kPa}$$

层底面处

$$p_{a1下} = (\gamma_1 h_1 + q)K_{a1} - 2c_1\sqrt{K_{a1}} = [(18 \times 3 + 20) \times 0.33]\text{kPa} = 24.4\text{kPa}$$

第二层的土压力强度：

层顶面处

$$p_{a2上} = (\gamma_1 h_1 + q)K_{a2} - 2c_2\sqrt{K_{a2}} = [(18 \times 3 + 20) \times 0.55 - 2 \times 26 \times \sqrt{0.55}]\text{kPa}$$
$$= 2.1\text{kPa}$$

层底面处

$$p_{a2\text{下}} = (\gamma_1 h_1 + \gamma_2 h_2 + q)K_{a2} - 2c_2\sqrt{K_{a2}}$$

$$= [(18\times3 + 18.8\times5 + 20)\times0.55 - 2\times26\times\sqrt{0.55}]\text{kPa} = 53.8\text{kPa}$$

主动土压力合力为

$$E_a = \frac{1}{2}(p_{a1\text{上}} + p_{a1\text{下}})h_1 + \frac{1}{2}(p_{a2\text{上}} + p_{a2\text{下}})h_2$$

$$= \left[\frac{1}{2}\times(6.6 + 24.4)\times3 + \frac{1}{2}\times(2.1 + 53.8)\times5\right]\text{kN/m} = 186.3\text{kN/m}$$

E_a 距墙底高度为

$$x_c = \left[\left(19.8\times6.5 + 26.7\times6 + 10.5\times2.5 + 129.3\times\frac{5}{3}\right)\times\frac{1}{186.3}\right]\text{m} = 2.85\text{m}$$

土压力沿墙身分布如图 3-9 所示。

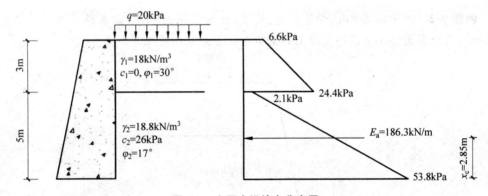

图 3-9　土压力沿墙身分布图

3）土体中有地下水的土压力计算

例题 3-3　挡土墙高 8m，墙背垂直、光滑，墙后填土面水平，地下水位于地下 4m 处。试计算图 3-10 所示挡土墙上的主动土压力与水压力分布强度及其合力。

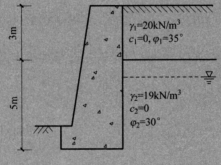

图 3-10　有地下水的挡土墙剖面图

解：已知 $\varphi_1 = 35°$，$\varphi_2 = 30°$，则

$$K_{a1} = \tan^2\left(45° - \frac{35°}{2}\right) = 0.27$$

$$K_{a2} = \tan^2 \left(45° - \frac{30°}{2} \right) = 0.33$$

第一层的土压力强度：

层顶面处

$$p_{a1\text{上}} = \gamma_1 z_1 K_a - 2c_1 \sqrt{K_{a1}} = 0$$

层底面处

$$p_{a1\text{下}} = \gamma_1 h_1 K_{a1} - 2c_1 \sqrt{K_{a1}} = (20 \times 3 \times 0.27)\text{kPa} = 16.2\text{kPa}$$

第二层的土压力强度：

层顶面处

$$p_{a2\text{上}} = (\gamma_1 h_1 + q) K_{a2} - 2c_2 \sqrt{K_{a2}} = (20 \times 3 \times 0.33)\text{kPa} = 19.8\text{kPa}$$

地下水位处

$$p_a = (\gamma_1 h_1 + \gamma_2 h_2) K_{a2} - 2c_2 \sqrt{K_{a2}} = [(20 \times 3 + 19 \times 1) \times 0.33]\text{kPa} = 26.1\text{kPa}$$

层底面处

$$p_{a2\text{下}} = (\gamma_1 h_1 + \gamma_2 h_2 + \gamma' h_3) K_{a2} - 2c_2 \sqrt{K_{a2}} = [(20 \times 3 + 19 \times 1 + 9 \times 4) \times 0.33]\text{kPa}$$
$$= 38\text{kPa}$$

主动土压力合力为

$$E_a = \left[\frac{1}{2} \times 16.2 \times 3 + \frac{1}{2} \times (19.8 + 26.1) \times 1 + \frac{1}{2} \times (26.1 + 38) \times 4 \right]\text{kN/m}$$
$$= 175.5\text{kN/m}$$

水压力为

$$p_w = \gamma_w h = (10 \times 4)\text{kPa} = 40\text{kPa}$$

水压力合力为

$$E_w = \left(\frac{1}{2} \times 40 \times 4 \right)\text{kN/m} = 80\text{kN/m}$$

E_a 距墙底高度

$$x_c = \left\{ \left[24.3 \times 6 + 19.8 \times 4.5 + 3.2 \times \left(\frac{1}{3} + 4 \right) + 104.4 \times 2 + 23.8 \times \frac{4}{3} \right] \times \frac{1}{175.5} \right\}\text{m}$$
$$= 2.8\text{m}$$

土压力沿墙身分布如图 3-11 所示。

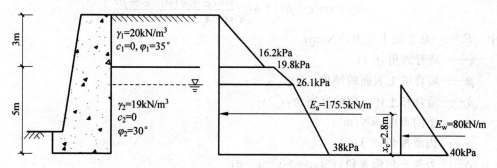

图 3-11 土压力沿墙身分布图

3.1.5 库仑土压力

1776 年,法国科学家库仑(C. A. Coulomb)根据极限平衡的概念,并假定滑动面为平面,分析了滑动土楔体的力系平衡,计算出挡土墙上的土压力。该理论做如下假设:

(1) 墙后填土为均匀的无黏性土(黏聚力 $c=0$),填土表面倾斜,倾斜角 $\beta>0$;

(2) 挡土墙是刚性的,墙背倾斜,倾角为 ε;

(3) 墙面粗糙,墙背与土体之间存在摩擦力($\delta>0$);

(4) 滑动破裂面为通过墙踵的平面。

根据假设条件,利用墙后土体处于极限平衡状态下的大小主应力间的关系,库仑分别得到了作用在墙背上的主动土压力及被动土压力的计算公式。

1. 库仑主动土压力

库仑主动土压力的计算简图如图 3-12 所示。

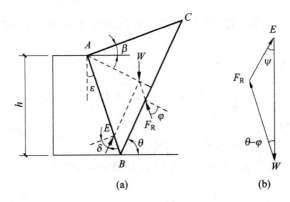

图 3-12　库仑主动状态下的滑动土楔体力的平衡

(a) 挡土墙与滑动土楔;(b) 力矢三角形

库仑主动土压力为

$$E_a = \frac{1}{2}\gamma h^2 K_a \tag{3-10}$$

$$K_a = \frac{\cos^2(\varphi-\varepsilon)}{\cos^2\varepsilon\cos(\varepsilon+\delta)\left[1+\sqrt{\dfrac{\sin(\varphi+\delta)\sin(\varphi-\beta)}{\cos(\varepsilon+\delta)\cos(\varepsilon-\beta)}}\right]^2} \tag{3-11}$$

式中　E_a——总主动土压力,kN/m;

　　　ε——墙背倾角,(°);

　　　β——墙背填土表面的倾角,(°);

　　　δ——墙背和土体之间的摩擦角,(°);

　　　γ——土的重度,kN/m³;

　　　φ——内摩擦角,(°);

　　　ψ——力矢三角形夹角,(°),$\psi=90°-\varepsilon-\delta$;

　　　K_a——库仑主动土压力系数。

由式(3-10)知,主动土压力 E_a 是墙高 h 的二次函数,主动土压力强度 p_a 沿墙高按直线规律分布,如图 3-13 所示,合力 E_a 的作用方向与墙背法线成 δ 角,与水平面成 α 角,其作用点在墙高的 1/3 处。

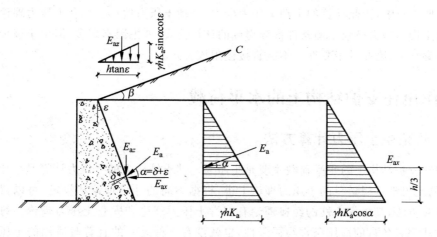

图 3-13　库仑主动土压力分布图

2. 库仑被动土压力

库仑被动土压力的计算简图如图 3-14 所示。

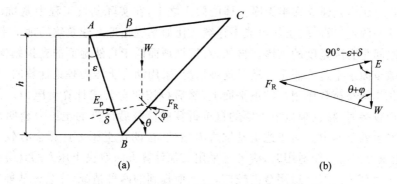

(a)　　　　　　　　　　　　　(b)

图 3-14　库仑被动状态下的滑动土楔体力的平衡

(a) 挡土墙与滑动土楔;(b) 力矢三角形

库仑被动土压力为

$$E_p = \frac{1}{2}\gamma h^2 K_p \tag{3-12}$$

$$K_p = \frac{\cos^2(\varphi+\varepsilon)}{\cos^2\varepsilon\cos(\varepsilon-\delta)\left[1+\sqrt{\dfrac{\sin(\varphi+\delta)\sin(\varphi+\beta)}{\cos(\varepsilon-\delta)\cos(\varepsilon-\beta)}}\right]^2} \tag{3-13}$$

由式(3-12)知,被动土压力 E_p 亦是墙高 h 的二次函数,被动土压力强度 p_p 沿墙高按直线规律分布,合力 E_p 的作用方向与墙背法线顺时针成 δ 角,作用点亦在墙高的 1/3 处。

朗肯土压力理论与库仑土压力理论分别根据不同的假设,以不同的分析方法计算土压力,只有在最简单的情况下($\beta=0,\varepsilon=0,\delta=0$),用这两种理论计算出的结果才相同,否则将得出不同的结果。

朗肯土压力理论应用半空间中的应力状态和极限平衡理论的概念比较明确,公式简单便于记忆,对于无黏性土和黏性土都可以用该公式直接计算,应用较广。但由于忽略墙背与填土间的摩擦影响,因此计算的主动土压力偏大,被动土压力偏小。库仑土压力理论是根据墙后滑动土楔的静力极限平衡条件推导得到的计算公式,考虑因素较多,但由于该理论假设填土是无黏性土,因此对于黏性土不能直接使用该公式。

3.2 作用在支护结构上的水平荷载

3.2.1 规范中土压力计算方法

作用在支护结构上的水平荷载主要是土压力。挡土结构上的土压力计算是个比较复杂的问题,从土力学这门学科的土压力理论上讲,根据不同的计算理论和假定,可以得出多种土压力计算方法,其中代表性的经典理论有朗肯土压力理论和库仑土压力理论。每种土压力计算方法都有各自的适用条件与局限性,也就没有一种统一的且普遍适用的土压力计算方法。

由于朗肯土压力理论概念明确,与库仑土压力理论相比具有能直接得出土压力的分布、适合结构计算的优点,受到工程设计人员的普遍接受。因此,《建筑基坑支护技术规程》(JGJ 12—2012)中的土压力计算,采用了朗肯土压力有关公式。

由于朗肯土压力是建立在半无限土体的假定之上,在实际基坑工程中基坑的边界条件有时不符合这一假定,后面的土体可能不连续。比如基坑临近有建筑物的地下室时,支护结构与地下室之间是有限宽度的土体。再如,对排桩顶面低于自然地面的支护结构,也不符合朗肯土压力填土面水平这一假定。针对这种情况,采用朗肯土压力理论计算时,是将桩顶以上土的自重化均布荷载作用在桩顶平面上,然后再按朗肯公式计算土压力。但是当桩顶位置低于地面较多时,将桩顶以上土层的自重折算成荷载后计算的土压力会明显小于这部分土重实际产生的土压力。对于这类基坑边界条件,按朗肯土压力计算会有较大误差。所以,当朗肯土压力方法不能适用时,应考虑采用其他计算方法解决土压力的计算精度问题。

库仑土压力理论的假定适用范围较广,对上面提到的两种情况,库仑方法能够计算出土压力的合力。在不符合按朗肯土压力计算条件下,可采用库仑方法计算土压力。但库仑方法由于考虑了墙背与填土的摩擦力,计算的被动土压力偏大,不能应用于被动土压力的计算。

3.2.2 作用在支护结构上的土压力

1. 支护结构顶部在地面处的土压力计算

作用在支护结构外侧的主动土压力强度标准值 p_{ak} 分布范围为支护结构顶部到底部。作用在基坑内侧的被动土压力强度标准值 p_{pk},其分布范围为开挖面到支护结构底部(也就是嵌固段)。土压力强度计算简图如图 3-15 所示。

1) 地下水位以上或水土合算土层的土压力

$$p_{ak} = \sigma_{ak} K_{a,i} - 2c_i \sqrt{K_{a,i}} \tag{3-14}$$

$$K_{a,i} = \tan^2 \left(45° - \frac{\varphi_i}{2} \right)$$

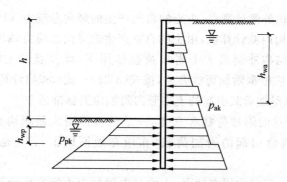

图 3-15 支护结构上的土压力计算简图

$$p_{pk} = \sigma_{pk} K_{p,i} + 2c_i \sqrt{K_{p,i}} \tag{3-15}$$

$$K_{p,i} = \tan^2\left(45° + \frac{\varphi_i}{2}\right)$$

式中　p_{ak}——支护结构外侧,第 i 层土中计算点的主动土压力强度标准值,kPa,当 $p_{ak} < 0$ 时,应取 $p_{ak} = 0$;

　　　σ_{ak},σ_{pk}——支护结构外侧、内侧计算点的土中竖向应力标准值,kPa,按式(3-20)和式(3-21)计算;

　　　$K_{a,i}$,$K_{p,i}$——第 i 层土的主动土压力系数、被动土压力系数;

　　　c_i——第 i 层土的黏聚力,kPa;

　　　φ_i——内摩擦角,(°);

　　　p_{pk}——支护结构内侧,第 i 层土中计算点的被动土压力强度标准值,kPa。

2) 水土分算土层的土压力

$$p_{ak} = (\sigma_{ak} - u_a) K_{a,i} - 2c_i \sqrt{K_{a,i}} + u_a \tag{3-16}$$

$$p_{pk} = (\sigma_{pk} - u_p) K_{p,i} + 2c_i \sqrt{K_{p,i}} + u_p \tag{3-17}$$

$$u_a = \gamma_w h_{wa} \tag{3-18}$$

$$u_p = \gamma_w h_{wp} \tag{3-19}$$

式中　u_a,u_p——静止地下水的支护结构外侧、内侧计算点水压力,kPa;

　　　γ_w——地下水重度,kN/m³,取 $\gamma_w = 10$kN/m³;

　　　h_{wa}——基坑外侧地下水位至主动土压力强度计算点的垂直距离,m,对承压水,地下水位取测压管水位;

　　　h_{wp}——基坑内侧地下水位至被动土压力强度计算点的垂直距离,m,对承压水,地下水位取测压管水位。

3) 土中竖向应力标准值的计算

土中竖向应力标准值,主要是基坑内外土的自重(包括地下水),还有基坑周边既有和在建的建(构)筑物荷载、基坑周边施工材料和设备荷载、基坑周边道路车辆荷载等。

土中竖向应力标准值按照下式计算:

$$\sigma_{ak} = \sigma_{ac} + \sum \Delta\sigma_{k,j} \tag{3-20}$$

$$\sigma_{pk} = \sigma_{pc} \tag{3-21}$$

式中　σ_{ac}——支护结构外侧计算点,由土的自重产生的竖向总应力,kPa;

　　　σ_{pc}——支护结构内侧计算点,由土的自重产生的竖向总应力,kPa;

　　　$\Delta\sigma_{k,j}$——支护结构外侧第 j 个附加荷载作用下,计算点的土中附加应力标准值,
　　　　kPa,应根据附加荷载类型,按式(3-22)～式(3-24)计算。

　　4)支护结构外侧附加荷载引起的土中竖向附加应力标准值

　　支护结构外侧常见的附加荷载有三类,一是地面作用大面积均布竖向附加荷载;二是基坑边的建(构)筑物引起的附加荷载(作用在地面以下);三是地面作用局部附加荷载。

　　(1)均布竖向附加荷载作用在地面,土中竖向附加应力标准值计算如图 3-16 所示。计算公式为

$$\Delta\sigma_k = q_0 \tag{3-22}$$

式中　q_0——均布竖向附加荷载标准值,kPa。

　　(2)条形基础附加荷载作用下,土中竖向附加应力标准值计算如图 3-17 所示。计算公式为

　　当 $d+a/\tan\theta \leqslant z_a \leqslant d+(3a+b)/\tan\theta$ 时,

$$\Delta\sigma_k = \frac{p_0 b}{b+2a} \tag{3-23}$$

式中　p_0——基础底面附加应力标准值,kPa;

　　　d——基础埋置深度,m;

　　　b——基础宽度,m;

　　　a——支护结构外边缘至基础的水平距离,m;

　　　θ——附加荷载的扩散角,(°),宜取 $\theta=45°$;

　　　z_a——支护结构顶面至土中附加竖向应力计算点的竖向距离。

　　当 $z_a < d+a/\tan\theta$ 或 $z_a > d+(3a+b)/\tan\theta$ 时,取 $\Delta\sigma_k=0$。

　　(3)矩形基础附加荷载作用下,土中竖向附加应力标准值计算亦如图 3-17 所示。计算公式为

　　当 $d+a/\tan\theta \leqslant z_a \leqslant d+(3a+b)/\tan\theta$ 时,

$$\Delta\sigma_k = \frac{p_0 bl}{(b+2a)(l+2a)} \tag{3-24}$$

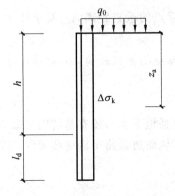

图 3-16　均布竖向附加荷载作用

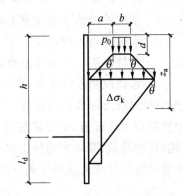

图 3-17　条形基础或矩形基础附加荷载作用

式中　b——与基坑边垂直方向上的基础尺寸,m;

　　　l——与基坑边平行方向上的基础尺寸,m。

当 $z_a < d + a/\tan\theta$ 或 $z_a > d + (3a+b)/\tan\theta$ 时,取 $\Delta\sigma_k = 0$。

（4）当局部的条形荷载或矩形荷载作用在地面时,在上述（2）、（3）项计算附加应力标准值的公式中,取 $d = 0$ 即可。

2. 支护结构顶部在地面以下的土压力计算

当支护结构顶部低于地面,其上方采用放坡或土钉墙时,支护结构顶面以上土体对支护结构的作用宜按库仑土压力理论计算,也可将其视作附加荷载并按下列公式计算土中附加竖向应力标准值,如图 3-18 所示。

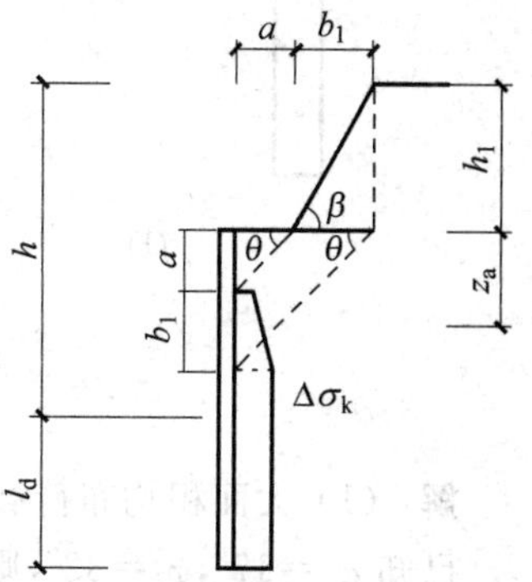

当 $a/\tan\theta \leqslant z_a \leqslant (a+b_1)/\tan\theta$ 时,

$$\Delta\sigma_k = \frac{\gamma h_1}{b_1}(z_a - a) + \frac{E_{ak1}(a+b_1-z_a)}{K_a b_1^2} \quad (3\text{-}25)$$

$$E_{ak1} = \frac{1}{2}\gamma h_1^2 K_a - 2ch_1\sqrt{K_a} + \frac{2c^2}{\gamma} \quad (3\text{-}26)$$

当 $z_a > (a+b_1)/\tan\theta$ 时,

$$\Delta\sigma_k = \gamma h_1 \quad (3\text{-}27)$$

当 $z_a < a/\tan\theta$ 时,

$$\Delta\sigma_k = 0 \quad (3\text{-}28)$$

图 3-18　支护结构顶部以上放坡

式中　z_a——支护结构顶面至土中附加竖向应力计算点的竖向距离,m;

　　　a——支护结构外边缘至放坡坡脚的水平距离,m;

　　　b_1——放坡坡面的水平尺寸,m;

　　　θ——扩散角,(°),宜取 $\theta = 45°$;

　　　h_1——地面至支护结构顶面的竖向距离,m;

　　　γ——支护结构顶面以上土的天然重度,kN/m³,对多层土取各层土按厚度加权的平均值;

　　　c——支护结构顶面以上土的黏聚力,kPa;

　　　K_a——支护结构顶面以上土的主动土压力系数,对多层土取各层土按厚度加权的平均值;

　　　E_{ak1}——支护结构顶面以上土体的自重所产生的单位长度主动土压力标准值,kN/m。

例题 3-4　某基坑开挖深度为 7m,支护桩长 14m,土层资料如图 3-19 所示。第一层为粉质黏土,厚 5m,$\gamma_1 = 19.6$ kN/m³,$c_1 = 28$ kPa,$\varphi_1 = 17°$;第二层为粉细砂,厚 20m,$\gamma_2 = 20$ kN/m³,$c_2 = 0$,$\varphi_2 = 32°$。地面均布荷载为 $q = 20$ kPa。试计算大面积均布荷载及条形基础荷载两种情况下的主动土压力与被动土压力。

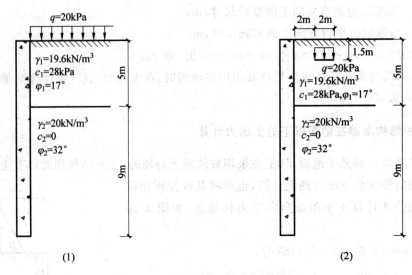

(1)   (2)

图 3-19 支护结构剖面及荷载作用图

(1) 大面积均布荷载；(2) 条形荷载

解：（1）大面积均布荷载

已知 $\varphi_1 = 17°, \varphi_2 = 32°$，则

$$K_{a1} = \tan^2\left(45° - \frac{17°}{2}\right) = 0.55$$

$$K_{a2} = \tan^2\left(45° - \frac{32°}{2}\right) = 0.31$$

$$K_{p2} = \tan^2\left(45° + \frac{32°}{2}\right) = 3.25$$

临界深度

$$z_0 = \frac{1}{\gamma_1}\left(\frac{2c_1}{\sqrt{K_{a1}}} - q\right) = \left[\frac{1}{19.6} \times \left(\frac{2 \times 28}{\sqrt{0.55}} - 20\right)\right]\text{m} = 2.8\text{m}$$

第一层的主动土压力强度：

层顶面处

$$p_{a1上} = qK_{a1} - 2c_1\sqrt{K_{a1}} = (20 \times 0.55 - 2 \times 28 \times \sqrt{0.55})\text{kPa} = -30.5\text{kPa}$$

层底面处

$$p_{a1下} = (\gamma_1 h_1 + q)K_{a1} - 2c_1\sqrt{K_{a1}} = [(19.6 \times 5 + 20) \times 0.55 - 2 \times 28 \times \sqrt{0.55}]\text{kPa}$$
$$= 23.4\text{kPa}$$

第二层的主动土压力强度：

层顶面处

$$p_{a2上} = (\gamma_1 h_1 + q)K_{a2} - 2c_2\sqrt{K_{a2}} = [(19.6 \times 5 + 20) \times 0.31]\text{kPa} = 36.6\text{kPa}$$

层底面处

$$p_{a2下} = (\gamma_1 h_1 + \gamma_2 h_2 + q)K_{a2} - 2c_2\sqrt{K_{a2}} = [(19.6 \times 5 + 20 \times 9 + 20) \times 0.31]\text{kPa}$$
$$= 92.4\text{kPa}$$

主动土压力合力值

$$E_a = \left[\frac{1}{2} \times (5-2.8) \times 23.4 + \frac{1}{2} \times (36.58 + 92.38) \times 9 \right] \text{kN/m} = 605.7 \text{kN/m}$$

E_a 距墙角高度

$$x_a = \left\{ \left[25.7 \times \left(9 + \frac{5-2.8}{3} \right) + 36.6 \times 9 \times 4.5 + 251.1 \times \frac{9}{3} \right] \times \frac{1}{605.7} \right\} \text{m} = 4.1 \text{m}$$

被动土压力强度：

坑底（开挖面）

$$p_{p1} = 2c_2 \sqrt{K_{p2}} = 0$$

支护结构底

$$p_{p2} = \gamma_2 h_d K_{p2} + 2c_2 \sqrt{K_{p2}} = (20 \times 7 \times 3.25) \text{kPa} = 455 \text{kPa}$$

被动土压力合力值

$$E_p = \left(\frac{1}{2} \times 7 \times 455 \right) \text{kN/m} = 1592.5 \text{kN/m}$$

E_p 距墙角高度

$$x_p = \frac{7}{3} \text{m} = 2.3 \text{m}$$

土压力沿支护结构深度分布如图 3-20 所示。

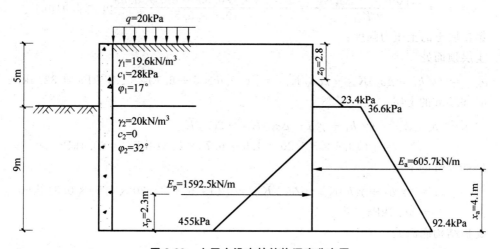

图 3-20　土压力沿支护结构深度分布图

（2）条形荷载

已知 $\varphi_1 = 17°, \varphi_2 = 32°$，则

$$K_{a1} = \tan^2 \left(45° - \frac{\varphi}{2} \right) = \tan^2 \left(45° - \frac{17°}{2} \right) = 0.55$$

$$K_{a2} = \tan^2 \left(45° - \frac{\varphi}{2} \right) = \tan^2 \left(45° - \frac{32°}{2} \right) = 0.31$$

$$K_{p2} = \tan^2 \left(45° + \frac{\varphi}{2} \right) = \tan^2 \left(45° + \frac{32°}{2} \right) = 3.25$$

附加荷载计算

当 $d + a/\tan\theta \leqslant z_a \leqslant d + (3a+b)/\tan\theta$ 时，附加荷载为

$$\Delta\sigma_k = \frac{p_0 b}{b + 2a} = \frac{20 \times 2}{2 + 2 \times 2}\text{kPa} = 6.7\text{kPa}$$

附加荷载作用于地面下 1.5m 处，影响范围为 3.5～9.5m。

第一层土的土压力强度：

土层顶面处

$$p_{a1上} = 2c_1\sqrt{K_{a1}} = (-2 \times 28 \times \sqrt{0.55})\text{kPa} = -41.53\text{kPa}$$

$h = 3.5\text{m}$ 的上层

$$p_{h=3.5\text{m}上} = \gamma_1 h K_{a1} - 2c_1\sqrt{K_{a1}} = (19.6 \times 3.5 \times 0.55 - 2 \times 28 \times \sqrt{0.55})\text{kPa} = -3.8\text{kPa}$$

$h = 3.5\text{m}$ 的下层

$$p_{h=3.5\text{m}下} = (\gamma_1 h + \Delta\sigma_k)K_{a1} - 2c_1\sqrt{K_{a1}} = [(19.6 \times 3.5 + 6.67) \times$$
$$0.55 - 2 \times 28 \times \sqrt{0.55}]\text{kPa} = -0.1\text{kPa}$$

土层底面处

$$p_{a1下} = (\gamma_1 h_1 + \Delta\sigma_k)K_{a1} - 2c_1\sqrt{K_{a1}} = [(19.6 \times 5 + 6.7) \times 0.55 - 2 \times 28 \times \sqrt{0.55}]\text{kPa}$$
$$= 16\text{kPa}$$

临界深度

$$z_0 = \frac{2c_1\sqrt{K_{a1}} - \Delta\sigma_k K_{a1}}{\gamma_1 K_{a1}} = \frac{2 \times 28 \times \sqrt{0.55} - 6.7 \times 0.55}{19.6 \times 0.55}\text{m} = 3.51\text{m}$$

第二层土的土压力强度：

土层顶面处

$$p_{a2上} = (\gamma_1 h_1 + \Delta\sigma_k)K_{a2} - 2c_2\sqrt{K_{a2}} = [(19.6 \times 5 + 6.7) \times 0.31]\text{kPa} = 32.5\text{kPa}$$

$h = 9.5\text{m}$ 的上层

$$p_{h=9.5\text{m}上} = (\gamma_1 h_1 + \gamma_2 h + \Delta\sigma_k)K_{a2} - 2c_2\sqrt{K_{a2}}$$
$$= [(19.6 \times 5 + 20 \times 4.5 + 6.7) \times 0.31]\text{kPa} = 60.4\text{kPa}$$

$h = 9.5\text{m}$ 的下层

$$p_{h=9.5\text{m}下} = (\gamma_1 h_1 + \gamma_2 h)K_{a2} - 2c_2\sqrt{K_{a2}} = [(19.6 \times 5 + 20 \times 4.5) \times 0.31]\text{kPa}$$
$$= 58.3\text{kPa}$$

支护结构底面处

$$p_{a2下} = (\gamma_1 h_1 + \gamma_2 h_2)K_{a2} - 2c_2\sqrt{K_{a2}} = [(19.6 \times 5 + 20 \times 9) \times 0.31]\text{kPa} = 86.2\text{kPa}$$

主动土压力合力值

$$E_a = \left[\frac{1}{2} \times (5 - 3.51) \times 16 + \frac{1}{2} \times (32.5 + 60.4) \times 4.5 + \frac{1}{2} \times (58.3 + 86.2) \times 4.5\right]\text{kN/m}$$
$$= 546.1\text{kN/m}$$

E_a 距墙角高度

$$x_a = \left\{\left[11.9 \times \left(9 + \frac{5 - 3.51}{3}\right) + 146.3 \times \left(4.5 + \frac{4.5}{2}\right) + 62.8 \times \left(4.5 + \frac{4.5}{3}\right) + \right.\right.$$
$$\left.\left. 262.4 \times \frac{4.5}{2} + 62.8 \times \frac{4.5}{3}\right] \times \frac{1}{546.1}\right\}\text{m} = 3.96\text{m}$$

土的被动土压力强度：

坑底（开挖面）

$$p_{p1} = 2c_2\sqrt{K_{p2}} = 0$$

支护结构底

$$p_{p2} = \gamma_2 h_d K_{p2} + 2c_2\sqrt{K_{p2}} = (20 \times 7 \times 3.25)\text{kPa} = 455\text{kPa}$$

被动土压力合力值

$$E_p = \left(\frac{1}{2} \times 7 \times 455\right)\text{kPa} = 1592.5\text{kN/m}$$

E_p 距墙角高度

$$x_p = \frac{7}{3}\text{m} = 2.3\text{m}$$

土压力沿支护结构深度分布见图 3-21 所示。

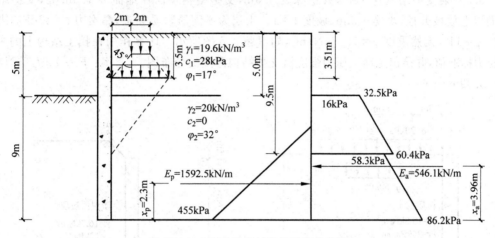

图 3-21 土压力沿支护结构深度分布图

习题

3.1 主动土压力、被动土压力的产生条件是什么？它们分别在竖向支护结构的哪一侧？

3.2 比较朗肯土压力与库仑土压力的区别。《建筑基坑支护技术规程》(JGJ 12—2012)采用哪种土压力理论计算土压力？

3.3 某挡墙深度 6m,墙背竖直光滑,填土面水平,地下水位在地面下 1m 处,地面作用大面积均布荷载 10kPa。第一层土为淤泥质粉质黏土,厚度 4m,黏聚力 $c_1 = 11$kPa,内摩擦角 $\varphi_1 = 9°$,天然重度 $\gamma_1 = 16.8$kN/m³,饱和重度 $\gamma_{1\text{sat}} = 17.6$kN/m³。第二层为粉质黏土,厚度 7m,黏聚力 $c_2 = 21$kPa,内摩擦角 $\varphi_2 = 19°$,天然重度 $\gamma_2 = 18.8$kN/m³,如习题 3.3 图所示。计算作用在挡墙上的主动土压力,确定合力作用点,并绘出土压力强度沿挡墙深度的分布图

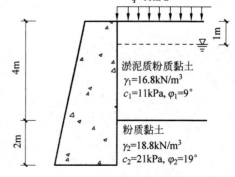

习题 3.3 图 挡土墙剖面图

及合力作用点位置。(答案：$E_a = 99.98$kN/m，$x_a = 2.15$m)

3.4　某支护结构深 15m，开挖深度 9.5m，地面作用大面积均布荷载 20kPa，距离支护结构外边缘 3m 处有一建筑物，基础埋置深度 1.5m，基础宽度 11m，基础长度 50m，基底附加荷载为 60kPa。第一层土为粉质黏土，厚度 7m，黏聚力 $c_1 = 25$kPa，内摩擦角 $\varphi_1 = 21°$，天然重度 $\gamma_1 = 18.8$kN/m³。第二层为粉砂，厚度 8m，黏聚力 $c_2 = 0$，内摩擦角 $\varphi_2 = 30°$，天然重度 $\gamma_2 = 19.7$kN/m³。如习题 3.4 图所示。计算作用在支护结构上的主动土压力标准值及被动土压力标准值，以及合力，并确定合力作用点，绘出土压力强度标准值沿支护结构深度的分布图及合力作用点位置。(答案：$E_a = 817.8$kN/m，$x_a = 4.43$m；$E_p = 893.89$kN/m，$x_p = 1.83$m)

3.5　某支护结构深 18m，开挖深度 7.5m，支护结构顶面在地面下 1.5m 处，支护结构顶面以上放坡开挖，坡宽 1.5m，坡度 1∶1。土层为淤泥质粉质黏土，黏聚力 $c = 12$kPa，内摩擦角 $\varphi = 11°$，天然重度 $\gamma = 16.7$kN/m³，如习题 3.5 图所示。计算作用在挡土结构上的主动土压力标准值，并绘出主动土压力强度沿支护结构深度的分布图。(答案：$E_a = 1497.8$kN/m，$x_a = 5.39$m)

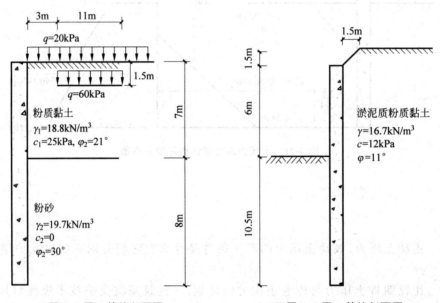

习题 3.4 图　基坑剖面图　　　　　　　习题 3.5 图　基坑剖面图

第4章

支挡结构内力

　　基坑支护工程要达到的目的,是一个可开挖的、稳定的系统,这取决于支挡结构强度(变形)与基坑稳定(主要是土体的相关稳定)这两大方面。竖向支挡结构主要有排桩(钢筋混凝土灌注桩、型钢水泥土搅拌墙)、地下连续墙等形式,水平向的支撑则有钢筋混凝土(钢管)内支撑、锚杆(锚索)等形式。根据具体的支挡形式,基坑的稳定性有抗倾覆稳定性、抗隆起稳定性、嵌固稳定性、抗渗透稳定性,以及基坑整体稳定性等。因此,基坑工程的计算主要包括这两方面,一是支挡结构内力与变形计算,二是基坑的相关稳定性计算。

　　挡土结构内力分析是基坑工程设计中的重要内容。随着基坑工程的发展和计算技术的进步,挡土结构的内力分析方法,从早期的古典分析方法,到解析方法,再到解决复杂问题的数值分析方法,经历了不同的发展阶段。

　　古典分析方法主要包括平衡法、等值梁法、塑性铰法等。平衡法又称自由端法,适用于底端自由支承的悬臂式挡土结构和单锚式挡土结构。等值梁法又称假想铰法,可以求解多支撑(锚杆)的挡土结构内力。塑性铰法又称太沙基法,该方法假定挡土结构在横撑(除第一道撑)支点和开挖面处形成塑性铰,从而解得挡土结构内力。

　　解析方法是通过将挡土结构分成有限个区间,建立弹性微分方程,再根据边界条件和连续条件,求解挡土结构内力和支撑轴力。常见的解析方法主要有山肩帮男法、弹性法和弹塑性法。

　　早期的古典分析方法和解析方法由于在理论上存在各自的局限性而难以满足复杂基坑工程的设计要求,因而现在已应用得很少。目前常用的分析方法主要有平面弹性地基梁法,又称弹性支点法(规范推荐方法)和平面连续介质有限元方法。

　　本章重点介绍平面弹性地基梁法。

4.1　文克勒地基模型

　　1867 年,捷克工程师文克勒(E. Winkler)提出,地基上任一点所受的压力强度 p 与该点的地基沉降量 s 成正比,即

$$p = ks \tag{4-1}$$

式中　k——基床反力系数(或简称基床系数),kN/m^3。

　　文克勒地基在竖向离散为独立的小柱体,柱体外侧光滑无摩阻力,每个柱体用一根弹簧代替,这就是文克勒地基模型。在文克勒地基上放置一刚性基础,则此基础下由若干弹簧将其支起,每根弹簧相当于一个支点,显然文克勒地基模型属于弹性地基模型,如图 4-1 所示。

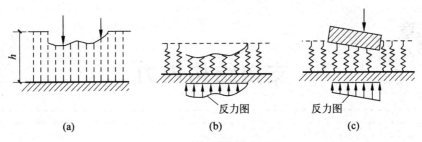

图 4-1　文克勒地基模型

（a）地基离散为侧面无摩阻力的土柱；（b）土柱视为弹簧（文克勒地基）；（c）文克勒地基上的刚性基础

4.2　文克勒地基上无限长梁的解答

如果将图 4-1(c)中的刚性基础换成一根梁的话，就转化为文克勒地基上梁的问题，如图 4-2 所示。作用在梁上的力有地基反力 p，梁上的分布荷载 q，以及作用在梁上的集中力 F 和弯矩 M_0 等。

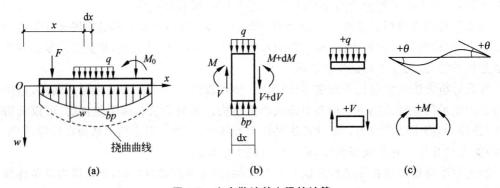

图 4-2　文克勒地基上梁的计算

（a）梁上荷载和挠曲；（b）梁的微单元；（c）符号规定

根据材料力学，梁挠度 w 的微分方程式为

$$EI \frac{\mathrm{d}^2 w}{\mathrm{d}x^2} = -M \tag{4-2}$$

由梁的微单元的静力平衡条件 $\sum M = 0$，$\sum V = 0$ 得到

$$\left.\begin{aligned} \frac{\mathrm{d}M}{\mathrm{d}x} &= V \\ \frac{\mathrm{d}V}{\mathrm{d}x} &= bp - q \end{aligned}\right\} \tag{4-3}$$

式中　　V——剪力，kN；

　　　　q——梁上的分布荷载，kN/m；

　　　　p——地基反力，kPa；

　　　　b——梁的宽度，m。

将式(4-2)连续对坐标 x 取两次导数，则得

$$EI \frac{\mathrm{d}^4 w}{\mathrm{d}x^4} = -\frac{\mathrm{d}^2 M}{\mathrm{d}x^2} = -\frac{\mathrm{d}V}{\mathrm{d}x} = -bp + q \tag{4-4}$$

对于没有分布荷载作用($q = 0$)的梁段,上式成为

$$EI \frac{\mathrm{d}^4 w}{\mathrm{d} x^4} = -bp \qquad (4\text{-}5)$$

式(4-5)是基础梁的挠曲微分方程,式中只出现了地基反力 p,没有具体联系到何种地基模型,因此式(4-5)对任何地基模型都适用。

采用文克勒地基模型时:

$$p = ks$$

由于地基梁作用在地基上,地基梁上任一点挠曲 w 必与地基的沉降 s 相等,于是有

$$s = w$$

$$EI \frac{\mathrm{d}^4 w}{\mathrm{d} x^4} = -bkw$$

$$\frac{\mathrm{d}^4 w}{\mathrm{d} x^4} + \frac{kb}{EI} w = 0 \qquad (4\text{-}6)$$

式(4-6)即为文克勒地基上梁的挠曲微分方程。

令

$$\lambda = \sqrt[4]{\frac{kb}{4EI}}$$

则

$$\frac{\mathrm{d}^4 w}{\mathrm{d} x^4} + 4\lambda^4 w = 0 \qquad (4\text{-}7)$$

式中,λ 称为梁的柔度特征值,量纲为[1/长度],其倒数 $1/\lambda$ 称为特征长度。λ 值与地基的基床系数和梁的抗弯刚度有关,λ 值越小,则基础的相对刚度越大。

式(4-7)是四阶常系数线性常微分方程,通解为

$$w = \mathrm{e}^{\lambda x}(C_1 \cos \lambda x + C_2 \sin \lambda x) + \mathrm{e}^{-\lambda x}(C_3 \cos \lambda x + C_4 \sin \lambda x) \qquad (4\text{-}8)$$

式中,C_1,C_2,C_3 和 C_4 为积分常数。

当基础是无限长梁时,在特定荷载情况下,可以获得文克勒地基上无限长梁的解析解。对有限长梁,施加边界力后视为无限长梁,采用无限长梁的公式计算叠加,可以得到有限长梁的解答。

4.3　文克勒地基上竖直梁的计算

将单桩视为文克勒地基上的一根竖直梁,梁上作用水平荷载,文克勒地基则由水平向放置的若干弹簧构成,与 4.2 节类似,通过建立竖向梁的挠曲微分方程,计算桩身的弯矩、剪力、挠曲等。

4.3.1　水平抗力系数的比例系数 m

文克勒地基上竖直梁的水平反力(抗力)与变形的关系为

$$p_x = k_x x \qquad (4\text{-}9)$$

式中　p_x——作用在桩身的水平反力,或地基土的水平反力,$\mathrm{kN/m}^2$;

　　　k_x——水平反力系数,或水平基床系数,$\mathrm{kN/m}^3$;

x——水平变形,m。

大量试验表明,地基水平反力系数 k_x 值不仅与土的类别及其性质有关,而且也随着深度而变化。由于实测的客观条件和分析方法不尽相同等原因,所采用的 k_x 值随深度的分布规律也各有不同,常采用的地基水平抗力系数 k_x 分布规律有如图 4-3 所示的几种形式。

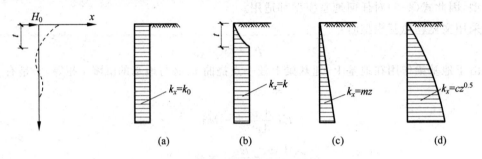

图 4-3 地基水平抗力系数沿竖向分布
(a)常数法;(b) k 法;(c) m 法;(d) c 值法

（1）常数法

假定地基抗力系数沿深度均匀分布,不随深度而变化,即 $k_x = k_0$,单位为 kN/m³,为常数,如图 4-3(a)所示。

（2）k 法

假定在桩身挠曲曲线第一挠曲零点以上地基抗力系数随深度增加呈凹形抛物线变化,在第一挠曲零点以下,地基抗力系数 $k_x = k$,单位为 kN/m³,不再随深度变化而为常数,如图 4-3(b)所示。

（3）m 法

假定地基抗力系数随深度成正比例增长,即 $k_x = mz$,如图 4-3(c)所示。m 称为水平抗力系数的比例系数,单位为 kN/m⁴。

（4）c 值法

假定地基抗力系数随着深度呈抛物线增加,即 $k_x = cz^{0.5}$,如图 4-3(d)所示,c 为比例常数,单位为 kN/m。

实测资料表明,m 法(当桩的水平位移较大时)和 c 值法(当桩的水平位移较小时)比较接近实际。在采用 m 法进行水平受荷桩设计计算时,水平抗力系数的比例系数 m 应按单桩水平静载试验确定,如无试验资料,可参考表 4-1 取值。

表 4-1 水平抗力系数的比例系数（m 法）

序号	地基土类别	预制桩、钢桩		灌注桩	
		m /(MN/m⁴)	相应单桩在地面处水平位移/mm	m /(MN/m⁴)	相应单桩在地面处水平位移/mm
1	淤泥;淤泥质土;饱和湿陷性黄土	2.0～4.5	10.0	2.5～6.0	6.0～12.0
2	流塑($I_L>1$)、软塑($0.75<I_L\leqslant1$)状黏性土;$e>0.9$粉土;松散粉细砂;松散稍密填土	4.5～6.0	10.0	6.0～14.0	4.0～8.0

续表

序号	地基土类别	预制桩、钢桩		灌注桩	
		m /(MN/m⁴)	相应单桩在地面处水平位移/mm	m /(MN/m⁴)	相应单桩在地面处水平位移/mm
3	可塑($0.25<I_L\leqslant0.75$)状黏性土,湿陷性黄土;$e=0.75\sim0.9$粉土;中密填土;稍密细砂	6.0~10.0	10.0	14.0~35.0	3.0~6.0
4	硬塑($0<I_L\leqslant0.25$)、坚硬($I_L\leqslant0$)状黏性土,湿陷性黄土;$e<0.75$粉土;中密中粗砂;密实老填土	10.0~22.0	10.0	35.0~100.0	2.0~5.0
5	中密、密实的砂砾、碎石类土	—	—	100.0~300.0	1.5~3.0

注:1. 当桩顶水平位移大于表列数值或灌注桩配筋率较高(≥0.65%)时,m 值应适当降低;当预制桩的水平位移小于 10mm 时,m 值可适当提高。

　　2. 当水平荷载为长期或经常出现的荷载时,应将表列数值乘以 0.4 降低采用。

　　3. 当地基为可液化土层时,应将表列数值乘以《建筑桩基技术规范》(JGJ 94—2008)表 5.3.12 中相应的系数 Ψ_1。

4.3.2　桩的挠曲微分方程

1. 挠曲微分方程

桩顶若与地面平齐($z=0$),且已知桩顶作用有水平荷载 H_0 及弯矩 M_0,此时桩将发生弹性挠曲,桩侧土将产生水平向反力 p_x,如图 4-4 所示。文克勒地基上桩的挠曲微分方程为

$$EI\frac{\mathrm{d}^4x}{\mathrm{d}z^4}=-p=-p_xb_0=-k_xxb_0=-mzxb_0 \qquad (4-10)$$

式中　E——桩的弹性模量,kN/m²;

　　　　I——桩的截面惯性矩,m⁴;

　　　　b_0——土反力计算宽度,m;

　　　　x——桩在深度 z 处的横向位移,即桩的挠度,m。

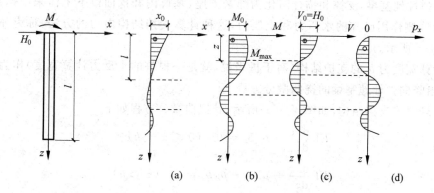

图 4-4　水平受荷桩的挠度、弯矩、剪力、土的水平抗力分布示意图

(a) 挠度图;(b) 弯矩图;(c) 剪力图;(d) 土的水平抗力图

定义

$$\alpha = \sqrt[5]{\frac{mb_0}{EI}}$$

式(4-10)整理为

$$\frac{d^4 x_z}{dz^4} + \alpha^5 zx = 0 \tag{4-11}$$

式中　α——桩的水平变形系数，1/m。

式(4-11)为四阶线性变系数齐次常微分方程，可用幂级数展开的方法，并结合桩底的边界条件求出桩挠曲微分方程的解。具体可参考水平受荷桩计算相关文献。

2. 土反力计算宽度 b_0

由试验研究分析得出，桩在水平外力作用下，桩后的桩侧土受到挤压，除了桩身宽度内桩侧土受挤压外，在桩身宽度以外的一定范围内的土体也受到一定程度的影响（空间受力），且对不同截面形状的桩，土受到的影响范围大小也不相同。

为了将空间受力简化为平面受力，并综合考虑桩的截面形状，将桩的设计宽度 b（直径或边长）换算成相当于实际工作条件下的影响宽度 b_0，又称桩的土反力计算宽度。

桩的土反力计算宽度可按以下方法确定：

(1) 方形截面桩：当实际宽度 $b>1m$ 时，$b_0=b+1$；当 $b\leqslant1m$ 时，$b_0=1.5b+0.5$。

(2) 圆形截面桩：当桩径 $d>1m$ 时，$b_0=0.9(d+1)$；当 $d\leqslant1m$ 时，$b_0=0.9(1.5d+0.5)$。

计算桩身抗弯刚度 EI 时，桩身的弹性模量 E，对于混凝土桩，可采用混凝土的弹性模量 E_c 的 0.85 倍（$E=0.85E_c$）。截面惯性矩 I 的计算，对于直径为 d 的圆形桩，$I=\pi d^4/64$；对于宽度为 b 的方形桩，$I=b^4/12$。

4.4　支挡结构的弹性支点法

4.4.1　挠曲微分方程

将单位宽度的挡土结构（钢筋混凝土灌注桩、型钢水泥土搅拌墙、地下连续墙等）作为竖向放置的弹性地基梁，支撑和锚杆简化为弹簧支座，基坑内开挖面以下土体采用弹簧模拟，挡土结构外侧作用已知的水压力和土压力，这种计算支挡结构内力的方法，称为弹性支点法，如图 4-5 所示。

取计算宽度为 b_0 的支护结构（对于桩来说，就是一根桩的土反力计算宽度）作为分析对象，可列出竖向弹性地基梁的挠曲微分方程。

对于悬臂式支挡结构，如图 4-5(a)所示，其挠曲微分方程如下：

$$EI \frac{d^4 x}{dz^4} - p_{ak} b_a = 0 \quad (0 \leqslant z < h) \tag{4-12}$$

$$EI \frac{d^4 x}{dz^4} + p_s b_0 - p_{ak} b_a = 0 \quad (z \geqslant h) \tag{4-13}$$

对于锚拉式支挡结构或支撑式支挡结构，如图 4-5(b)所示，无支点（锚杆或内支撑）处的挡土结构挠曲微分方程仍为式(4-12)和式(4-13)，有支点处挡土结构的挠曲微分方程为

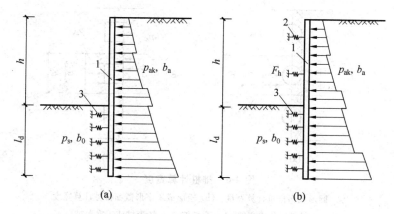

图 4-5　弹性支点法计算

(a) 悬臂式支挡结构；(b) 锚拉式支挡结构或支撑式支挡结构

1—挡土结构；2—由锚杆或支撑简化而成的弹性支座；3—计算土反力的弹性支座

支撑与锚杆作用点处

$$EI \frac{\mathrm{d}^4 x}{\mathrm{d}z^4} + F_\mathrm{h} - p_\mathrm{ak} b_\mathrm{a} = 0 \quad (0 \leqslant z \leqslant h_n) \tag{4-14}$$

式中　EI——支护结构的抗弯刚度，$\mathrm{kN \cdot m^2}$；

x——计算点处支护结构的水平位移，m；

z——计算点距离地面的深度，m；

l_d——支挡结构嵌固深度，m；

$p_\mathrm{ak}(z)$——z 深度处的主动土压力，kPa；

$p_\mathrm{s}(z - h_n)$——作用在开挖面以下支护结构上土的抗力，kPa，$p_\mathrm{s}(z - h_n) = k_x x = m(z - h_n)x$；

b_a——水平荷载计算宽度，m；

h_n——第 n 步的开挖深度，m。

F_h——锚杆或内支撑对支挡结构计算宽度内的弹性支点水平反力，kN。

考虑土体的分层（m 值不同）及水平支撑的存在等实际情况，需沿着竖向将支护体划分成若干单元，列出每个单元的上述微分方程，一般可采用杆系有限元方法求解。划分单元时，应考虑土层的分布、地下水位、支撑的位置、基坑的开挖深度等因素。分析多道支撑分层开挖时，根据基坑开挖、支撑情况划分施工工况，按照工况的顺序进行支护结构的变形和内力计算，计算中需考虑各工况下边界条件、荷载形式的变化，并取上一工况计算的支护结构位移作为下一工况的初始值。

杆系有限元法详细介绍见本章附录 A。

4.4.2　水平荷载计算宽度

挡土结构采用排桩时，作用在单根支护桩上的主动土压力计算宽度 b_a 应取排桩间距，排桩计算宽度如图 4-6 所示。图 4-6 中有两种计算宽度，一是基坑内坑底土的土抗力计算宽度 b_0（或称土反力计算宽度，开挖面以下坑底土提供）；二是基坑外水平荷载计算宽度 b_a（支挡结构外侧主动土压力）。

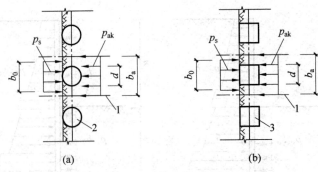

图 4-6　排桩计算宽度

（a）圆形截面排桩计算宽度；（b）矩形或工字形截面排桩计算宽度

1—排桩对称中心线；2—圆形桩；3—矩形桩或工字形桩

挡土结构采用地下连续墙时，作用在单幅地下连续墙上的主动土压力计算宽度 b_a 应取包括接头的单幅墙宽度。土反力计算宽度 b_0 和水平荷载计算宽度 b_a 的取值见表 4-2。

表 4-2　土反力计算宽度 b_0 和水平荷载计算宽度 b_a

支 挡 构 件		土反力计算宽度 b_0		水平荷载计算宽度 b_a
排桩	圆形桩	$d \leqslant 1\text{m}$	$b_0 = 0.9(1.5d + 0.5)$	取排桩间距
		$d > 1\text{m}$	$b_0 = 0.9(d + 1)$	
	矩形桩或工字形桩	$b \leqslant 1\text{m}$	$b_0 = 1.5b + 0.5$	
		$b > 1\text{m}$	$b_0 = b + 1$	
地下连续墙		取包括接头的单幅墙宽度		取包括接头的单幅墙宽度

注：当 b_0 大于排桩间距时应取 b_0 等于排桩间距。

d 为桩的直径，m；b 为矩形桩或工字形桩的宽度，m。

4.4.3　作用在挡土构件上的分布土反力

1. 挡土构件上的分布土反力

作用在挡土构件上的分布土反力是指作用在开挖面以下嵌固段上的土的抗力 p_s，由两部分构成，一是初始土反力，二是因挡土结构变形土体受压产生的抗力，按下式计算：

$$p_s = k_s \nu + p_{s0} \tag{4-15}$$

式中　p_s——分布土反力，kPa；

　　　k_s——基坑内侧土的水平反力系数，kN/m³；

　　　ν——挡土构件在分布土反力计算点使土体压缩的水平位移值，m；

　　　p_{s0}——初始分布土反力，kPa，按式（3-3）和式（3-4）计算，但应将公式中的 p_a 用 p_{s0} 代替，且不计 $(2c_i \sqrt{K_{a,i}})$ 项。

挡土构件嵌固段上的基坑内侧分布土反力 p_s 的合力标准值 P_{sk} 应符合下式要求：

$$P_{sk} \leqslant E_{pk} \tag{4-16}$$

式中　P_{sk}——作用在挡土构件嵌固段上的基坑内侧土反力合力标准值，kN，按照式（4-15）计算得出；

　　　E_{pk}——作用在挡土构件嵌固段上的被动土压力合力标准值，kN，按照式（3-8）和式（3-9）计算得出。

式(4-16)主要是限定地基土的弹性抗力不能大于被动土压力，否则基坑会不安全。

2. 基坑内侧土的水平反力系数

比较式(4-9)与式(4-15)，式(4-15)中的k_s就是式(4-9)中的水平反力系数k_x。对于基坑工程的竖向支挡结构，土的水平反力作用在开挖面以下的支挡结构上(嵌固深度段)，因此有

$$k_s = m(z - h) \tag{4-17}$$

式中　m——土的水平反力系数的比例系数，kN/m^4；

　　　z——计算点与地面的距离，m；

　　　h——计算工况下的基坑开挖深度，m。

弹性支点法是从水平向受荷桩的计算方法演变而来的，地基土水平反力的比例系数m应根据单桩水平荷载试验确定或地区经验取值，由试验确定时，可根据试验结果按下式计算：

$$m = \frac{\left(\dfrac{H_{cr}}{x_{cr}} \nu_x\right)^{\frac{5}{3}}}{b_0 \, (EI)^{\frac{2}{3}}} \tag{4-18}$$

式中　m——地基的水平反力系数的比例系数，MN/m^4，该数值为基坑开挖面以下 $2(d+1)$ 深度内各土层的综合值；

　　　H_{cr}——单桩水平临界荷载，MN，根据《建筑桩基检测技术规范》(JGJ 106—2014)第 6.4 节方法确定；

　　　x_{cr}——单桩水平临界荷载对应的位移，m；

　　　ν_x——桩顶位移系数，按表 4-3 确定(先假定 m，试算 α)。

表 4-3　桩顶水平位移系数(桩顶铰接或自由时)

换算深度 αh	4.0	3.5	3.0	2.8	2.6	2.4
ν_x	2.441	2.502	2.727	2.905	3.163	3.526

注：表中 $\alpha = \sqrt[5]{\dfrac{mb_0}{EI}}$，当 $\alpha h > 4.0$ 时，取 $\alpha h = 4.0$。

缺少试验和经验时，可参考表 4-1 取值，亦可按下列经验公式估算：

$$m = \frac{0.2\varphi^2 - \varphi + c}{\nu_b} \tag{4-19}$$

式中　m——土的水平反力系数的比例系数，MN/m^4；

　　　c——土的黏聚力，kPa；

　　　φ——土的内摩擦角，(°)，按 2.2.4 节的规定确定，对多层土，按不同土层分别取值；

　　　ν_b——挡土构件在坑底处的水平位移量，mm，当此处的水平位移不大于 $10mm$ 时，可取 $\nu_b = 10mm$。

式(4-19)是通过开挖面处桩的水平位移值与土层参数来确定 m 值，公式中的开挖处水平位移 Δ 取值难以确定，计算得到的 m 值可能与地区的经验取值范围相差较大。而且当 φ 较大时，计算出的 m 值偏大，可能导致计算得到的被动侧土反力大于被动土压力，因此规

定,式(4-15)计算得到的作用在挡土构件嵌固段上的基坑内侧土反力合力标准值 P_{sk},不得大于计算得到的被动土压力合力标准值 E_{pk}。

4.4.4　锚杆或内支撑对挡土结构的作用力

1. 对挡土结构的作用力

锚杆或内支撑对挡土结构的约束作用应按弹性支座考虑,假定弹性支点为不同水平刚度系数的弹簧,则锚杆或内支撑对支挡结构的弹性支座反力 F_h 按下式确定:

$$F_h = k_R(\nu_R - \nu_{R0}) + P_h \qquad (4-20)$$

式中　F_h——锚杆或内支撑对支挡结构计算宽度内的弹性支点水平反力,kN;

　　　　k_R——计算宽度内弹性支点刚度系数,kN/m;

　　　　ν_R——挡土构件在支点处的水平位移值,m;

　　　　ν_{R0}——设置支点时,支点的初始水平位移,m;

　　　　P_h——挡土构件计算宽度内的法向预加力,kN,采用锚杆或竖向斜撑时,取 $P_h = P\cos\alpha \cdot b_a/s$,采用水平对撑时,取 $P_h = Pb_a/s$,这里的计算宽度指水平荷载计算宽度 b_a,如图 4-6 所示。

式(4-20)计算所得的支点力 F_h 并不是真实的内支撑或锚杆作用在腰梁上的力,而是采用此种支撑截面或锚杆截面(长度),在支点发生位移时,支撑或锚杆所能提供的弹性支点水平反力,该值并不唯一,与挡土构件支点处的水平位移有关。作用在支点处的真实荷载应由主动土压力给出。

2. 计算宽度内弹性支点刚度系数

弹性支点刚度系数是指锚杆或内支撑杆件对冠梁或腰梁的支点刚度系数,以图 4-7 平面内支撑为例,支点刚度系数的大小不仅与内支撑材料、截面大小有关,还与内支撑的水平间距有关。显然,内支撑杆件的水平间距(s)越大,内支撑杆件的支点刚度系数越小。换句话说,水平内支撑越密集,支撑的刚度系数越大,围护结构的水平变形越小。

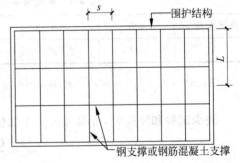

图 4-7　内支撑平面布置示意图

1) 对于锚拉式支挡结构,弹性支点刚度系数 k_R 宜通过锚杆抗拔试验[《建筑基坑支护技术规程》(JGJ 120—2012)]按下式计算确定:

$$k_R = \frac{(Q_2 - Q_1)b_a}{(S_2 - S_1)s} \qquad (4-21)$$

式中　Q_1, Q_2——锚杆循环加荷或逐级加荷试验中,Q-S 曲线上对应锚杆锁定值与轴向拉力标准值的荷载值,kN;

　　　　S_1, S_2——Q-S 曲线上对应于荷载为 Q_1, Q_2 的锚头位移值,m;

　　　　b_a——水平荷载计算宽度,m;

　　　　s——锚杆水平间距,m。

在缺少试验数据时,弹性支点刚度系数 k_R 也可按下列公式计算:

$$k_R = \frac{3E_s E_c A_p A b_a}{[3E_c A l_f + E_s A_p(l - l_f)]s} \qquad (4-22)$$

$$E_c = \frac{E_s A_p + E_m(A - A_p)}{A}$$

式中　E_s——锚杆杆体的弹性模量,kPa;

　　　E_c——锚杆的复合弹性模量,kPa;

　　　A_p——锚杆杆体的截面面积,m²;

　　　A——注浆固结体的截面面积,m²;

　　　l_f——锚杆的自由段长度,m;

　　　l——锚杆长度,m;

　　　E_m——注浆固结体的弹性模量,kPa。

当锚杆端部腰梁或冠梁的挠度不可忽略不计时,应考虑梁的挠度对弹性支点刚度系数的影响。

例题 4-1　基坑支护采用竖向钢筋混凝土排桩加锚杆支护形式,排桩直径 800mm,排桩间距 1000mm。第一道锚杆杆体采用抗拉强度设计值为 1320MPa 的预应力钢绞线,直径 15.2mm。钻孔直径 150mm,水平间距 2m,锚杆杆体的弹性模量 $E_s = 195\,000$MPa,注浆固结体的弹性模量 $E_m = 1000$MPa,锚杆长度 $l = 15$m,锚杆与水平面夹角 15°,锚杆的自由段长度 $l_f = 6$m。挡土结构在支点处的水平位移 $\nu_R = 10$mm,支点的初始水平位移 $\nu_{R0} = 0$,挡土构件计算宽度内的法向预加力 $P = 50$kN。试计算第一道锚杆对支挡结构计算宽度内的弹性支点水平反力 F_h。支护剖面示意图见图 4-8。

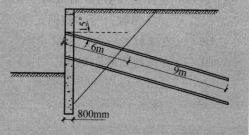

图 4-8　基坑锚拉结构剖面示意图

解:(1)计算宽度内弹性支点刚度系数 k_R

锚杆复合弹性模量 E_c

$$E_c = \frac{E_s A_p + E_m(A - A_p)}{A}$$

$$= \frac{195\,000 \times 3.14 \times \left(\frac{0.0152}{2}\right)^2 + 1000 \times \left[3.14 \times \left(\frac{0.15}{2}\right)^2 - 3.14 \times \left(\frac{0.0152}{2}\right)^2\right]}{3.14 \times \left(\frac{0.15}{2}\right)^2}\text{MPa}$$

$$= 2992\text{MPa}$$

水平荷载计算宽度 $b_a = 1.0$m

弹性支点刚度系数 k_R

$$k_R = \frac{3E_s E_c A_p A b_a}{[3E_c A l_f + E_s A_p(l - l_f)]s}$$

$$= \frac{3 \times 195\,000 \times 2992 \times 3.14 \times \left(\frac{0.0152}{2}\right)^2 \times 3.14 \times \left(\frac{0.15}{2}\right)^2 \times 1}{\left[3 \times 2992 \times 3.14 \times \left(\frac{0.15}{2}\right)^2 \times 6 + 195\,000 \times 3.14 \times \left(\frac{0.0152}{2}\right)^2 \times (15-6)\right] \times 2} \times$$

$$10^3 \text{kN/m} = 2208.3 \text{kN/m}$$

（2）锚杆对支挡结构计算宽度内的弹性支点水平反力 F_h

$$F_h = k_R (\nu_R - \nu_{R0}) + P_h = k_R (\nu_R - \nu_{R0}) + P\cos\alpha \cdot b_a/s$$

$$= (2208.3 \times 0.01 + 50 \times \cos 15° \times 1/2) \text{kN} = 46.2 \text{kN}$$

2）对于支撑式支挡结构，计算宽度内弹性支点刚度系数 k_R，宜通过对内支撑结构整体进行线弹性结构分析得出的支点力与水平位移的关系确定。

对水平支撑结构，当支撑腰梁或冠梁的挠度可忽略不计时，k_R 可按下式计算：

$$k_R = \frac{\alpha_R E A b_a}{\lambda l_0 s} \tag{4-23}$$

式中　λ——支撑不动点调整系数。支撑两对边基坑的土性、深度、周边荷载等条件相近，且分层对称开挖时，取 $\lambda = 0.5$；支撑两对边基坑的土性、深度、周边荷载等条件或开挖时间有差异时，对土压力较大或先开挖的一侧，取 $\lambda = 0.5 \sim 1.0$，且差异大时取大值，反之取小值；对土压力较小或后开挖的一侧，取 $(1-\lambda)$；当基坑一侧取 $\lambda = 1.0$ 时，基坑另一侧应按固定支座考虑；对竖向斜撑构件，取 $\lambda = 1.0$。

α_R——支撑松弛系数，对混凝土支撑和预加轴向压力的钢支撑，取 $\alpha_R = 1.0$；对不预加支撑轴向压力的钢支撑，取 $\alpha_R = 0.8 \sim 1.0$。

E——支撑材料的弹性模量，kPa。

A——支撑的截面面积，m^2。

l_0——受压支撑构件的长度，m。

s——支撑水平间距，m。

例题 4-2　基坑支护采用竖向钢筋混凝土排桩加水平向钢筋混凝土内支撑的支护形式，排桩直径 1000mm，排桩间距 1200mm。内支撑采用钢筋混凝土材料，内支撑截面高度 700mm，宽度 500mm，混凝土强度等级 C30，采用 HRB400 级钢筋，保护层厚度 20mm。钢筋混凝土支撑水平间距 9m，支撑长度 15m，均匀对称开挖。钢筋弹性模量 $E_s = 200\,000$MPa，C30 混凝土弹性模量 $E_c = 30\,000$MPa。挡土结构在支点处的水平位移 $\nu_R = 10$mm，支点的初始水平位移 $\nu_{R0} = 0$。试计算内支撑对支挡结构计算宽度内的弹性支点水平反力 F_h。基坑支护剖面示意图见图 4-9。

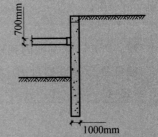

图 4-9　基坑内支撑剖面示意图

解：（1）计算宽度内弹性支点刚度系数 k_R

水平荷载计算宽度 $b_a = 1.2$m，支撑松弛系数 $\alpha_R = 1.0$，支撑不动点调整系数 $\lambda = 0.5$，则

$$k_R = \frac{\alpha_R E A b_a}{\lambda l_0 s} = \frac{1 \times 30\,000 \times 0.7 \times 0.5 \times 1.2}{0.5 \times 15 \times 9} \times 10^3 \text{kN/m} = 186\,666.7 \text{kN/m}$$

（2）内支撑对支挡结构计算宽度内的弹性支点水平反力 F_h

$$F_h = k_R(\nu_R - \nu_{R0}) = (186\,666.7 \times 0.01)\text{kN} = 1866.7\text{kN}$$

4.5　平面连续介质有限元法

平面连续介质有限元法一般是在整个基坑中寻找具有平面应变特征的断面进行分析。土体采用平面应变单元来模拟。挡土结构如地下连续墙等板式结构需承受弯矩,可用梁单元来模拟。支撑、锚杆等只能承受轴向力的构件采用杆件单元模拟。考虑连续墙与土体的界面接触,可利用接触面单元来处理。连续介质有限元方法考虑了土和结构的相互作用,可同时得到整个施工过程挡土结构的位移和内力,以及对应的地表沉降和坑底回弹等。

附录 A　杆系有限元法

杆系有限元法是基于岩土体线弹性本构模型的一种计算方法,其计算原理是将基坑底面以上的排桩作为梁单元,基坑底面以下的土体作为弹性地基梁单元,支撑简化为弹性支撑单元,该支护结构体系受到主动土压力和被动土压力作用。尽管该方法的计算结果与实测数据之间存在一定的差异,但是该方法能够充分考虑基坑开挖过程中岩土体的物理力学特性、支撑结构的差异,以及支撑预应力对结构内力的变化情况,目前仍是一种应用性较强,计算较为简单的排桩支护有限单元计算方法。

基于有限元的平面弹性地基梁法的一般分析过程如下:

1）结构理想化,即把挡土结构的各个组成部分根据其结构受力特点理想化为杆系单元,如两端嵌固的梁单元、弹性地基梁单元、弹性支撑梁单元等。

2）结构离散化,把挡土结构沿竖向划分为若干个单元,一般每隔 $1 \sim 2\text{m}$ 划分一个单元。为计算简便,尽可能将节点布置在挡土结构的截面、荷载突变处、弹性地基基床系数变化处及支撑或锚杆的作用点处,分别如图 4-10 所示。

3）挡土结构的节点应满足变形协调条件,即结构节点的位移和联结在同一节点处的每个单元的位移是互相协调的,并取节点的位移为未知量。

4）单元所受荷载和单元节点位移之间的关系,以单元的刚度矩阵 $\boldsymbol{K}^e$ 来确定,即

$$\boldsymbol{F}^e = \boldsymbol{K}^e \boldsymbol{\delta}^e \tag{4-24}$$

式中　$\boldsymbol{F}^e$——单元节点力;

　　　$\boldsymbol{K}^e$——单元刚度矩阵;

　　　$\boldsymbol{\delta}^e$——单元节点位移。

作用于结构节点上的荷载和结构节点位移之间的关系,以及结构的总体刚度矩阵是由各个单元的刚度矩阵经矩阵变换得到的。

图 4-11 是弹性地基杆系有限单元法分析排桩结构的通用计算模型,即在基坑底面以上部分采用梁单元,而在基坑底面以下部分采用弹性地基梁单元,支撑为弹性单元,受到主动土压力和被动土压力的作用。

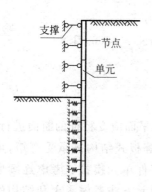

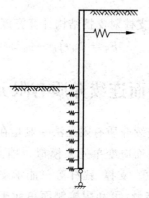

图 4-10　排桩结构的有限元划分示意图　　　图 4-11　杆系有限单元的计算图（土中弹簧
表示土体的刚度）

（1）对于梁单元，每个节点有 3 个自由度 (u, v, φ)，杆单元的长度为 l，截面面积为 A，截面惯性矩为 I，弹性模量为 E，单元的 i, j 端各有三个力，为 $\overline{F}_{xi}, \overline{F}_{yi}, \overline{M}_i$ 和 $\overline{F}_{xj}, \overline{F}_{yj}, \overline{M}_j$（$\overline{F}_{xi}$ 等指平均数，下同），对应的位移为 $\overline{u}_i, \overline{v}_i, \overline{\varphi}_i$ 和 $\overline{u}_j, \overline{v}_j, \overline{\varphi}_j$，取梁轴线为 x 轴，各物理量正向如图 4-12 所示（图 4-12 中的符号为变量，其值等于平均数）。则单元所受荷载与单元节点位移之间的关系表示如下：

$$
\begin{bmatrix} X_i \\ Y_i \\ M_i \\ X_j \\ Y_j \\ M_j \end{bmatrix} = \frac{EI}{L} \begin{bmatrix} A/I & & & & & \\ 0 & 12/l^2 & & & \text{对称} & \\ 0 & 6/l & 4 & & & \\ -A/I & 0 & 0 & A/I & & \\ 0 & -12/l^2 & -6/l & 0 & 12/l^2 & \\ 0 & 6/l & 2 & 0 & -6/l & 4 \end{bmatrix} \begin{bmatrix} u_i \\ v_i \\ \varphi_i \\ u_j \\ v_j \\ \varphi_j \end{bmatrix}
\tag{4-25}
$$

支撑或锚杆的荷载与位移关系同式（4-24）。

（2）对于弹性地基梁来讲，采用文克勒弹性地基单元，如图 4-13 所示。

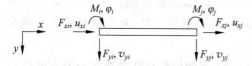

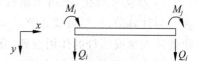

图 4-12　梁单元的计算简图　　　　　图 4-13　文克勒弹性地基梁单元

梁的轴向为 x 轴，其弹性曲线微分方程为

$$
EI \frac{\mathrm{d}^4 y}{\mathrm{d}x^4} = -my + q
\tag{4-26}
$$

式中　q——梁上荷载强度。

利用初参数法可求解下式：

$$
\begin{bmatrix} M_i \\ Q_i \\ M_{zi} \\ M_j \\ Q_j \\ M_{zj} \end{bmatrix} = \frac{2EI_z}{l^3} \begin{bmatrix} 1 & & & & & \\ 0 & \gamma_1 & & & \text{对称} & \\ 0 & l\beta_1 & l\alpha_1^2 & & & \\ 0 & 0 & 0 & 1 & & \\ 0 & -\gamma_2 & -l\beta_2 & 0 & \gamma_1 & \\ 0 & l\beta_2 & l^2 d^2 & 0 & -l\beta_1 & l^2 d_1 \end{bmatrix} \begin{bmatrix} \varphi_i \\ y_i \\ \varphi_{zi} \\ \varphi_j \\ y_j \\ \varphi_{zj} \end{bmatrix}
\tag{4-27}
$$

5) 根据节点、单元编号,结合单元刚度矩阵,对号入座,集成总体刚度矩阵 **K**。

6) 根据静力平衡条件可知,作用在结构节点上的外荷载必须与单元内荷载平衡,单元内荷载是由未知节点位移和单元刚度矩阵求得。如果外荷载给定,则可以求得未知的结构节点位移,进而求得单元内力。基本平衡方程由下式表示:

$$\boldsymbol{K\delta} = \boldsymbol{R} \tag{4-28}$$

式中　$\boldsymbol{K}$——总刚矩阵;

　　　$\boldsymbol{\delta}$——位移矩阵;

　　　$\boldsymbol{R}$——荷载矩阵。

习题

4.1　什么是文克勒地基模型? 土水平反力系数沿深度分布有哪几种形式? 各自的分布特点是什么?

4.2　什么是挡土结构的土反力计算宽度、水平荷载计算宽度? 分别位于挡土结构的什么部位?

4.3　为什么要限制土反力合力标准值?

4.4　基坑支护采用竖向钢筋混凝土排桩加锚杆支护形式,排桩直径 600mm,排桩间距 900mm。锚杆杆体采用抗拉强度设计值为 360MPa(HRB400)钢筋,直径 28mm。钻孔直径 150mm,水平间距 1.8m,锚杆杆体的弹性模量 $E_s = 200\,000$MPa,注浆固结体的弹性模量 $E_m = 1000$MPa,锚杆长度 $l = 14$m,锚杆与水平面夹角15°,锚杆的自由段长度 $l_f = 6$m。挡土结构在支点处的水平位移 $\nu_R = 10$mm,支点的初始水平位移 $\nu_{R0} = 0$,挡土构件计算宽度内的法向预加力 $P = 40$kN。计算锚杆对支挡结构计算宽度内的弹性支点水平反力 F_h。(答案: $F_h = 95.24$kN)

4.5　基坑支护采用竖向钢筋混凝土排桩加水平向钢筋混凝土内支撑的支护形式,排桩直径 800mm,排桩间距 1000mm。内支撑采用钢筋混凝土材料,内支撑截面高度 700mm,宽度 500mm,混凝土强度等级 C30,采用 HRB400 钢筋,保护层厚度 20mm。钢筋混凝土支撑水平间距 10m,支撑长度 18m,均匀对称开挖。钢筋弹性模量 $E_s = 200\,000$MPa,C30 混凝土弹性模量 $E_c = 30\,000$MPa。挡土结构在支点处的水平位移 $\nu_R = 10$mm,支点的初始水平位移 $\nu_{R0} = 0$。试计算内支撑对支挡结构计算宽度内的弹性支点水平反力 F_h。(答案: $F_h = 1166.7$kN)

第 5 章

支挡式基坑的稳定性及变形

基坑支护设计应从稳定、强度和变形三个方面满足设计要求,第4章讲解了支挡式结构的内力问题,进而通过内力可以计算支挡式结构的强度是否满足内力要求。这里讲解支挡式结构设计的另外两大问题,基坑的稳定性及基坑变形。

5.1 基坑稳定性

基坑的稳定性实质上是与土相关的稳定性,有整体稳定性和局部稳定性。整体稳定性主要是指基坑土体是否会出现整体剪切破坏,局部稳定性则指支挡结构的嵌入深度问题引起的坑底土抗隆起稳定性等。

基坑可能的破坏模式在一定程度上揭示了基坑的失稳形态和破坏机理,图 5-1 是支挡式基坑的主要破坏模式。

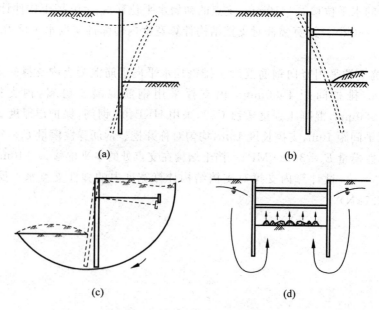

图 5-1　支挡式基坑主要破坏模式

图 5-1(a)是悬臂式支挡结构,支挡结构嵌入深度不满足要求,支挡结构顶部向坑内倾斜,支挡结构底部有向坑外侧移的现象。

图 5-1(b)是内支撑式支挡结构,坑底土体抗剪强度较低,支挡结构下部出现踢脚现象,

产生很大的变形,并伴随坑底土隆起。

图 5-1(c)是锚拉式支挡结构,锚杆长度太短,锚杆在滑裂面以内,与土体一起整体滑移,致使基坑出现整体剪切破坏。

图 5-1(d)是基坑渗透稳定性不满足要求,特别是在砂层或者粉砂地层中开挖基坑时,未将水位降低到安全位置,产生管涌或流土现象,严重时会导致基坑失稳。

5.1.1　整体稳定性验算

基坑支护体系整体稳定性验算的目的,就是要防止基坑支护结构与周围土体出现整体滑动失稳破坏,对悬臂式支挡结构、锚拉式支挡结构,以及双排桩支挡结构均要进行基坑整体稳定性验算。整体滑动稳定性可采用圆弧滑动条分法进行验算,其原理是土力学中所说的土坡稳定分析的瑞典条分法,稳定安全系数是抗滑力矩和滑动力矩的比值。对于锚拉式支挡结构,抗滑力应计入墙后土体中锚杆的作用。圆弧滑动条分法整体稳定性验算如图 5-2所示。

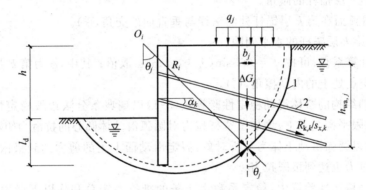

图 5-2　圆弧滑动条分法整体稳定性验算

1—任意圆弧滑动面；2—锚杆

在一定范围内可以确定很多的潜在滑动面,计算时采用搜索法得到若干滑动面的稳定安全系数,某一滑动面稳定安全系数最小时,则此值就定义为整体稳定安全系数。

圆弧滑动条分法整体稳定性验算按下式计算:

$$\min\{K_{s,1},K_{s,2},\cdots,K_{s,i},\cdots\} \geqslant K_s$$

$$K_{s,i} = \frac{\sum\{c_j l_j + [(q_j b_j + \Delta G_j)\cos\theta_j - u_j l_j]\tan\varphi_j\} + \sum R'_{k,k}[\cos(\theta_k + \alpha_k) + \psi_v]/s_{x,k}}{\sum(q_j b_j + \Delta G_j)\sin\theta_j}$$

$$(5-1)$$

式中　K_s——圆弧滑动稳定安全系数,安全等级为一级、二级、三级的支挡式结构,K_s 分别不应小于 1.35,1.3,1.25。

　　　$K_{s,i}$——第 i 个圆弧滑动体的抗滑力矩与滑动力矩的比值,抗滑力矩与滑动力矩之比的最小值宜通过搜索不同圆心及半径的所有潜在滑动圆弧确定。

　　　c_j——第 j 土条滑弧面处的黏聚力,kPa。

　　　φ_j——第 j 土条滑弧面处的内摩擦角,(°)。

　　　b_j——第 j 土条的宽度,m。

θ_j——第 j 土条滑弧面中点处的法线与垂直面的夹角，(°)。

l_j——第 j 土条的滑弧长度，m，取 $l_j = b_j/\cos\theta_j$。

q_j——第 j 土条上的附加分布荷载标准值，kPa。

ΔG_j——第 j 土条的自重，kN，按天然重度计算。

u_j——第 j 土条滑弧面上的水压力，kPa，采用落底式截水帷幕时，对地下水位以下的砂土、碎石土、砂质粉土，在基坑外侧可取 $u_j = \gamma_w h_{wa,j}$；在基坑内侧，可取 $u_j = \gamma_w h_{wp,j}$；滑弧面在地下水位以上或对地下水位以下的黏性土，取 $u_j = 0$；其中，γ_w 为地下水重度，kN/m^3；$h_{wa,j}$ 为基坑外侧第 j 土条滑弧面中点的压力水头，m；$h_{wp,j}$ 为基坑内侧第 j 土条滑弧面中点的压力水头，m。

$R'_{k,k}$——第 k 层锚杆在滑动面以外的锚固段的极限抗拔承载力标准值与锚杆杆体受拉承载力标准值（$f_{ptk}A_p$）的较小值，kN，对悬臂式、双排桩支挡结构，不考虑 $\sum R'_{k,k}[\cos(\theta_k + \alpha_k) + \psi_v]/s_{x,k}$ 项。

α_k——第 k 层锚杆的倾角。

θ_k——滑弧面在第 k 层锚杆处的法线与垂直面的交角，(°)。

$s_{x,k}$——第 k 层锚杆的水平间距，m。

ψ_v——计算系数，可按 $\psi_v = 0.5\sin(\theta_k + \alpha_k)\tan\varphi$ 取值；其中，φ 为第 k 层锚杆与滑弧交点处土的内摩擦角，(°)。

锚拉式支挡结构的整体滑动稳定性验算式(5-1)以瑞典条分法边坡稳定性计算公式为基础，在力的极限平衡关系上，增加了锚杆拉力对圆弧滑动体圆心的抗滑力矩项。极限平衡状态分析时，仍以圆弧滑动土体为分析对象，假定滑动面上土的剪力达到极限强度的同时，滑动面外锚杆拉力也达到极限拉力。

在圆弧滑动稳定性验算中，稳定系数由土条的抵抗力矩总和除以下滑力矩总和得到。如图5-2所示的滑弧，基坑外的土体有向坑内滑动（向左）的趋势，则在整个滑弧面上出现向坑外的抵抗力（向右），抵抗力为 $c_jl_j + (q_jb_j + \Delta G_j)\cos\theta_j\tan\varphi_j$，由土的抗剪强度以及沿滑弧的摩擦力构成（超载、土体自重沿滑弧法线的分量乘以摩擦系数）。而下滑力 $(q_jb_j + \Delta G_j)\sin\theta_j$ 是土条夹角 θ_j 在竖直线右侧的土条自重沿滑弧切向的分量，该分量方向必然与抵抗力方向相反，对于图5-2中的滑弧，滑动力方向向左。

计算时要注意的是，如果土条夹角 θ_j 在竖直线右侧，自重沿滑弧切向分量必然向左，性质为下滑力。而如果土条夹角 θ_j 在竖直线左侧，则自重沿滑弧切向分量必然向右，这时的自重沿滑弧切向分量 $\Delta G_j\sin\theta_j$ 转化为抵抗力。计入这部分抵抗力矩，则完整的圆弧滑动条分法整体稳定性验算变为下述公式：

$$K_{s,i} = \frac{\sum\limits_{j=1}^{n}\{c_jl_j + [(q_jb_j + \Delta G_j)\cos\theta_j - u_jl_j]\tan\varphi_j\} + \sum\limits_{j=i+1}^{n}\Delta G_j\sin\theta_j + \sum\limits_{k=1}^{n'}R'_{k,k}[\cos(\theta_k + \alpha_k) + \psi_v]/s_{x,k}}{\sum\limits_{j=1}^{i}(q_jb_j + \Delta G_j)\sin\theta_j}$$

$$(5-2)$$

式中　n——土条数。θ_j 在垂直面右侧的土条数为 $1,2,\cdots,i$；θ_j 在垂直面左侧的土条数为 $i+1,\cdots,n$。

n'——锚杆总层数。

θ_j——第 j 土条滑弧面中点处的法线与垂直面的夹角,(°)。第 j 土条的夹角在垂直面右侧时,土条自重沿滑面切向力为下滑力；夹角在垂直面左侧时,土条自重沿滑面切向力为抗滑力。

最危险滑弧的搜索范围限于通过挡土构件底端和在挡土构件下方的各个滑弧。因支挡结构强度已通过结构分析解决,在截面抗剪强度满足剪应力作用下的抗剪要求后,挡土构件不会被剪断。因此,穿过挡土构件的各滑弧不需验算。

当挡土构件底端以下存在软弱下卧土层时,整体稳定性验算滑动面中应包括由圆弧与软弱土层层面组成的复合滑动面。

例题 5-1　基坑开挖深度 5.0m,安全等级为二级,嵌入深度 7.0m,支挡结构剖面以及地质资料如图 5-3 所示,场地内不考虑地下水,坡顶作用有 $q=20\text{kPa}$ 的超载。试计算以支挡结构顶部内侧 O 点为圆心的圆弧滑动稳定安全系数 K_s。(假设滑弧面通过桩底,土条宽度可取 1.0m)。

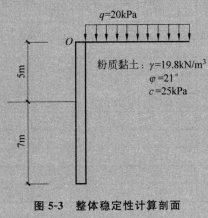

图 5-3　整体稳定性计算剖面

解：该基坑为二级基坑,取整体稳定安全系数 $K_s=1.3$。以支挡结构顶部内侧 O 点为圆心,将 O 点与桩底连线作为滑动圆弧的半径,如图 5-4 所示。

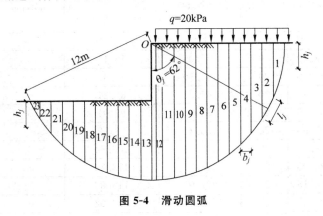

图 5-4　滑动圆弧

根据式(5-2)进行计算,具体参数与计算过程见表 5-1 和表 5-2。其中 h_j 为土条滑弧面中点与地面(或坑底平面)的距离。

表 5-1　基坑土条参数

分条号	$\theta_j/(°)$	h_j/m	l_j/m	b_j/m	$\gamma/(\text{kN/m}^3)$	c_j/kPa	$\varphi_j/(°)$	q_j/kPa
1	79	2.266	4.899	1	19.8	25	21	20
2	62	5.659	2.092	1	19.8	25	21	20
3	53	7.278	1.643	1	19.8	25	21	20
4	45	8.43	1.419	1	19.8	25	21	20
5	39	9.31	1.282	1	19.8	25	21	20
6	33	10.036	1.119	1	19.8	25	21	20
7	28	10.642	1.126	1	19.8	25	21	20
8	22	11.087	1.079	1	19.8	25	21	20
9	17	11.465	1.046	1	19.8	25	21	20
10	12	11.724	1.022	1	19.8	25	21	20
11	7	11.904	1.008	1	19.8	25	21	20
12	2	12.003	1.001	1	19.8	25	21	20
13	3	6.989	1.001	1	19.8	25	21	0
14	7	6.899	0.998	1	19.8	25	21	0
15	12	6.728	1.022	1	19.8	25	21	0
16	17	6.458	1.045	1	19.8	25	21	0
17	22	6.111	1.066	1	19.8	25	21	0
18	28	5.614	1.125	1	19.8	25	21	0
19	33	4.997	1.19	1	19.8	25	21	0
20	39	4.356	1.279	1	19.8	25	21	0
21	45	3.479	1.419	1	19.8	25	21	0
22	53	2.208	1.643	1	19.8	25	21	0
23	61	0.853	1.867	1	19.8	25	21	0

表 5-2　基坑土条抗滑力与滑动力计算

分条号	θ_j /(°)	c_jl_j /(kN/m)	q_jb_j /(kN/m)	$\Delta G_j = h_jb_j\gamma_m$ /(kN/m)	抗滑力/(kN/m)		滑动力/(kN/m)
					$c_jl_j + (q_jb_j + \Delta G_j)\cos\theta_j\tan\varphi_j$	$\Delta G_j\sin\theta_j$	$(q_jb_j + \Delta G_j)\sin\theta_j$
1	79	122.48	20	44.87	127.23	—	63.68
2	62	52.30	20	112.05	76.10	—	116.59
3	53	41.08	20	144.10	78.99	—	131.06
4	45	35.48	20	166.91	86.21	—	132.17
5	39	32.05	20	184.34	93.01	—	128.60
6	33	27.98	20	198.71	98.39	—	119.12
7	28	28.15	20	210.71	106.34	—	108.31
8	22	26.98	20	219.52	112.23	—	89.73
9	17	26.15	20	227.01	116.83	—	72.22
10	12	25.55	20	232.14	120.22	—	52.42
11	7	25.20	20	235.70	122.62	—	31.16
12	2	25.03	20	237.66	123.88	—	8.99
13	3	25.03	0	138.38	78.08	7.24	—

续表

分条号	θ_j /(°)	$c_j l_j$ /(kN/m)	$q_j b_j$ /(kN/m)	$\Delta G_j = h_j b_j \gamma_m$ /(kN/m)	抗滑力/(kN/m)		滑动力/(kN/m)
					$c_j l_j + (q_j b_j + \Delta G_j)\cos\theta_j \tan\varphi_j$	$\Delta G_j \sin\theta_j$	$(q_j b_j + \Delta G_j)\sin\theta_j$
14	7	24.95	0	136.60	76.99	16.65	—
15	12	25.55	0	133.21	75.57	27.70	—
16	17	26.13	0	127.87	73.07	37.39	—
17	22	26.65	0	121.00	69.72	45.33	—
18	28	28.13	0	111.16	65.81	52.19	—
19	33	29.75	0	98.94	61.60	53.89	—
20	39	31.98	0	86.25	57.71	54.28	—
21	45	35.48	0	68.88	54.18	48.71	—
22	53	41.08	0	43.72	51.18	34.92	—
23	61	46.68	0	16.89	49.82	14.77	—
					1975.77	393.07	1054.05
该圆弧滑动稳定系数 K_s					2.25		

将滑动体分成 23 个竖向土条，θ_j 在垂直线右侧，$\Delta G_j \sin\theta_j$ 沿滑弧切向分量向左，性质为下滑力；θ_j 在垂直面右侧的土条数为 1，…，12。θ_j 在垂直线左侧，则 $\Delta G_j \sin\theta_j$ 沿滑弧切向分量向右，性质为抗滑力；θ_j 在垂直面左侧的土条数为 13，…，23。

$$K_s = \frac{\sum\left[c_j l_j + (q_j b_j + \Delta G_j)\cos\theta_j \tan\varphi_j + \Delta G_j \sin\theta_j\right]}{\sum(q_j b_j + \Delta G_j)\sin\theta_j} = \frac{2368.84}{1054.05} = 2.25 > 1.3$$

因此，对于该指定圆心的滑弧，其整体稳定性验算满足要求。但该滑弧并不一定是最终的最危险滑动面，还应进行其他圆心滑弧的多次试算，找到最危险滑动面，也就是找到最小安全系数的滑弧面。

5.1.2　嵌固稳定性验算

悬臂结构绕挡土构件底部的转动力矩、单支点结构绕支点的转动力矩，都是通过嵌固段土的抗力对相应转动点的抵抗力矩来平衡的，因此，其安全系数称为嵌固稳定安全系数。抗力是作用在嵌固段的被动土压力，转动力矩荷载是作用在支挡结构上的主动土压力。嵌固深度越大，作用在嵌固段的被动土压力合力就越大，嵌固稳定性验算，实质上是挡土构件嵌固深度验算。

1. 悬臂式支挡结构嵌固深度验算

对悬臂式支挡结构嵌固深度的验算，是绕挡土构件底部转动的整体极限平衡，实质上是控制挡土构件的倾覆稳定性，计算图如图 5-5 所示。

嵌固稳定安全系数按下式计算：

$$\frac{E_{pk} a_{p1}}{E_{ak} a_{a1}} \geqslant K_e \tag{5-3}$$

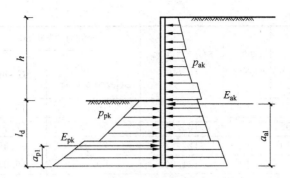

图 5-5　悬臂式支挡结构嵌固稳定性验算

式中　K_e——嵌固稳定安全系数,安全等级为一级、二级、三级的悬臂式支挡结构,K_e分别
　　　　　　不应小于 1.25,1.20,1.15;

　　　　E_{ak},E_{pk}——基坑外侧主动土压力、基坑内侧被动土压力合力的标准值,kN;

　　　　a_{a1},a_{p1}——基坑外侧主动土压力、基坑内侧被动土压力合力作用点至挡土构件底端
　　　　　　的距离,m。

例题 5-2　某基坑开挖深度 6m,安全等级为二级。支挡结构范围内为两层地基土,
第一层为粉质黏土,天然重度 $\gamma_1 = 17.8 \text{kN/m}^3$,内摩擦角 $\varphi_1 = 25°$,黏聚力 $c_1 = 20 \text{kPa}$,厚
度 3m;第二层为黏土,天然重度 $\gamma_2 = 19.2 \text{kN/m}^3$,内摩擦角 $\varphi_2 = 16°$,黏聚力 $c_2 = 25 \text{kPa}$,
厚度 9m。地面荷载 $q = 20 \text{kPa}$。若采用悬臂式支护桩,试确定其嵌固深度。

解:取嵌固深度 6m,则桩长为 12m,如图 5-6 所示。

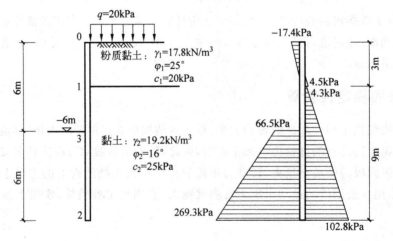

图 5-6　支挡结构剖面及土压力分布

(1) 主动土压力强度计算

主动土压力系数

$$K_{a1} = \tan^2\left(45° - \frac{\varphi_1}{2}\right) = \tan^2\left(45° - \frac{25}{2}\right) = 0.41, \qquad \sqrt{K_{a1}} = \sqrt{0.41} = 0.64$$

$$K_{a2} = \tan^2\left(45° - \frac{\varphi_2}{2}\right) = \tan^2\left(45° - \frac{16}{2}\right) = 0.57, \qquad \sqrt{K_{a2}} = \sqrt{0.57} = 0.75$$

被动土压力系数

$$K_{p2} = \tan^2\left(45° + \frac{\varphi_2}{2}\right) = \tan^2\left(45° + \frac{16}{2}\right) = 1.76, \qquad \sqrt{K_{p2}} = \sqrt{1.76} = 1.33$$

0 点主动土压力强度

$$p_{ak,0} = K_{a1}(\gamma_1 z + q) - 2c_1\sqrt{K_{a1}} = [0.41 \times (17.8 \times 0 + 20) - 2 \times 20 \times 0.64]\text{kPa}$$
$$= -17.4\text{kPa}$$

土压力临界点

$$z_0 = \frac{2c_1\sqrt{K_{a1}} - K_{a1}q}{K_{a1}\gamma_1} = \frac{2 \times 20 \times 0.64 - 0.41 \times 20}{0.41 \times 17.8}\text{m} = 2.38\text{m}$$

1 点上主动土压力强度

$$p_{ak,1\pm} = K_{a1}(\gamma_1 h_1 + q) - 2c_1\sqrt{K_{a1}} = [0.41 \times (17.8 \times 3 + 20) - 2 \times 20 \times 0.64]\text{kPa}$$
$$= 4.5\text{kPa}$$

1 点下主动土压力强度

$$p_{ak,1\mp} = K_{a2}(\gamma_1 h_1 + q) - 2c_2\sqrt{K_{a2}} = [0.57 \times (17.8 \times 3 + 20) - 2 \times 25 \times 0.75]\text{kPa}$$
$$= 4.3\text{kPa}$$

2 点主动土压力强度

$$p_{ak,2} = K_{a2}(\gamma_1 h_1 + \gamma_2 h_2 + q) - 2c_2\sqrt{K_{a2}}$$
$$= [0.57 \times (17.8 \times 3 + 19.2 \times 9 + 20) - 2 \times 25 \times 0.75]\text{kPa} = 102.8\text{kPa}$$

（2）被动土压力强度计算

3 点被动土压力强度

$$p_{pk,3} = 2c_2\sqrt{K_{p2}} = (2 \times 25 \times 1.33)\text{kPa} = 66.5\text{kPa}$$

2 点被动土压力强度

$$p_{pk,2} = K_{p2}\gamma_2 l_d + 2c_2\sqrt{K_{a2}} = (1.76 \times 19.2 \times 6 + 2 \times 25 \times 1.33)\text{kPa} = 269.3\text{kPa}$$

（3）主动土压力合力计算

主动土压力分布图形由三个简单图形组成，两个三角形分布，一个梯形分布。

$$E_{a1} = \frac{4.5 \times (3 - 2.38)}{2}\text{kN/m} = 1.4\text{kN/m}$$

$$E_{a2} = (4.3 \times 9)\text{kN/m} = 38.7\text{kN/m}$$

$$E_{a3} = \frac{(102.8 - 4.3) \times 9}{2}\text{kN/m} = 443.3\text{kN/m}$$

墙后主动土压力合力 E_a

$$E_a = E_{a1} + E_{a2} + E_{a3} = (1.4 + 38.7 + 443.3)\text{kN/m} = 483.4\text{kN/m}$$

对墙底 2 点求合力矩，设合力 E_a 到墙底的距离为 a_{a1}，则

$$a_{a1} = \frac{E_{a1} \cdot x_1 + E_{a2} \cdot x_2 + E_{a3} \cdot x_3}{E_a}$$

$$= \frac{1.4 \times [9 + (3 - 2.38)/3] + 38.7 \times 4.5 + 443.3 \times 3}{483.4}\text{m} = 3.14\text{m}$$

（4）被动土压力计算

被动土压力分布图形由两个简单图形组成，一个三角形分布，一个矩形分布。三角形分布合力作用点在其形心位置，距离底面 1/3 处（墙底 2 点），矩形分布合力作用点在其形心位置，距离底面 1/2 处（墙底 2 点）。

$$E_{p1} = \frac{(269.3 - 66.5) \times 6}{2}\text{kN/m} = 608.4\text{kN/m}$$

$$E_{p2} = (66.5 \times 6)\text{kN/m} = 399.0\text{kN/m}$$

被动土压力合力 E_p 为

$$E_p = E_{p1} + E_{p2} = (608.4 + 399.0)\text{kN/m} = 1007.4\text{kN/m}$$

对墙底 2 点求合力矩，设合力 E_p 到墙底的距离为 a_{p1}，则

$$a_{p1} = \frac{E_{p1} \cdot x_1 + E_{p2} \cdot x_2}{E_p} = \frac{608.4 \cdot 2 + 399.0 \cdot 3}{1007.4}\text{m} = 2.40\text{m}$$

（5）嵌固深度验算

$$\frac{E_{pk} a_{p1}}{E_{ak} a_{a1}} = \frac{1007.4 \times 2.40}{438.4 \times 3.14} = 1.76 > 1.15$$

满足嵌固稳定性要求。

2. 单层锚杆和单层支撑支挡结构嵌固深度验算

单支点支挡结构嵌固深度验算，是绕支点转动的整体极限平衡，当嵌固稳定安全系数满足要求时，挡土构件嵌固段将不会出现踢脚稳定性问题，计算图如图 5-7 所示。

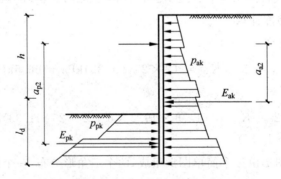

图 5-7 单支点锚拉式和支撑式嵌固稳定性验算

嵌固稳定安全系数按下式计算：

$$\frac{E_{pk} a_{p2}}{E_{ak} a_{a2}} \geqslant K_e \tag{5-4}$$

式中 K_e——嵌固稳定安全系数，安全等级为一级、二级、三级的锚拉式支挡结构和支撑式支挡结构，K_e 分别不应小于 1.25、1.20、1.15；

a_{a2}，a_{p2}——基坑外侧主动土压力、基坑内侧被动土压力合力作用点至支点的距离，m。

5.1.3　抗隆起稳定性验算

对深度较大的基坑,当嵌固深度较小、土的强度较低时,土体从挡土构件底端以下向基坑内隆起挤出,是锚拉式支挡结构和支撑式支挡结构的一种破坏模式,这是一种土体丧失竖向平衡状态的破坏模式。由于锚杆和支撑只能对支护结构提供水平方向的平衡力,对特定基坑深度和饱和软黏土地层,只能通过增加挡土构件嵌固深度来提高坑底土的抗隆起稳定性。

在软土地区基坑中,坑底隆起不但会给基坑内的施工造成影响,还会使基坑周边地面和建(构)筑物下沉,引发工程事故。目前《建筑基坑支护技术规程》(JGJ 120—2012)对坑底抗隆起的验算方法主要采用坑底地基土极限承载力方法和整体圆弧滑动法,整体圆弧滑动法适用于软土基坑抗隆起稳定性验算。

坑底土抗隆起验算主要解决支挡结构嵌固深度不足问题,悬臂式支挡结构在底部转动稳定性满足要求时的嵌固深度,自动满足这里所说的抗隆起稳定性,因此,对于悬臂式支挡结构不需进行坑底土抗隆起稳定性计算。

支挡结构抗隆起验算,主要针对锚拉式支挡结构和支撑式支挡结构。

1. 非软土基坑锚拉式支挡结构和支撑式支挡结构的嵌固深度验算

锚拉式支挡结构和支撑式支挡结构的嵌固深度验算,依据地基极限承载力模式的抗隆起分析方法,计算简图如图 5-8 所示。

根据太沙基(1943)建议的浅基础地基极限承载力计算模式,是土体黏聚力、土体重力,以及地面超载三项贡献的叠加。在基坑抗隆起稳定分析中,基础宽度是不能明确界定的,为简化分析,地基承载力模式的抗隆起按下式验算:

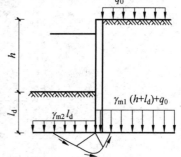

$$\frac{\gamma_{m2} l_d N_q + c N_c}{\gamma_{m1}(h + l_d) + q_0} \geqslant K_b \tag{5-5}$$

式中　K_b——抗隆起安全系数,安全等级为一级、二级、三级的支护结构,K_b 分别不应小于 1.8、1.6、1.4;

图 5-8　挡土构件底端平面下土的隆起稳定性验算

γ_{m1},γ_{m2}——基坑外、基坑内挡土构件底面以上土的天然重度,kN/m^3,对多层土,取各层土按厚度加权的平均重度;

l_d——挡土构件的嵌固深度,m;

h——基坑深度,m;

q_0——地面均布荷载,kPa;

N_c,N_q——承载力系数。

由于支护体的底端平面并非实际意义上的基础底面,如果按光滑情况考虑,则地基承载力系数由普朗特尔(Prandtl,1920)给出:

$$N_q = \tan^2\left(45° + \frac{\varphi}{2}\right) e^{\pi \tan\varphi} \tag{5-6}$$

$$N_c = (N_q - 1)/\tan\varphi \qquad (5-7)$$

式中 c——挡土构件底面以下土的黏聚力,kPa;

φ——挡土构件底面以下土的内摩擦角,(°)。

当挡土构件底面以下有软弱下卧层时,如图5-9所示,挡土构件底面土的抗隆起稳定性验算的部位尚应包括软弱下卧层,按下式进行验算:

$$\frac{\gamma_{m2}DN_q + cN_c}{\gamma_{m1}(h+D) + q_0} \geqslant K_b \qquad (5-8)$$

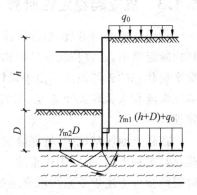

图 5-9 软弱下卧层的隆起稳定性验算

式中 γ_{m1}, γ_{m2}——软弱下卧层顶面以上土的加权平均重度,kN/m³;

D——基坑底面(开挖面)至软弱下卧层顶面的土层厚度,m。

例题 5-3 某基坑深度7m,安全等级为二级,竖向采用灌注桩作为支护结构,桩顶与填土面齐平,嵌固深度为6m,水平向布置两道锚杆。基坑地质条件如图5-10所示,挡土构件底面以下2m处为淤泥质粉质黏土。试进行基坑坑底抗隆起稳定性验算。

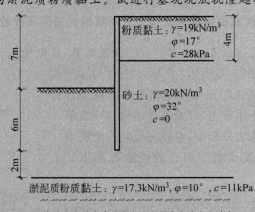

图 5-10 有软弱下卧层的抗隆起稳定性验算

解:(1)坑底处抗隆起验算

根据式(5-6)和式(5-7)计算,地基承载力系数为

$$N_q = \tan^2\left(45° + \frac{\varphi}{2}\right)e^{\pi\tan 32°} = \tan^2\left(45° + \frac{32°}{2}\right)e^{\pi\tan 32°} = 23.18$$

$$N_c = (N_q - 1)/\tan\varphi = (23.18 - 1)/\tan 32° = 35.49$$

$$l_d = 6m, \quad h = 7m$$

$$\gamma_{m1} = \frac{4 \times 19 + 9 \times 20}{13} kN/m^3 = 19.69 kN/m^3$$

根据式(5-5),有

$$K_b = \frac{\gamma_{m2}l_d N_q + cN_c}{\gamma_{m1}(h + l_d) + q_0} = \frac{20 \times 6 \times 23.18}{19.69 \times (7 + 6)} = 10.87 > 1.6,满足稳定性要求。$$

（2）软弱土顶面抗隆起验算

根据式（5-6）和式（5-7）计算，地基承载力系数为

$$N_{\mathrm{q}} = \tan^2\left(45° + \frac{\varphi}{2}\right)\mathrm{e}^{\pi\tan\varphi} = \tan^2\left(45° + \frac{10°}{2}\right)\mathrm{e}^{\pi\tan10°} = 2.47$$

$$N_{\mathrm{c}} = (N_{\mathrm{q}} - 1)/\tan\varphi = (2.47 - 1)/\tan10° = 8.33$$

$$\gamma_{\mathrm{m1}} = \frac{4\times19 + 11\times20}{15}\mathrm{kN/m^3} = 19.73\mathrm{kN/m^3}$$

$$D = 8\mathrm{m}, \quad h = 7\mathrm{m}$$

根据式（5-8），有

$$K_{\mathrm{b}} = \frac{\gamma_{\mathrm{m2}}DN_{\mathrm{q}} + cN_{\mathrm{c}}}{\gamma_{\mathrm{m1}}(h + D) + q_0} = \frac{20\times8\times2.47 + 11\times8.33}{19.73\times(7+8)} = 1.64 > 1.6，满足稳定性要求。$$

2. 软土基坑锚拉式支挡结构和支撑式支挡结构的嵌固深度验算

软土中的基坑，由于软土的抗剪强度低，采用以最下层支点为转动轴心的圆弧滑动模式的稳定性验算方法进行验算，实际工程中常常以这种方法作为挡土构件嵌固深度的控制条件。该方法假定破坏面为通过桩、墙底的圆弧面，力矩平衡的转动点取在最下道支撑或锚拉点处，以力矩平衡条件进行分析，如图 5-11 所示。

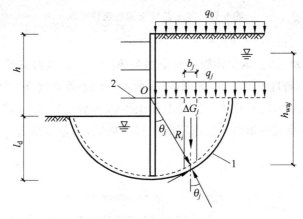

图 5-11　以最下层支点为轴心的圆弧滑动稳定性验算

1—任意圆弧滑动面；2—内支撑

圆弧滑动稳定安全系数按下式计算：

$$\frac{\sum\left[c_jl_j + (q_jb_j + \Delta G_j)\cos\theta_j\tan\varphi_j + \Delta G_j\sin\theta_j\right]}{\sum(q_jb_j + \Delta G_j)\sin\theta_j} \geqslant K_{\mathrm{r}} \tag{5-9}$$

式中　K_{r}——以最下层支点为轴心的圆弧滑动稳定安全系数，安全等级为一级、二级、三级的支挡式结构，K_{r} 分别不应小于 2.2，1.9，1.7。

c_j——第 j 土条在滑弧面处土的黏聚力，kPa；

φ_j——第 j 土条在滑弧面处土的内摩擦角，（°）；

l_j——第 j 土条的滑弧段长度，m，取 $l_j = b_j/\cos\theta_j$；

q_j——第 j 土条顶面上的竖向压力标准值，kPa；

b_j——第 j 土条的宽度，m；

θ_j——第 j 土条滑弧面中点处的法线与垂直面的夹角,(°);

ΔG_j——第 j 土条的自重,kN,按天然重度计算。

例题 5-4 基坑深度 6m,安全等级为二级,采用钢筋混凝土内支撑及灌注桩为支护结构,内支撑位于地面下 2m 处,支护桩顶与填土面齐平,嵌固深度为 12m,淤泥质粉质黏土层厚度 7m,$\gamma_1=17.3\mathrm{kN/m^3}$,$c_1=9\mathrm{kPa}$,$\varphi_1=10°$;以下是粉质黏土层,$\gamma_2=18.6\mathrm{kN/m^3}$,$c_2=32\mathrm{kPa}$,$\varphi_2=22°$,如图 5-12 所示。试进行该基坑嵌固深度的稳定性验算。

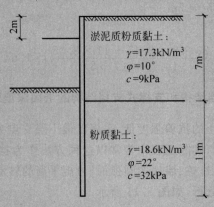

图 5-12 软土基坑嵌固稳定性验算

解: 该基坑为二级基坑,取整体稳定安全系数 $K_r=1.9$。以内支撑支点 O 点为转动轴心,假定破坏面为通过桩底的圆弧面,如图 5-13 所示。设土条宽度 $b_j=1\mathrm{m}$,基坑开挖面土条上方不受竖向压力,$q_j=0$,坑外土条上方受上覆土重,$q_j=\gamma h=17.3\times2\mathrm{kN/m^2}=34.6\mathrm{kN/m^2}$。穿越多个土层的土条重度应取各土层重度的加权平均值,土条自重 $\Delta G_j=h_j b_j \gamma_{\mathrm{m}}$,具体计算如表 5-3 所示。

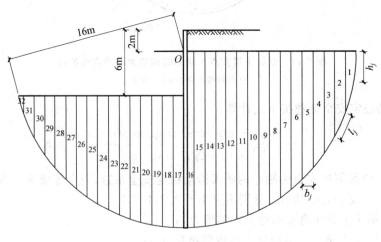

图 5-13 滑动圆弧面

表 5-3　基坑土条抗滑力与滑动力计算

分条号	θ_j /(°)	h_j /m	γ_m /(kN/m³)	l_j /m	c_j /kPa	q_j /(kN/m²)	ΔG_j /(kN/m)	抵抗力/(kN/m)		滑动力 /(kN/m)
								$c_j l_j + (q_j b_j + \Delta G_j)\cos\theta_j \tan\varphi_j$	$\Delta G_j \sin\theta_j$	$(q_j b_j + \Delta G_j)\sin\theta_j$
1	80	2.78	17.30	5.76	11.3	34.6	48.09	69.91	—	81.44
2	65	6.65	17.62	2.37	32.0	34.6	117.19	101.64	—	137.57
3	58	8.54	17.84	1.89	32.0	34.6	152.34	100.41	—	158.54
4	51	9.96	17.95	1.59	32.0	34.6	178.76	105.10	—	165.81
5	46	11.1	18.01	1.44	32.0	34.6	199.96	111.90	—	168.7283
6	41	12.06	18.06	1.33	32.0	34.6	217.82	119.37	—	165.60
7	36	12.86	18.09	1.24	32.0	34.6	232.70	126.92	—	157.11
8	32	13.54	18.12	1.18	32.0	34.6	245.34	133.65	—	148.35
9	28	14.12	18.14	1.13	32.0	34.6	256.13	139.96	—	136.49
10	24	14.61	18.16	1.09	32.0	34.6	265.25	145.70	—	121.96
11	20	15.02	18.17	1.06	32.0	34.6	272.87	150.79	—	105.16
12	16	15.35	18.18	1.04	32.0	34.6	279.01	155.09	—	86.44
13	13	15.6	18.18	1.03	32.0	34.6	283.66	158.13	—	71.59
14	9	15.8	18.19	1.01	32.0	34.6	287.38	160.89	—	50.37
15	5	15.92	18.19	1.00	32.0	34.6	289.61	162.61	—	28.26
16	2	15.98	18.19	1.00	32.0	34.6	290.73	163.38	—	11.35
17	2	11.98	18.49	1.00	32.0	0	221.53	121.47	7.73	—
18	5	11.92	18.05	1.00	32.0	0	215.21	118.74	18.76	—
19	9	11.8	18.05	1.01	32.0	0	212.98	117.39	33.31	—
20	12	11.6	18.04	1.02	32.0	0	209.26	115.41	43.51	—
21	16	11.35	18.03	1.04	32.0	0	204.61	112.76	56.40	—
22	20	11.02	18.01	1.06	32.0	0	198.47	109.41	67.88	—
23	24	10.61	17.99	1.09	32.0	0	190.85	105.47	77.62	—
24	28	10.12	17.96	1.13	32.0	0	181.73	101.07	85.32	—
25	32	9.54	17.92	1.18	32.0	0	170.94	96.30	90.59	—
26	36	8.86	17.87	1.24	32.0	0	158.30	91.30	93.04	—
27	41	8.05	17.79	1.33	32.0	0	143.23	86.07	93.97	—
28	46	7.1	17.68	1.44	32.0	0	125.56	81.31	90.32	—
29	51	5.96	17.51	1.59	32.0	0	104.36	77.38	81.10	—
30	58	4.54	17.17	1.89	32.0	0	77.94	77.07	66.10	—
31	65	2.66	17.16	2.37	32.0	0	42.98	83.06	38.95	—
32	73	0.78	17.30	3.42	17.3	0	13.49	60.18	12.90	—
合计								4617.34		1794.77
该圆弧滑动稳定系数 K_r								2.57		

$$K_r = \frac{\sum[c_j l_j + (q_j b_j + \Delta G_j)\cos\theta_j \tan\varphi_j + \Delta G_j \sin\theta_j]}{\sum(q_j b_j + \Delta G_j)\sin\theta_j} = \frac{4617.34}{1794.77} = 2.57 > 1.9$$

因此,该基坑的抗隆起稳定性满足要求。

5.1.4　挡土构件最小嵌固深度要求

挡土构件的最小嵌固深度除了满足以上各项稳定性验算要求外,对悬臂式结构,不应小于 0.8 倍基坑开挖深度。对单支点支挡式结构,不应小于 0.3 倍基坑开挖深度。对多支点支挡结构,不应小于 0.2 倍基坑开挖深度。

5.1.5 渗透稳定性验算

1. 渗透稳定性原理及表现方式

对于基坑的渗透稳定性问题,依据不同的土层,主要发生的渗透破坏为流土、管涌和突涌三种形式。土的渗透变形破坏也叫渗透破坏,实际上它只有两种基本形式,即流土和管涌。土的渗透变形的本质是水在土的孔隙中渗流对土的骨架作用有渗透力,是一种体积力,这种渗透力大到一定程度,会带动土粒运动并使土骨架变形。

(1)流土有以下特点:①流土时渗流的方向向上,与重力方向相反;②流土一般发生在地表;③不管黏性土还是粗粒土都可能发生流土。砂土中的流土也叫“砂沸”。

(2)管涌的特点:①它是沿着渗流方向发生的;②是粗细颗粒土的相对运动,在粗细两层土的渗流,可将细粒土从粗粒土的孔隙中带走,这种称为接触管涌;③黏性土不会发生管涌现象;④级配均匀的砂土不会发生管涌,级配不均匀但级配连续的砂土一般也不易发生管涌;⑤管涌发生后有两种后果:一种是继细粒土被带走后,粗粒土也被渗流带走,最后导致土的渐进破坏,也叫潜蚀,另一种是细粒土被带走,粗粒土形成的骨架尚能支持,渗流量增大但不一定马上发生破坏,如不加控制最终亦会破坏,将形成灾难性后果。

(3)在基坑工程中,另一种与地下水有关的失稳称为“突涌”。在黏性土相对隔水层之下有承压水,当隔水层的自重不足以对抗承压水向上的水压力时,就会发生坑底失稳现象,称作突涌。如果在黏性土中已经形成了稳定渗流,则其突涌与流土本质上是一致的,如果在黏性土中未形成稳定渗流,那就是简单的竖向静力平衡问题。这时的突涌并不属于土的渗透变形问题。

图 5-14 是坑底下有承压含水层示意图,如果承压水的压力过大,就有可能冲破坑底土,造成突涌。

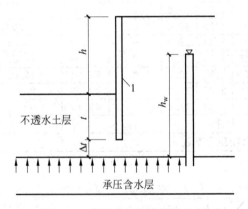

图 5-14 基坑底下有承压含水层

1—截水帷幕;h—开挖深度,m;t—截水帷幕在坑底以下的插入深度,m;h_w—承压水头高度,m

基坑开挖过程中要保证基坑内干燥利于施工,对软土区或者地下水高于开挖面的基坑,要对基坑实施截水,也就是说通过设置竖向截水帷幕,截断基坑内外的水力联系。渗透稳定性验算中的竖向截水体在坑底以下的插入深度与支挡结构嵌入深度无关。截水帷幕底部插入隔水层后,意味着截断了基坑内外的水力联系,这种截水帷幕称为落地式截水帷幕。如果截水帷幕没有插入隔水层,就没有完全截断基坑内外的水力联系,这种截水帷幕称为悬挂式截水帷幕。

流土现象发生在地面,管涌现象往往出现在土体内部。由于渗透稳定性验算跟具体的支护方式无关,因此,基坑不论采用支挡式结构、土钉墙还是重力式水泥土墙支护,地下水渗透稳定性验算均按以下方法和规定进行。

2. 流土稳定性验算

当截水帷幕未采用落地式而是采用悬挂式,且悬挂式截水帷幕底端位于碎石土、砂土或粉土含水层时,对均质含水层,地下水渗流的流土稳定性应按下式验算,如图 5-15 所示。

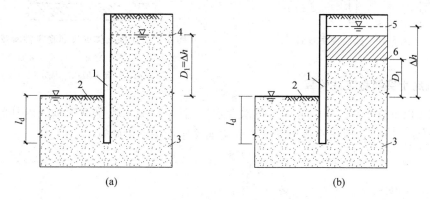

图 5-15 悬挂式帷幕截水的流土稳定性验算

（a）潜水；（b）承压水

1—截水帷幕；2—基坑底面；3—含水层；4—潜水水位；5—承压水测管水位；6—承压含水层顶面

$$\frac{(2l_d + 0.8D_1)\gamma'}{\Delta h \gamma_w} \geqslant K_f \tag{5-10}$$

式中 K_f——流土稳定性安全系数,安全等级为一、二、三级的支护结构,K_f 分别不应小于 1.6,1.5,1.4;

  l_d——截水帷幕在坑底以下的插入深度,m;

  D_1——潜水面或承压水含水层顶面至基坑底面的土层厚度,m;

  γ'——土的浮重度,kN/m³;

  Δh——基坑内外的水头差,m;

  γ_w——水的重度,kN/m³。

例题 5-5 某基坑开挖深度为 8m,安全等级为二级,地下水位在地面下 1m 处,为使基坑干燥,工程采用截水帷幕,截水帷幕插入深度 4m,基坑土体为均质砂土,$\gamma_{sat} = 21$kN/m³,如图 5-16 所示。试验算该基坑的流土稳定性。

解：安全等级为二级的基坑流土稳定性安全系数不小于 1.5。

$l_d = 4$m,$D_1 = \Delta h = 7$m,根据式(5-10)有:

$$K_f = \frac{(2l_d + 0.8D_1)\gamma'}{\Delta h\gamma_w} = \frac{(2\times4 + 0.8\times7)\times(21-10)}{7\times10} = 2.14 > 1.5$$

流土稳定性验算满足要求。

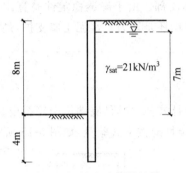

图 5-16　流土稳定性计算

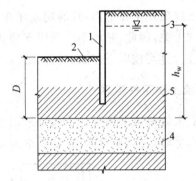

图 5-17　坑底土体的突涌稳定性验算

1—截水帷幕；2—基坑底面；3—承压水测管水位；

4—承压水含水层；5—隔水层

3. 坑底土突涌稳定性验算

当坑底以下有水头高于坑底的承压水含水层，且未用截水帷幕截断基坑内外的水力联系时，如图 5-17 所示，承压水作用下的坑底突涌稳定性按下式验算：

$$\frac{D\gamma}{h_w\gamma_w} \geqslant K_h \tag{5-11}$$

式中　K_h——突涌稳定性安全系数，K_h 不应小于 1.1；

D——承压含水层顶面至坑底的土层厚度，m；

γ——承压含水层顶面至坑底土层的天然重度，kN/m³，对多层土，取按土层厚度加权的平均天然重度；

h_w——承压水含水层顶面的压力水头高度，m；

γ_w——水的重度，kN/m³。

例题 5-6　一基坑开挖深度为 6m，安全等级为二级，第一层土为黏土，厚度 11m，天然重度 $\gamma = 17.8$kN/m³；下面是砂土，为承压含水层，承压水头高度为 8m，如图 5-18 所示。试进行抗突涌稳定性验算。

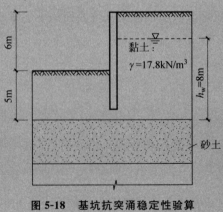

图 5-18　基坑抗突涌稳定性验算

解：$D=5\text{m}$，$h_w=8\text{m}$。根据式(5-11)，有

$$K_h = \frac{D\gamma}{h_w\gamma_w} = \frac{5\times17.8}{8\times10} = 1.11 > 1.1$$

突涌稳定性验算满足要求。

5.2　基坑变形

　　基坑支护不仅要保证基坑本身的安全与稳定，还要有效控制基坑周围地层的变形。在地层较好的地区(如可塑、硬塑黏土地区，中等密实以上的砂土地区，软岩地区等)，基坑开挖所引起的周围地层变形较小，但在软土地区，基坑支护设计不当，将会产生较大的变形，可能严重影响紧靠基坑周围的建筑物、地下管线、交通干道和其他市政设施。

　　基坑的变形计算重点在于软土地区的基坑变形计算方法，但其方法也可推广应用于其他地区，根据土层的具体特性作相应的修正。

　　在软土地区，随着基坑深度的增加，就需要采用一道或多道水平内支撑，以控制竖向支挡结构内力及变形，这里变形分析方法主要针对有内支撑的基坑。

　　影响基坑变形的因素很多，有地层条件、支护结构的特征、施工方法等。以支护结构特征为例，挡土结构的刚度、支撑刚度、水平支撑竖直向间距、挡土结构嵌入深度等，都显著影响基坑的变形。目前很难采用较简单或统一的理论公式计算基坑的变形问题。

　　对基坑变形的分析方法主要有经验估算(公式)法、数值计算法。本节主要介绍基坑变形的经验估算(公式)法。

5.2.1　挡土结构水平变形

　　基坑支护结构的变形及形状同支护结构的形式、刚度、施工方法等都有着密切关系。Clough 和 O'rourke(1990)将内支撑和锚拉系统的开挖所引起的支护结构变形型式归为三类，第一类为悬臂式位移，第二类为抛物线形位移，第三类为上述两种形态的组合，如图 5-19 所示。

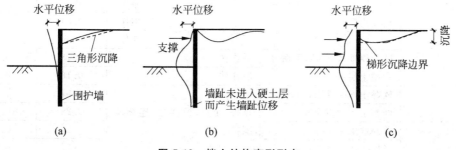

图 5-19　挡土结构变形形态
(a) 悬臂式位移；(b) 抛物线形位移；(c) 组合位移

　　未设支撑时，不论对刚性挡土结构(如重力式水泥土墙支护、旋喷桩墙支护等)，还是柔性挡土结构(如钢板桩、地下连续墙等)，均表现为墙顶位移最大。随着基坑开挖深度的增加，刚性挡土结构继续表现为向基坑内的三角形水平位移。而一般柔性挡土结构设置支撑后，则表现为墙顶位移不变或逐渐向基坑外移动，挡土结构腹部向基坑内突出，即抛物

线形位移。理论上讲,多道内支撑体系的基坑,其挡土结构变形都应为第三类组合位移形式。

对于挡土结构嵌入较坚硬的土层(硬塑、坚硬的黏性土,密实状态的无黏性土等),结构底部基本没有位移。而底部位于软土中时,如果嵌入深度较小,挡土结构底部将出现比较大的变形,呈现出前面提及的"踢脚"现象。

实际工程中,对于多道内支撑的基坑,抛物线形位移最为常见,其最大变形位置一般都位于开挖面附近。通过对上海地区以地铁基坑为主的20m以内开挖深度基坑的统计,最大水平位移一般出现在开挖面以上的某点,该点在开挖面以上约$0.1h$(h为基坑开挖深度)距离处。

国内外学者对不同土层、工法、支护结构等条件下的基坑变形进行统计,得到了支护结构最大变形与开挖深度的关系,见表5-4,可用于对基坑支护结构变形的初步估算,通过查询表中的系数,根据开挖深度估算挡土结构的变形。

表 5-4　基坑变形与开挖深度关系统计表

出　　处	地 质 条 件	施工工法/围护结构		$(\delta_{hm}/h)/\%$	$(\delta_{vm}/h)/\%$
Clough 和 O'Rourke(1990)	硬黏土、残积土和砂土	板桩、排桩和地下连续墙		0.2	0.15
Wong(1997)	软土厚度$0.6\sim0.9h$,下卧风化岩石	排桩和地下连续墙		<0.15	<0.1
	软土厚度$<0.6h$,下卧风化岩石			<0.1	<0.1
Leung(2007)	$N\leq30$	地下连续墙,7个逆作,2个顺作		0.23	0.12
	$N>30$			0.13	0.02
Yoo(2001)	软弱残积土厚度$0.48h$,下卧风化岩石	排桩、水泥土挡墙		$0.13\sim0.15$	
		地下连续墙		0.05	
Ou(1993)	粉质砂土与粉质黏土交互地层	排桩和地下连续墙,8个顺作,2个逆作		$0.2\sim0.5$	$0.5\sim0.7(\delta_{hm}/h)$
Long(2001)	软土厚度$>0.6h$,下卧中到硬土层	坑底位于硬土层	顺作	0.39	0.50
			逆作	—	—
		坑底位于软土层	顺作	0.84	0.8
			逆作	0.6	0.79
	软土厚度$<0.6h$,下卧中到硬土层	顺作法		0.18	0.12
		逆作法		0.16	0.20
Moorman	软黏土 $S_u<75\text{kN/m}^2$	排桩、土钉、搅拌桩、连续墙围护		0.87	1.07
	硬黏土 $S_u>75\text{kN/m}^2$			0.25	0.18
	非黏性土			0.27	0.33
	成层土			0.27	0.25
徐中华	上海地区软土	地下连续墙、排桩支护	顺作法	0.42	0.40
			逆作法	0.25	0.24

注:δ_{hm}为挡土结构最大水平位移;δ_{vm}为挡土结构后地面最大沉降;H为基坑开挖深度;S_u为原状土抗剪强度实测值;N为标准贯入击数。

5.2.2　坑底隆起

基坑坑底隆起主要由三种原因引起,一是基坑开挖后,坑底土卸载回弹;二是基坑开挖后,挡土结构物的底端向坑内多少有踢脚现象出现,挤推被动区的土体,造成基坑坑底的隆起;三是饱和软黏土中的基坑,在坑内外竖向自重压力差的作用下,当嵌固深度不足,坑底土亦会上拱,造成隆起。

基坑开挖深度不大时,坑底隆起变形主要为弹性隆起,其特征为坑底中部隆起最高,如图 5-20(a)所示。当开挖达到一定深度且基坑较宽时,出现塑性隆起,隆起量也逐渐由中部最大转变为两边大中间小的形式,如图 5-20(b)所示。但对于较窄的基坑或长条形基坑,仍然是中间大、两边小分布。

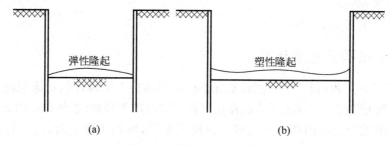

图 5-20　基坑底部隆起变形

基底隆起量的大小是判断基坑稳定性和周围建筑物沉降的重要因素之一。基底隆起量的大小除和基坑本身特点有关外,还和基坑内是否有工程桩、坑底土是否加固、坑底土体的残余应力等密切相关。目前尚无基坑坑底隆起量计算的可信公式,通常都是根据经验公式进行估算,这里介绍同济大学的模拟试验经验公式。

同济大学对基底隆起进行了系统的模拟试验研究,提出了以下计算基坑坑底隆起量的经验公式:

$$\delta = -29.17 - 0.0167\gamma H' + 12.50\left(\frac{D}{H}\right)^{-0.5} + 0.6372\gamma c^{-0.04}(\tan\varphi)^{-0.54} \quad (5\text{-}12)$$

式中　δ——基底隆起量,cm。

H——基坑开挖深度,m,$H' = H + \dfrac{p}{\gamma}$;其中,$p$ 为地表超载,kN/m²。

c——土的黏聚力,kPa。

φ——土的内摩擦角,(°)。

γ——土的重度,kN/m³。

D——墙体入土深度,m。

注:原公式的重力单位为工程制,笔者将原公式的单位统一为国际单位制,并将公式中的相关经验系数做了调整。

该方法适用于基坑较宽、基坑深度不小于 7m 的场合。

例题 5-7　某深度 8m 的非条形基坑,采用内支撑式排桩支护,桩长 14m。基坑外侧填土面水平,地面荷载为 $q = 20$kPa。地质资料如下:第一层为粉质黏土,厚 5m,$\gamma_1 = 19.6$kN/m³,$c_1 = 28$kPa,$\varphi_1 = 17°$;第二层为淤泥质土,厚 3m,$\gamma_2 = 18$kN/m³,$c_2 = 12$kPa,$\varphi_2 = 11.2°$。试估算基坑最大隆起量。

解：根据式(5-12)，坑底以上有两层土层，土的平均重度

$$\gamma = \frac{\gamma_1 h_1 + \gamma_2 h_2}{h_1 + h_2} = \frac{19.6 \times 5 + 18 \times 3}{8} \text{kN/m}^3 = 19 \text{kN/m}^3$$

$$H' = H + \frac{p}{\gamma} = \left(8 + \frac{20}{19}\right) \text{m} = 9.05 \text{m}$$

$$\delta = -29.17 - 0.0167\gamma H' + 12.5 \left(\frac{D}{H}\right)^{-0.5} + 0.6372\gamma c^{-0.04} \cdot (\tan\varphi)^{-0.54}$$

$$= -29.17 - 0.0167 \times 19 \times 9.05 + 12.50 \times \left(\frac{6}{8}\right)^{-0.5} +$$

$$0.6372 \times 19 \times 12^{-0.04} \times (\tan 11.2°)^{-0.54}$$

$$= 8.67 \text{cm}$$

基坑最大隆起量为 8.67cm。

5.2.3 挡土结构外地表沉降

对正常的基坑工程(指安全开挖的基坑工程)，引起挡土结构外侧地面沉降的主要原因有两种，一是挡土结构在主动土压力的作用下向基坑内产生挠曲，土体向坑内方向移动产生沉降；二是在软黏土地区的挡土结构嵌入深度不足时，坑内土体隆起，坑外地面亦会出现沉降。

1. 地表沉降形态

根据研究，地表沉降形态呈三角形和凹槽形两种典型曲线形状，如图 5-21 所示。三角形地表沉降主要发生在悬臂支挡结构，或挡土结构变形较大的情况，如图 5-21(a)所示。凹槽形地表沉降主要发生在嵌固深度较大，或挡土结构嵌固深度内的土层较好、有支撑或锚杆的情况，此时最大地表沉降不是出现在挡土结构处，而是位于挡土结构外侧一定距离处，如图 5-21(b)所示。

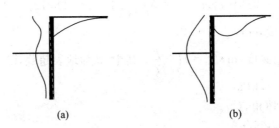

(a)   (b)

图 5-21 地表沉降典型形态
(a) 三角形分布；(b) 凹槽形分布

显然，对三角形沉降，最大沉降发生在挡土结构旁。对凹槽形沉降，根据上海地区地铁基坑 182 个实测断面的统计汇总发现，最大沉降发生在距离挡土结构 0.5~0.7 倍开挖深度的地面处。

另外根据实测研究，超深基坑的最大地表沉降点集中分布在 0.30~0.55 倍开挖深度范围之内，但是从绝对量值上来看，超深基坑最大地表沉降点位置与一般的深基坑相仿，都位于墙后的 8~12m 之间。可见基坑开挖深度的加深并没有使墙后最大地表沉降点的位置发生明显的改变。

2．地表沉降影响范围

地表沉降影响范围取决于地层的性质、基坑开挖深度、嵌入深度、下卧软弱土层深度、开挖、支撑施工方法等，沉降影响范围一般为 1～4 倍基坑开挖深度。

预估地面沉降的方法大致有三种，即经验曲线法、地层损失法和稳定安全系数法，这里介绍经验曲线法。

挡土结构后面地表沉降分为主影响区域和次影响区域，影响区域宽度约为 4 倍的开挖深度，其中主影响区域的范围为 2 倍的开挖深度，次影响区域为主影响区域之外的 2 倍开挖深度。在主影响区域的范围内，沉降曲线较陡，会使这范围内的建（构）筑物产生较大的角变量，而次影响区域的沉降曲线较缓，对建（构）筑物的影响较小。

根据工程实践经验，地表沉降的两种典型曲线形状如图 5-21 所示，可简化为如图 5-22 所示的沉降图。

对于三角形沉降，如图 5-22(a)所示，曲线在 2 倍开挖深度处发生转折，由主影响区进入次影响区，转折点的沉降值为最大沉降的 10%。

对于凹槽形沉降，如图 5-22(b)所示，曲线分为三段折线，分别为主影响区内沉降最大点两侧的两条直线及次影响区内的一条直线，最大沉降发生在距离挡土结构后的 0.5 倍开挖深度的地表位置处，紧靠挡土结构的沉降为最大沉降值的一半，主次沉降影响区的转折点沉降值仍为最大沉降的 10%。

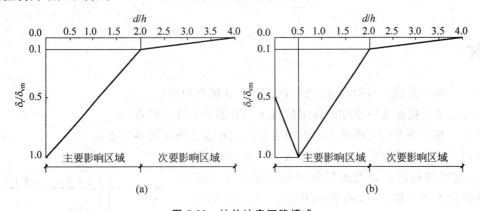

图 5-22　坑外地表沉降模式

（a）三角形；（b）凹槽形

δ_r—沉降；δ_{vm}—最大沉降；d—距挡土结构距离；h—开挖深度

软土地区的基坑地表沉降与挡土结构的水平位移高度相关。上海市是我国软土基坑最多的城市之一，积累了大量相关研究成果，上海市地方标准《基坑工程技术规范》(DG/TJ08—61—2010)给出了如图 5-22(b)所示的地表沉降形式，其中最大地表沉降 δ_{vm} 可根据与挡土结构最大水平变形 δ_{hm} 的经验关系确定，即 $\delta_{vm}=0.8\delta_{hm}$，$\delta_{hm}$ 可参考表 5-4 确定，或者按照计算出的挡土结构最大水平向变形确定。

例题 5-8　某基坑开挖深度为 10m，竖向支挡结构采用钻孔灌注桩，水平向采用两道钢筋混凝土内支撑，首道支撑设置在桩顶，桩顶与地面平齐，开挖范围内的主要土层是淤泥质粉质黏土。试估算最大水平位移及最大地面沉降，并画出最大沉降分布图。

解：根据表 5-4 中的经验关系，取 $\delta_{hm}/h=0.42\%$，$\delta_{vm}/h=0.40\%$，$h=10m$。则

挡土结构最大水平位移　$\delta_{hm}=0.42\%\times10m=0.042m=42mm$

挡土结构最大地面沉降　$\delta_{vm}=0.40\%\times10m=0.04m=40mm$

由于有两道内支撑，首道支撑在桩顶（地面处），判断地表沉降不是三角形沉降，应该是凹槽形沉降，影响区域宽度约为 4 倍的开挖深度，即影响范围为 40m，最大沉降发生在 5m 处，为第一转折点。曲线在 20m 处沉降，$\delta_{vm}=0.1\times0.04m=0.004m=4mm$，为第二转折点。紧靠挡土结构的沉降为最大沉降值的一半，$\delta_{vm}=0.5\times0.04m=0.02m=20mm$。

基坑外地表沉降分布图如图 5-23 所示。

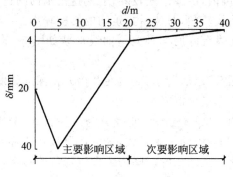

图 5-23　基坑外地表沉降分布图

习题

5.1　对于支挡式结构，基坑稳定性验算包含哪些内容？

5.2　基坑抗渗流稳定性验算中的流土与管涌各有什么特点？

5.3　基坑变形包含哪些内容？地表沉降大小及范围跟哪些因素有关？

5.4　基坑开挖深度 6m，安全等级为二级，嵌入深度 9m，支挡结构剖面以及地质资料如习题 5.4 图所示，场地内不考虑地下水，坡顶作用有 $q=20kPa$ 的超载。计算以支挡结构顶部内侧 O 点为圆心的圆弧滑动稳定系数 K_s（假设滑弧面通过桩底，土条宽度可取 1m）。（答案：$K_s=2.11$）

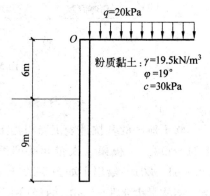

习题 5.4 图　支挡结构剖面图

5.5　某基坑开挖深度 6m，安全等级为二级。支挡结构范围内为两层地基土，第一层为粉质黏土，天然重度 $\gamma_1=18.5kN/m^3$，内摩擦角 $\varphi_1=20°$，黏聚力 $c_1=30kPa$，厚度 $h_1=4m$；第二层为黏土，天然重度 $\gamma_2=19.2kN/m^3$，内摩擦角 $\varphi_2=18°$，黏聚力 $c_2=35kPa$，厚度 $h_2=16m$。地面超载 $q=20kPa$。若采用悬臂式支护桩，试确定其嵌固深度。（答案：$l_d=6m$ 时，$K_e=3.61$）

5.6　基坑深度 7m，安全等级为二级，采用钢筋混凝土内支撑及灌注桩为支护结构，内支撑位于地面下 2m 处，支护桩顶与填土面齐平，嵌固深度为 8m。地层分布为第一层淤泥

质粉质黏土,厚度$h_1=9m$,$\gamma_1=16.8kN/m^3$,$c_1=11.2kPa$,$\varphi_1=9.5°$;第二层粉质黏土,厚度$6m$,$\gamma_2=19.6kN/m^3$,$c_2=28kPa$,$\varphi_2=21°$。如习题 5.6 图所示。试进行该基坑嵌固深度的稳定性验算。(答案:$K_b=5.62$)

5.7 某基坑开挖深度为 10m,安全等级为一级,地下水位在地下 1m 处,为使基坑干燥,工程采用截水帷幕,截水帷幕插入深度 7m,基坑土体为均质砂土,$\gamma_{sat}=20kN/m^3$,如习题 5.7 图所示。试验算该基坑的流土稳定性。(答案:$K_f=2.59$)

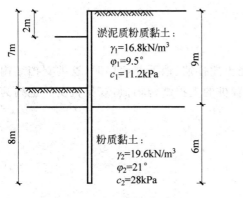

习题 5.6 图 支挡结构剖面图

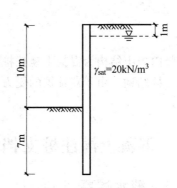

习题 5.7 图 基坑剖面图

5.8 某基坑开挖深度为 6m,采用悬臂式支护结构,开挖深度内的土层是粉质黏土。试估算最大水平位移及最大地面沉降,并画出最大沉降分布图。(答案:$\delta_{hm}=0.025m$,$\delta_{vm}=0.024m$)

第 6 章

板式支挡结构

竖向挡土结构为混凝土灌注桩、型钢水泥土搅拌墙、地下连续墙时,这类支挡结构称为板式支挡结构。由于双排桩的受力方式与悬臂桩的支挡结构相似,双排桩支护也列为本章内容。

6.1 混凝土灌注桩支挡式结构

6.1.1 截水帷幕

混凝土灌注桩支挡式结构往往采用分离式的混凝土灌注桩作为竖向支护体,并呈一字形排列,如图 6-1(a)所示。在地下水位较高或者软土地区,混凝土灌注桩的外侧还有一排连续搭接的双轴水泥土搅拌桩、三轴水泥土搅拌桩,或者高压旋喷桩作为截水帷幕,如图 6-1(b)所示,有截水帷幕的竖向支护剖面如图 6-2 所示。

图 6-1 无截水灌注桩排桩与有截水灌注桩排桩

(a) 无截水帷幕;(b) 有截水帷幕

基坑深度为 9~10m 时,通常只需设置一排水泥土搅拌桩截水,当深度超过 10m 或环境条件有特殊要求时,可增至 2 排或 2 排以上水泥土搅拌桩,如图 6-3 所示。目前国内双轴深层搅拌桩成桩深度一般不超过 15~18m,并且受土层性质限制,对于截水帷幕深度较大时可采用三轴搅拌桩,国内三轴搅拌桩施工深度可达 35m 左右。截水帷幕的深度应根据抗渗流、抗管涌稳定性验算确定,截水帷幕通常应进入不透水层 3~4m,截水帷幕应贴近挡土结构,其净距不宜大于 200mm。

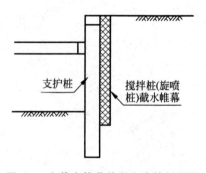

图 6-2 有截水帷幕的竖向支护剖面图

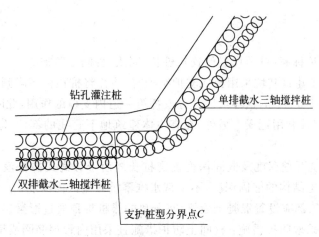

图6-3　截水帷幕厚度设置

6.1.2　混凝土灌注桩竖向挡土结构

1. 混凝土灌注桩设计

对内撑式支挡结构,将整个结构分解为挡土结构(也就是排桩)与内支撑结构,分别进行分析。排桩采用平面杆系结构弹性支点法进行分析,水平内支撑结构可按平面结构进行分析,挡土结构传至内支撑的荷载应取挡土结构分析时得出的支点力(荷载计算宽度范围内的土压力引起的单个桩某点的支点力)。

首先将挡土结构部分取作分析对象,采用平面杆系结构弹性支点法按梁进行分析,嵌固深度以下被动区土和支撑对排桩的支承简化为弹性支座,将排桩分析时得出的支点力作为荷载反向加至内支撑的冠梁或腰梁上。值得注意的是,将支撑式排桩分解为挡土结构和内支撑结构分别独立计算时,在其连接处应满足变形协调条件,当计算的变形不协调时,应调整在连接处简化的弹性支座的弹簧刚度等约束条件,直至满足变形协调。

2. 平面设计

平面设计含混凝土灌注桩的直径、桩间距、桩的平面布置等内容。

桩直径:对悬臂式排桩,支护桩的桩径宜大于或等于600mm;对锚拉式排桩或支撑式排桩,支护桩的桩径宜大于或等于400mm。

桩间距:排桩的中心距不宜大于桩直径的2倍。采用混凝土灌注桩支挡时,在地下水位较低、地质情况较好的地层,可取大值。地下水位较高、地质情况较差的地层,可取小值。在好土中,主动土压力小,排桩直径可适当减小,以满足桩间距不超过2倍桩直径的要求。桩间距过大,桩间的土会受到影响,将导致不稳定,另外桩间距过大,也会降低桩后的土拱效应。对工程性质比较差的土,要减小桩间距,以适应较大的主动土压力,但最小桩间距不宜小于200mm,否则会对灌注桩的施工带来影响。

桩的平面布置:支护桩一般沿地下室外边缘布置,其中,支护桩的内侧到地下室基础底板外缘的净距离不应小于800mm,这样就不会影响地下结构部分的正常施工。

3．竖向设计

竖向设计含桩顶标高（桩顶设置位置）、桩长、冠梁、桩间土防护等。

桩顶标高：对于建筑基坑采用板式支护结构时，往往将桩顶标高降到地面以下，视具体情况可降低到地面下 1～2m，这样可以充分发挥第一道内支撑的作用，此时第一道内支撑支撑在冠梁上，可以有效利用冠梁。另外，在有主体建筑地下管线的部位，冠梁亦宜低于地下管线埋深。

桩长：根据基坑开挖深度及嵌固深度确定桩长。由于分离式排桩没有截水作用，这里的嵌固深度是指挡土结构的嵌固深度，不是截水帷幕抗渗流嵌固深度。

冠梁：支护桩顶部应设置混凝土冠梁，将分离的排桩桩顶通过冠梁连接在一起。

排桩桩间土应采取防护措施：桩间土防护措施宜采用内置钢筋网或钢丝网的喷射混凝土面层。喷射混凝土面层的厚度不宜小于 50mm，混凝土强度等级不宜低于 C20，混凝土面层内配置的钢筋网的纵横向间距不宜大于 200mm。钢筋网或钢丝网宜采用横向拉筋与两侧桩体连接，拉筋直径不宜小于 12mm，拉筋锚固在桩内的长度不宜小于 100mm。钢筋网宜采用桩间土内打入直径不小于 12mm 的钢筋钉固定，钢筋钉打入桩间土的长度不宜小于排桩净间距的 1.5 倍且不应小于 500mm。

4．构造要求及规定

（1）桩身混凝土强度等级不宜低于 C25。

（2）纵向受力钢筋宜选用 HRB400、HRB500 钢筋，单桩的纵向受力钢筋不宜少于 8根，其净间距不应小于 60mm。支护桩顶部设置钢筋混凝土构造冠梁时，纵向钢筋伸入冠梁的长度宜取冠梁厚度。冠梁按结构受力构件设置时，桩身纵向受力钢筋伸入冠梁的锚固长度应符合现行国家标准《混凝土结构设计规范》（GB 50010—2010）对钢筋锚固的有关规定，当不能满足锚固长度的要求时，钢筋末端可采取机械锚固措施。

（3）箍筋可采用螺旋式箍筋。箍筋直径不应小于纵向受力钢筋最大直径的 1/4，且不应小于 6mm。箍筋间距宜取 100～200mm，且不应大于 400mm 及桩的直径。

（4）沿桩身配置的加强箍筋应满足钢筋笼起吊安装要求，宜选用 HPB300、HRB400 钢筋，其间距宜取 1000～2000mm。

（5）纵向受力钢筋的保护层厚度不应小于 35mm，采用水下灌注混凝土工艺时，不应小于 50mm。

（6）当采用沿截面周边非均匀配置纵向钢筋时，受压区的纵向钢筋根数不应少于 5根。当施工方法不能保证钢筋的方向时，不应采用沿截面周边非均匀配置纵向钢筋的形式。

（7）当沿桩身分段配置纵向受力主筋时，纵向受力钢筋的搭接应符合现行国家标准《混凝土结构设计规范》（GB 50010—2010）的相关规定。

（8）冠梁的宽度不宜小于桩径，高度不宜小于桩径的 0.6 倍。冠梁钢筋应符合现行国家标准《混凝土结构设计规范》（GB 50010—2010）对梁的构造配筋要求。冠梁用作支撑或锚杆的传力构件或按空间结构设计时，尚应按受力构件进行截面设计。

5．支护桩截面承载力计算

按照弹性支点法计算出来的单桩截面内力标准值有弯矩 M_k、剪力 V_k，换算成设计值 M,V 后，进行支护桩截面承载力计算。支护桩的截面配筋一般由受弯或受剪承载力控制。

1）正截面受弯承载力

（1）均匀配筋

沿周边均匀配置纵向钢筋的圆形截面钢筋混凝土支护桩，当截面内纵向钢筋数量不少于 6 根时，如图 6-4 所示，其正截面受弯承载力应符合下式规定：

$$M \leqslant \frac{2}{3} f_c A r \frac{\sin^3 \pi\alpha}{\pi} + f_y A_s r_s \frac{\sin\pi\alpha + \sin\pi\alpha_t}{\pi} \tag{6-1}$$

$$\alpha f_c A \left(1 - \frac{\sin 2\pi\alpha}{2\pi\alpha}\right) + (\alpha - \alpha_t) f_y A_s = 0 \tag{6-2}$$

$$\alpha_t = 1.25 - 2\alpha \tag{6-3}$$

式中　M——桩的弯矩设计值，kN·m，按式(2-5)取值。

f_c——混凝土轴心抗压强度设计值，kN/m²。当混凝土强度等级超过 C50 时，f_c 应以 $\alpha_1 f_c$ 代替；当混凝土强度等级为 C50 时，取 $\alpha_1=1.0$；当混凝土强度等级为 C80 时，取 $\alpha_1=0.94$，其间按线性内插法确定。

A——支护桩截面面积，m²。

r——支护桩的半径，m。

α——对应于受压区混凝土截面面积的圆心角(rad)与 2π 的比值。

f_y——纵向钢筋的抗拉强度设计值，kN/m²。

A_s——全部纵向钢筋的截面面积，m²。

r_s——纵向钢筋重心所在圆周的半径，m。

α_t——纵向受拉钢筋截面面积与全部纵向钢筋截面面积的比值，当 $\alpha>0.625$ 时，取 $\alpha_t=0$。

（2）非均匀配筋

沿受拉区和受压区周边局部均匀配置纵向钢筋的圆形截面钢筋混凝土支护桩，当截面受拉区内纵向钢筋数量不少于 3 根时，如图 6-5 所示，其正截面受弯承载力应符合下式规定：

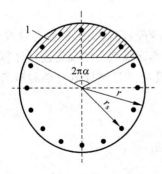

图 6-4　沿周边均匀配置纵向
钢筋的圆形截面
1—混凝土受压区

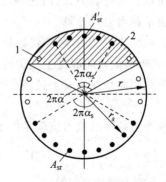

图 6-5　沿受拉区和受压区周边局部均匀
配置纵向钢筋的圆形截面
1—构造钢筋；2—混凝土受压区

$$M \leqslant \frac{2}{3} f_c A r \frac{\sin^3 \pi \alpha}{\pi} + f_y A_{sr} r_s \frac{\sin \pi \alpha_s}{\pi \alpha_s} + f_y A'_{sr} r_s \frac{\sin \pi \alpha'_s}{\pi \alpha'_s} \tag{6-4}$$

$$\alpha f_c A \left(1 - \frac{\sin 2 \pi \alpha}{2 \pi \alpha}\right) + f_y (A'_{sr} - A_{sr}) = 0 \tag{6-5}$$

$$\cos \pi \alpha \geqslant 1 - \left(1 + \frac{r_s}{r} \cos \pi \alpha_s\right) \xi_b \tag{6-6}$$

$$\alpha \geqslant \frac{1}{3.5} \tag{6-7}$$

式中　　α——对应于混凝土受压区截面面积的圆心角(rad)与 2π 的比值;

　　　　α_s——对应于受拉钢筋的圆心角(rad)与 2π 的比值,α_s 宜取 $1/6 \sim 1/3$,通常可取 0.25;

　　　　α'_s——对应于受压钢筋的圆心角(rad)与 2π 的比值,宜取 $\alpha'_s \leqslant 0.5\alpha$;

　　　　A_{sr}, A'_{sr}——沿周边均匀配置在圆心角 $2\pi\alpha_s$,$2\pi\alpha'_s$ 内的纵向受拉、受压钢筋的截面面积,m^2;

　　　　ξ_b——矩形截面的相对界限受压区高度,应按现行国家标准《混凝土结构设计规范》(GB 50010—2010)的规定取值。

当 $\alpha < \dfrac{1}{3.5}$ 时,其正截面受弯承载力可按下式计算:

$$M \leqslant f_y A_{sr} \left(0.78r + r_s \frac{\sin \pi \alpha_s}{\pi \alpha_s}\right) \tag{6-8}$$

沿圆形截面受拉区和受压区周边实际配置的均匀纵向钢筋的圆心角应分别取为 $2\dfrac{n-1}{n}\pi\alpha_s$ 和 $2\dfrac{m-1}{m}\pi\alpha'_s$,其中 n,m 为受拉区、受压区配置均匀纵向钢筋的根数。

配置在圆形截面受拉区的纵向钢筋,按全截面面积计算的最小配筋率不宜小于 0.2% 和 $0.45f_t/f_y$ 中的较大者,此处,f_t 为混凝土抗拉强度设计值。在不配置纵向受力钢筋的圆周范围内应设置周边纵向构造钢筋,纵向构造钢筋直径不应小于纵向受力钢筋直径的 1/2,且不应小于 10mm。纵向构造钢筋的环向间距不应大于圆截面的半径和 250mm 的较小值。

2) 斜截面受剪承载力

由于现行国家标准《混凝土结构设计规范》(GB 50010—2010)中没有直接给出圆形截面的斜截面承载力计算公式,因此规范规定,将圆形截面等代成矩形截面,然后再按矩形截面的斜截面承载力公式计算。

当圆形截面半径为 r,则等代矩形截面的宽度 $b = 1.76r$,等代矩形截面有效高度 $h_0 = 1.6r$,等效成矩形截面的混凝土支护桩后,按矩形截面斜截面承载力的规定进行计算。计算所得的箍筋截面面积作为支护桩圆形箍筋的截面面积,且应满足该规范对梁的箍筋配置的要求。

矩形截面斜截面承载力应满足以下要求:

$$V \leqslant 0.7 f_t b h_0 + f_{yv} \frac{A_{sv}}{s} h_0 \tag{6-9}$$

式中　　V——剪力设计值,kN;

　　　　f_t——混凝土轴心抗拉强度设计值,N/mm^2;

　　　　f_{yv}——箍筋抗拉强度设计值,N/mm^2;

A_{sv}——单根箍筋面积,mm^2;

s——箍筋沿桩身间距,mm。

3)沿桩身长度的纵向钢筋配筋长度

深基坑的挡土结构一般入土深度较长,弯矩并不会在深度方向均匀分布,如果桩身通长范围内都按最大弯矩设计值配筋将造成材料浪费,因此可根据情况采用分段配筋。通常情况下,开挖面附近或开挖面以上桩段的弯矩最大,可将配筋分成两段。沿桩长分段配筋示意图如图 6-6 所示。

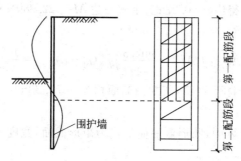

图 6-6　沿桩长分段配筋示意图

例题 6-1　某基坑采用钻孔灌注桩支护,水下浇筑混凝土成桩。桩长 19.5m,桩径 0.9m,桩中心距 1.1m,桩身混凝土强度等级为 C30,纵向受力筋为 HRB400,箍筋为 HPB300 的钢筋。经采用平面杆系结构弹性支点法计算,荷载计算宽度范围内的混凝土桩的内力标准值分别为:基坑内侧最大弯矩 $M_k^{内}=525.8kN \cdot m$,基坑外侧最大弯矩 $M_k^{外}=291.1kN \cdot m$,最大剪力 $V_k=277.3kN$。支护结构安全等级为一级,采用全截面均匀配筋方式。试计算桩身配筋。

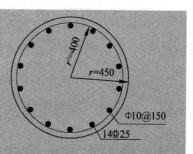

图 6-7　均匀配筋示意图

解:该基坑安全等级为一级,取 $\gamma_0=1.1$;综合分项系数 $\gamma_F=1.25$。
则弯矩和剪力的设计值为

$$M_{外} = \gamma_0 \gamma_F M_k^{外} = 1.1 \times 1.25 \times 291.1kN \cdot m = 400.26kN \cdot m$$

$$M_{内} = \gamma_0 \gamma_F M_k^{内} = 1.1 \times 1.25 \times 525.8kN \cdot m = 722.98kN \cdot m$$

$$V = \gamma_0 \gamma_F V_k = 1.1 \times 1.25 \times 277.3kN = 381.29kN$$

桩身混凝土强度等级采用 C30,$f_c=14.3N/mm^2$,纵向受力筋采用 HRB400,$f_y=360N/mm^2$,箍筋采用 HPB300 钢筋,$f_{yv}=270N/mm^2$,水下浇筑混凝土时,桩身混凝土保护层厚度取 50mm。

(1)正截面配筋

桩身进行全截面均匀配筋,设钢筋直径 20mm,根据式(6-1)~式(6-3),可得到

$$M \leqslant \frac{2}{3} f_c A r \frac{\sin^3 \pi \alpha}{\pi} + f_y A_s r_s \frac{\sin \pi \alpha + \sin \pi \alpha_t}{\pi}$$

$$= \frac{2}{3} f_c A r \frac{\sin^3 \pi \alpha}{\pi} + \frac{\alpha f_c A \left(1 - \frac{\sin 2\pi \alpha}{2\pi \alpha}\right)}{1.25 - 3\alpha} \cdot r_s \cdot \frac{\sin \pi \alpha + \sin \pi (1.25 - 2\alpha)}{\pi}$$

$$= \frac{2}{3} \times 14.3 \times 10^3 \times \pi \times \left(\frac{0.9}{2}\right)^2 \times \frac{0.9}{2} \times \frac{\sin^3 \pi \alpha}{\pi} +$$

$$\frac{\alpha \times 14.3 \times 10^3 \times \pi \times 0.45^2 \times \left(1 - \frac{\sin 2\pi \alpha}{2\pi \alpha}\right)}{1.25 - 3\alpha} \cdot \left(\frac{0.9}{2} - 0.06\right) \cdot \frac{\sin \pi \alpha + \sin \pi (1.25 - 2\alpha)}{\pi}$$

利用迭代法试算后,可得当 $\alpha = 0.27$ 时,上式左边 $M = 722.98 \mathrm{kN \cdot m} \leqslant$ 右边 $809.83 \mathrm{kN \cdot m}$,此时左右数值最接近,$\alpha_t = 0.71$。

将结果代入式(6-2),$A_s = \alpha f_c A \left(1 - \frac{\sin 2\pi \alpha}{2\pi \alpha}\right) \Big/ [(\alpha_t - \alpha) f_y] = \frac{1019.80}{158400} = 0.0064381 \ 6 \mathrm{m}^2 = 6438.16 \mathrm{mm}^2$。选配 14 根 $\Phi 25$ 钢筋,实配钢筋面积为 $6872.23 \mathrm{mm}^2$。

(2) 斜截面配筋

斜截面抗剪承载力计算中,圆形截面应等代为矩形截面,宽度 $b = 1.76r$,有效高度 $h_0 = 1.6r$,按式(6-9)进行计算:

$$b = 1.76r = 1.76 \times 450 \mathrm{mm} = 792 \mathrm{mm}, \quad h_0 = 1.6r = 1.6 \times 450 \mathrm{mm} = 720 \mathrm{mm}$$

$$\frac{A_{sv}}{s} \geqslant \frac{V - 0.7 f_t b h_0}{f_{yv} \cdot h_0} = \frac{381.29 \times 10^3 - 0.7 \times 1.43 \times 792 \times 720}{270 \times 720} = -0.97$$

因此 $A_{sv} < 0$,只需按最小配筋率配置。

选配 $\Phi 10 @ 150$,实际配筋率 $\rho_{sv} = \frac{A_{sv}}{bs} = \frac{2 \times 78.5}{792 \times 150} = 0.132\% > 0.24 \times \frac{f_t}{f_{yv}} = 0.24 \times \frac{1.43}{270} = 0.127\%$,满足最小配筋率要求。

6.2　型钢水泥土搅拌墙支挡式结构

6.2.1　型钢水泥土搅拌墙简介

型钢水泥土搅拌墙(soil mixed wall),是一种在连续套接的三轴水泥土搅拌桩内,插入型钢而成的既挡土又截水的一种复合挡土截水结构。利用三轴搅拌桩钻机在原地层中切削土体,同时钻杆前端低压注入水泥浆液,与切碎土体充分搅拌形成渗透系数小的水泥土柱列式墙体,在水泥土尚未硬化前插入型钢。型钢起着挡土结构作用,水泥土墙起着截水帷幕作用,如图 6-8 所示。

型钢水泥土搅拌墙具有如下特点:

(1) 适用于淤泥质土、黏性土、粉土和砂土,应用范围较广;

(2) 型钢水泥土搅拌墙仅为三轴水泥土搅拌桩的厚度,不需要另外施工截水帷幕,与其他支护形式相比具有明显的空间优势;

(3) 内插 H 型钢在地下室施工完成并回填土后可以拔出,不仅可避免形成地下永久障碍物,而且拔除的型钢可以回收利用,节约资金。

(4) 对周围环境影响小。不需事先成孔,不像泥浆护壁的钻孔灌注桩成孔时有泥浆产生,无塌孔之虞,可以减少对临近土体的扰动,降低施工期间对临近地面、道路、建筑物、地下

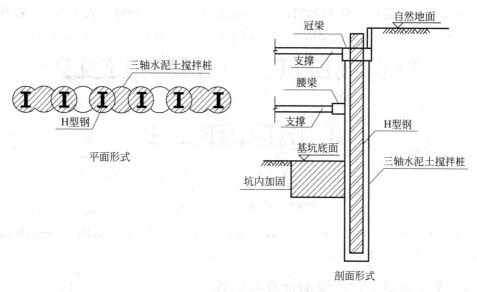

图 6-8　型钢水泥土搅拌墙支护

设施的影响。

（5）截水防渗性能好，由于采用套接一孔法施工，钻削与搅拌反复进行，水泥土搅拌均匀，比双轴搅拌桩机施工的截水帷幕具有更好的截水性，水泥土渗透系数小，一般可达到 $10^{-8} \sim 10^{-7}$ cm/s。

6.2.2　型钢水泥土搅拌墙的注意事项及选型

1. 注意事项

（1）型钢水泥土搅拌墙的选型及参数设计首先需满足周边环境的保护要求。

（2）型钢水泥土搅拌墙的选择和基坑开挖深度有关。根据近些年软土地区的工程经验，不同直径搅拌桩或墙厚对应一定的基坑开挖深度限值。一般情况下，直径 650mm 所成的型钢水泥土搅拌墙开挖深度不大于 8.0m，直径 850mm 时开挖深度不大于 11.0m，直径 1000mm 时开挖深度不大于 13.0m。当不同截面尺寸的型钢水泥土搅拌墙开挖深度超过上述限值时，工程风险将增大，需要采取一定的技术措施，确保安全。

（3）与地下连续墙、钻孔灌注桩相比，型钢水泥土搅拌墙刚度较低，常会产生较大变形，在周边环境保护要求较高的工程中，例如紧邻运营中的地铁隧道、历史保护建筑、重要地下管线时，应慎重选用。

（4）当搅拌桩桩身范围内大部分为砂（粉）性土等透水性较强的土层，且周边环境保护要求较高时，一旦搅拌桩桩身产生裂缝并造成渗漏，将会产生流土，后果较为严重。

2. 型钢水泥土搅拌墙常见布置形式

型钢水泥土搅拌墙的墙体厚度、型钢截面一般是由三轴水泥土搅拌桩的桩径决定，三轴水泥土搅拌桩的常见桩径分别为 650mm，850mm，1000mm 三种。

型钢常规布置形式有密插、插二跳一和插一跳一这三种，如图 6-9 所示。H 型钢截面尺寸与三轴搅拌桩的桩直径相对应,H500×300 或 H500×200 型钢插入 ϕ650mm 搅拌桩;H700×300 型钢插入 ϕ850mm,H800×300 或 H850×300 型钢插入 ϕ1000mm 搅拌桩。

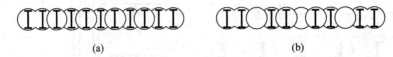

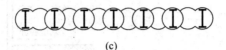

图 6-9　型钢布置形式

(a) 密插型;(b) 插二跳一;(c) 插一跳一

H 型钢的间距为:密插间距 450mm,600mm,750mm;插二跳一间距 675mm,900mm,1125mm;插一跳一间距 900mm,1200mm,1500mm。

6.2.3　型钢水泥土搅拌墙的计算与设计

1. 计算要点

型钢水泥土搅拌墙采用弹性支点法进行支护结构受力与变形计算,嵌固长度则按照相应的嵌固稳定性或整体稳定性确定。

在进行围护墙内力和变形计算以及基坑的各项稳定性分析时,围护墙的深度以内插型钢底端为准,不计型钢端部以下水泥土搅拌桩的作用。

型钢水泥土搅拌墙中的水泥土搅拌桩,担负着基坑开挖过程中截水帷幕的作用。水泥土搅拌桩的入土深度主要满足抗渗流、抗管涌以及抗突涌稳定性要求。

2. 型钢水泥土搅拌墙截面设计

型钢水泥土搅拌墙截面设计主要是确定型钢截面和型钢间距。

1) 型钢截面

型钢的截面由型钢的强度验算确定,即需要对型钢所受的应力进行验算,包括型钢的抗弯及抗剪强度是否满足要求。

(1) 抗弯验算

作用于型钢水泥土搅拌墙的弯矩全部由型钢承担,型钢的抗弯承载力应符合下式要求:

$$\frac{1.25\gamma_0 M_k}{W} \leqslant f \qquad (6\text{-}10)$$

式中　γ_0——支护结构重要性系数,按照现行《建筑基坑支护技术规程》(JGJ 120—2012)取值;

　　　M_k——作用于型钢水泥土搅拌墙的弯矩标准值,N·mm;

　　　W——型钢沿弯矩作用方向的截面模量,mm³;

　　　f——型钢的抗弯强度设计值,N/mm²。

(2) 抗剪验算

作用于型钢水泥土搅拌墙的剪力全部由型钢承担,型钢的抗剪承载力应符合下式要求:

$$\frac{1.25\gamma_0 V_k S}{I \cdot t_w} \leqslant f_v \tag{6-11}$$

式中　V_k——作用于型钢水泥土搅拌墙的剪力标准值，N；

　　　S——型钢计算剪应力处以上毛面积对中和轴的面积矩，mm^3；

　　　I——型钢沿弯矩作用方向的毛截面惯性矩，mm^4；

　　　t_w——型钢腹板厚度，mm；

　　　f_v——型钢的抗剪强度设计值，N/mm^2。

2）型钢的间距

型钢水泥土搅拌墙中的型钢往往是按一定的间距插入水泥土中，这样相邻型钢之间便形成了一个非加筋区，如图 6-10 所示。型钢水泥土搅拌墙的加筋区和非加筋区承担着同样的水土压力。

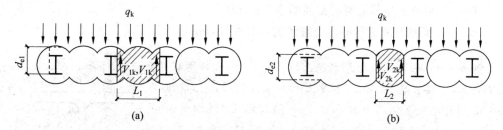

图 6-10　搅拌桩局部受剪承载力计算示意图
(a) 型钢与水泥土间错动受剪承载力验算图；(b) 水泥土最薄弱截面局部受剪承载力验算图

在加筋区，由于型钢和水泥土的共同作用，组合结构刚度较大，变形较小，可以视为非加筋区的支点。型钢的间距越大，加筋区和非加筋区交界面上所承受的剪力就越大。当型钢间距增大到一定程度，该交界面有可能在型钢达到承载力之前发生破坏，因此应该对型钢水泥土搅拌墙中型钢与水泥土搅拌桩的交界面进行局部承载力验算，确定合理的型钢间距。

型钢水泥土搅拌墙应该满足水泥土搅拌桩桩身局部受剪承载力的要求。局部受剪承载力验算包括型钢与水泥土之间的错动受剪承载力和水泥土最薄弱截面处的局部受剪承载力。

（1）当型钢隔孔设置时，型钢与水泥土之间的错动受剪承载力（图 6-10(a)）按下列公式进行计算：

$$\tau_1 = \frac{1.25\gamma_0 V_{1k}}{d_{e1}} \leqslant \tau \tag{6-12}$$

$$V_{1k} = \frac{q_k L_1}{2} \tag{6-13}$$

$$\tau = \frac{\tau_{ck}}{1.6} \tag{6-14}$$

式中　τ_1——作用于型钢与水泥土之间的错动剪应力设计值，N/mm^2；

　　　V_{1k}——作用于型钢与水泥土之间单位深度范围内的错动剪力标准值，N/mm；

　　　q_k——作用于型钢水泥土搅拌墙计算截面处的侧压力强度标准值，N/mm^2；

　　　L_1——相邻型钢翼缘之间的净距，mm；

　　　d_{e1}——型钢翼缘处水泥土墙体的有效厚度，mm，取迎坑面型钢边缘至迎土面错动受剪面的水泥土搅拌桩边缘的距离。

τ——水泥土抗剪强度设计值,N/mm²;

τ_{ck}——水泥土抗剪强度标准值,N/mm²,可取搅拌桩 28d 龄期无侧限抗压强度的 1/3,28d 龄期无侧限抗压强度标准值 q_{uk} 不宜小于 0.5MPa。

(2)当型钢隔孔设置时,水泥土搅拌桩最薄弱截面的局部受剪承载力(图 6-10(b))按下列公式进行计算:

$$\tau_2 = \frac{1.25\gamma_0 V_{2k}}{d_{e2}} \leqslant \tau \tag{6-15}$$

$$V_{2k} = \frac{q_k L_2}{2} \tag{6-16}$$

式中 τ_2——作用于水泥土最薄弱截面处的局部剪应力设计值,N/mm²;

V_{2k}——作用于水泥土最薄弱截面处单位深度范围内的剪力标准值,N/mm;

L_2——水泥土相邻最薄弱截面的净距,mm;

d_{e2}——水泥土最薄弱截面处墙体的有效厚度,mm。

例题 6-2 基坑采用型钢水泥土搅拌墙支护,三轴搅拌桩直径为 850mm,采用套接一孔法施工,搭接长度 200mm,水泥土无侧限抗压强度标准值 $q_{uk}=0.8$MPa,最大侧压力标准值 $q_{ck}=92.7$kPa。型钢截面为 H700×300,材质为 Q235B,型钢沿弯矩作用方向的惯性矩 $I_x=2.01\times10^9$ mm⁴,型钢截面如图 6-11 所示,型钢隔孔插入搅拌桩。经采用平面杆系结构弹性支点法计算,荷载计算宽度范围内挡土结构内力标准值分别为:基坑内侧最大弯矩 $M_k=504.1$kN·m,基坑外侧最大弯矩 $M_k=267.6$kN·m,最大剪力 $V_k=317.5$kN。支护结构安全等级为一级,验算型钢截面及型钢间距是否满足要求。

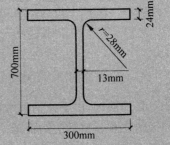

图 6-11 H700×300 型钢截面

解:支护结构安全等级为一级,因此 $\gamma_0=1.1$,Q235B 钢材的抗弯强度 $f=235$MPa,抗拉强度 $f_y=375$MPa,抗剪强度 $f_v=f_y/\sqrt{3}=216.5$MPa。

1)抗弯验算

型钢惯性矩 $I_x=2.01\times10^9$ mm⁴,截面模量 $W=\dfrac{I_x}{y_{max}}=\dfrac{2.01\times10^9}{350}$mm³$=5.743\times10^6$ mm³

型钢的抗弯承载力应符合式(6-10)的要求:

$$\frac{1.25\gamma_0 M_k}{W} = \frac{1.25\times1.1\times504.1\times10^6}{5.743\times10^6}\text{N/mm}^2 = 120.7\text{N/mm}^2 \leqslant f = 235\text{N/mm}^2$$

抗弯承载力满足要求。

2)抗剪验算

H 型钢最大剪应力出现在中性轴上,因此验算截面为中性轴。

$$S = \sum A \cdot y = \left[300\times24\times\frac{(700-24)}{2} + 13\times\left(\frac{700}{2}-24\right)\times\left(\frac{700}{2}-24\right)\Big/2 \right]\text{mm}^3$$

$$= 3.12\times10^6\text{mm}^3$$

型钢的抗剪承载力为

$$\frac{1.25\gamma_0 V_k S}{I \cdot t_w} = \frac{1.25 \times 1.1 \times 317.5 \times 10^3 \times 3.12 \times 10^6}{2.01 \times 10^9 \times 13} N/mm^2$$

$$= 52.13 N/mm^2 \leqslant f_v = 216.5 N/mm^2$$

抗剪承载力满足要求。

3）型钢的间距

(1) 型钢与水泥土之间的错动受剪承载力应按式(6-12)~式(6-14)验算。

搅拌桩直径为 850mm，搭接长度为 200mm，因此相邻型钢翼缘之间净距 $L_1 = (850 \times 2 - 200 \times 2 - 150 \times 2)mm = 1000mm$，型钢翼缘处水泥土墙体的有效厚度 $d_{e1} = \left[\frac{700}{2} + \sqrt{\left(\frac{850}{2}\right)^2 - \left(\frac{300}{2}\right)^2}\right]mm = 747.65mm$

$$V_{1k} = \frac{q_{ck} L_1}{2} = \frac{92.7 \times 10^{-3} \times 1000}{2} N/mm = 46.35 N/mm$$

水泥土抗剪强度标准值取抗压强度标准值的 1/3，水泥土抗剪强度设计值为

$$\tau = \frac{\tau_{ck}}{1.6} = \frac{1}{3} \times \frac{q_{uk}}{1.6} = \frac{1}{3} \times \frac{0.8}{1.6} = \frac{1}{6} N/mm^2 = 0.167 N/mm^2$$

$$\tau_1 = \frac{1.25\gamma_0 V_{1k}}{d_{e1}} = \frac{1.25 \times 1.1 \times 46.35}{747.65} N/mm^2 = 0.085 N/mm^2 \leqslant \tau = 0.167 N/mm^2$$

满足要求。

(2) 水泥土搅拌桩最薄弱截面的局部受剪承载力按式(6-15)和式(6-16)验算。

水泥土最薄弱截面的净距 $L_2 = (850 - 200)mm = 650mm$

水泥土最薄弱截面处墙体的有效厚度

$$d_{e2} = \left[2 \times \sqrt{\left(\frac{850}{2}\right)^2 - \left(\frac{850}{2} - 100\right)^2}\right]mm = 547.72mm$$

$$V_{2k} = \frac{q_{ck} L_2}{2} = \frac{92.7 \times 10^{-3} \times 650}{2} N/mm = 30.13 N/mm$$

$$\tau_2 = \frac{1.25\gamma_0 V_{2k}}{d_{e2}} = \frac{1.25 \times 1.1 \times 30.13}{544.72} N/mm^2 = 0.076 N/mm^2 \leqslant \tau = 0.167 N/mm^2$$

满足要求。

6.3　双排桩支护结构

某些特殊条件下，采用单排悬臂桩不能满足基坑变形、基坑稳定性等要求，或者采用单排悬臂桩造价明显不经济的情况下，可采用具有刚架结构特性的双排桩进行基坑支护。

6.3.1　双排桩支护特点

(1) 与单排悬臂桩相比，双排桩为刚架结构，如图 6-12 所示，其抗侧移刚度远大于单排悬臂桩结构，其内力分布明显优于悬臂结构，在相同的材料消耗条件下，双排桩刚架结构的桩顶位移明显小于单排悬臂桩，其安全可靠性、经济合理性均优于单排悬臂桩。

(2) 与支撑式支挡结构相比，由于基坑内不设支撑，不影响基坑开挖、地下结构施工，同时省去设置、拆除内支撑的工序，大大缩短了工期。在基坑面积很大、基坑深度不深的情况

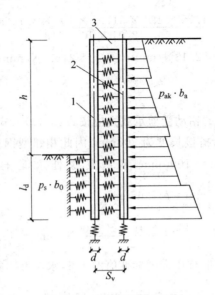

图 6-12　双排桩计算简图
1—前排桩；2—后排桩；3—刚架梁

下，双排桩刚架支护结构的造价会低于支撑式支挡结构。

（3）由于双排桩本质上还是属于悬臂式支护结构，使得双排桩支护只是对单排悬臂结构的一种加强与补充，不能用在开挖深度大的基坑，对于饱和软黏土中的基坑，此类方法亦要认真对待。

6.3.2　双排桩平面布置及注意事项

1. 平面布置形式

双排桩平面布置可采用矩形布置、三角形布置、T 形布置等，如图 6-13 所示。无论采用哪种布置形式，均需采用钢筋混凝土梁将桩顶连接起来，将前后排桩形成整体，如图 6-12 所示。

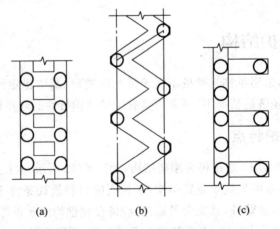

(a)　　　　　　(b)　　　　　　(c)

图 6-13　双排桩的平面布置形式
(a) 矩形分布；(b) 三角形分布；(c) T 形分布

2．注意事项

（1）双排桩排距宜取 $2d\sim5d$（d 为桩的直径）。刚架梁的宽度不应小于 d，高度不宜小于 $0.8d$，刚架梁高度与双排桩排距的比值宜取 $1/6\sim1/3$。

（2）双排桩结构的嵌固深度，对淤泥质土，不宜小于 $1.0h$；对淤泥，不宜小于 $1.2h$；对一般黏性土、砂土，不宜小于 $0.6h$。前排桩端宜置于桩端阻力较高的土层。采用泥浆护壁灌注桩时，施工时的孔底沉渣厚度不应大于 50mm，或应采用桩底后注浆加固沉渣。

（3）双排桩应按偏心受压、偏心受拉构件进行支护桩的截面承载力计算，刚架梁应根据其跨高比按普通受弯构件或深受弯构件进行截面承载力计算。双排桩结构的截面承载力和构造应符合现行国家标准《混凝土结构设计规范》（GB 50010—2010）的有关规定。

（4）前、后排桩与刚架梁节点处，桩的受拉钢筋与刚架梁受拉钢筋的搭接长度不应小于受拉钢筋锚固长度的 1.5 倍，其节点构造尚应符合现行国家标准《混凝土结构设计规范》（GB 50010—2010）对框架顶层端节点的有关规定。

6.3.3　双排桩设计

1．计算假定

双排桩的结构分析模型作以下假设：
（1）作用在结构两侧的荷载与单排桩相同；
（2）桩间土对前后排桩的土反力与桩间土的压缩变形有关，将桩间土看作水平向单向压缩体，按土的压缩模量确定水平刚度系数；
（3）考虑基坑开挖后，桩间土应力释放后仍存在一定的初始压力，计算土反力时应反映其影响，初始压力按桩间土自重占滑动体自重的比值关系确定。

2．前、后排桩间土对桩侧的压力

双排桩采用如图 6-12 所示的平面刚架结构模型进行计算。作用在后排桩上的主动土压力、前排桩嵌固段上的土反力按第 3 章相关规定计算，作用在单根后排支护桩上的主动土压力计算宽度取排桩间距，如图 6-14 所示，土反力计算宽度亦按第 3 章规定确定。

前、后排桩间土对桩侧的压力可按下式计算：

$$p_c = k_c\Delta\nu + p_{c0} \qquad (6\text{-}17)$$

式中　p_c——前、后排桩间土对桩侧的压力，kPa，可按作用在前、后排桩上的压力相等考虑；

　　　k_c——桩间土的水平刚度系数，kN/m³；

　　　$\Delta\nu$——前、后排桩水平位移的差值，m，当其相对位移减小时为正值，当其相对位移增加时，取 $\Delta\nu=0$；

　　　p_{c0}——前、后排桩间土对桩侧的初始压力，kPa，按式（6-19）计算。

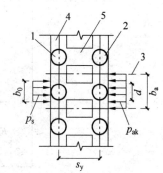

图 6-14　双排桩桩顶连梁及计算宽度

1—前排桩；2—后排桩；3—排桩对称中心线；4—桩顶冠梁；5—刚架梁

桩间土的水平刚度系数可按下式计算:

$$k_c = \frac{E_s}{s_y - d} \tag{6-18}$$

式中　　E_s——计算深度处,前、后排桩间土的压缩模量,kPa,当为成层土时,应按计算点的深度分别取相应土层的压缩模量;

　　　　s_y——双排桩的排距,m;

　　　　d——桩的直径,m。

前、后排桩间土对桩侧的初始压力可按下式计算:

$$p_{c0} = (2\alpha - \alpha^2) p_{ak} \tag{6-19}$$

$$\alpha = \frac{s_y - d}{h \tan(45° - \varphi_m/2)} \tag{6-20}$$

式中　　p_{ak}——支护结构外侧,第 i 层土中计算点的主动土压力强度标准值,kPa;

　　　　h——基坑深度,m;

　　　　φ_m——基坑底面以上各土层按厚度加权的等效内摩擦角平均值,(°);

　　　　α——计算系数,当计算的 α 大于 1 时,取 $\alpha=1$。

3. 双排桩的嵌固稳定性验算

双排桩的嵌固深度(l_d)应符合嵌固稳定性的要求,计算图式如图 6-15 所示。

$$\frac{E_{pk}a_p + Ga_G}{E_{ak}a_a} \geqslant K_e \tag{6-21}$$

式中　　K_e——嵌固稳定安全系数,安全等级为一级、二级、三级的双排桩,K_e 分别不应小于 1.25,1.20,1.15;

　　　　E_{ak}, E_{pk}——基坑外侧主动土压力、基坑内侧被动土压力标准值,kN;

　　　　a_a, a_p——基坑外侧主动土压力、基坑内侧被动土压力合力作用点至双排桩底端的距离,m;

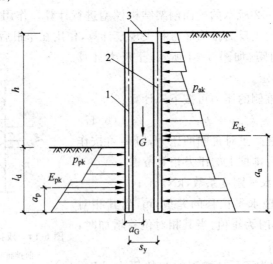

图 6-15　双排桩抗倾覆稳定性验算

1—前排桩;2—后排桩;3—刚架梁

G——双排桩、刚架梁和桩间土的自重之和,kN;

a_G——双排桩、刚架梁和桩间土的重心至前排桩边缘的水平距离,m。

双排桩的整体稳定性验算问题与单排悬臂桩类似,应满足作用在后排桩上的主动土压力与作用在前排桩嵌固段上的被动土压力的力矩平衡条件。与单排桩不同的是,在双排桩的抗倾覆稳定性验算式(6-21)中,是将双排桩、桩间土看作整体,把它们作为力的平衡分析对象,并且考虑了土与桩自重的抗倾覆作用,这点与重力式水泥土墙的类似。

例题 6-3　某黏性土中的基坑,采用双排桩支护,支护等级为二级。开挖深度 6m,嵌固深度 6m,土的压缩模量 $E_s = 5.5\text{MPa}$,重度 $\gamma = 19\text{kN/m}^3$,黏聚力 $c = 28\text{kPa}$,内摩擦角 $\varphi = 18°$,双排桩平面为矩形分布,桩直径 0.6m,排距 1.8m,桩间距 1.2m,剖面图如图 6-16所示,前、后排桩水平位移的差值 $\Delta v = 5\text{mm}$。计算:(1)前、后排桩间土对桩侧压力,并画出沿深度分布图;(2)桩的入土深度是否符合嵌固稳定性要求。

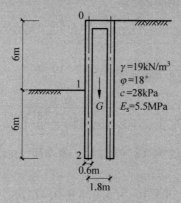

图 6-16　双排桩支护剖面图

解:1)前、后排桩间土对桩侧压力计算

(1)双排桩迎土面的土压力计算采用朗肯主动土压力计算方法。

$$K_a = \tan^2\left(45° - \frac{\varphi}{2}\right) = \tan^2\left(45° - \frac{18°}{2}\right) = 0.528, \quad \sqrt{K_a} = \tan\left(45° - \frac{18°}{2}\right) = 0.727$$

$$p_{ak,0} = K_a\gamma h - 2c\sqrt{K_a} = (0.528 \times 0 - 2 \times 28 \times 0.727)\text{kPa} = -40.71\text{kPa}$$

$$p_{ak,2} = K_a\gamma h - 2c\sqrt{K_a} = (0.528 \times 19 \times 12 - 2 \times 28 \times 0.727)\text{kPa} = 79.67\text{kPa}$$

$$z_0 = \frac{2c\sqrt{K_a}}{K_a\gamma} = \frac{2 \times 28}{0.727 \times 19}\text{m} = 4.06\text{m}$$

主动土压力合力

$$E_a = \left[\frac{1}{2} \times 79.67 \times (12 - 4.06)\right]\text{kN/m} = 316.38\text{kN/m}$$

其与桩底距离

$$x_a = \frac{1}{3} \times (12 - 4.06)\text{m} = 2.65\text{m}$$

（2）双排桩嵌固段的土压力计算采用朗肯被动土压力计算方法。

$$K_p = \tan^2\left(45° + \frac{\varphi}{2}\right) = \tan^2\left(45° + \frac{18°}{2}\right) = 1.894, \quad \sqrt{K_p} = \tan\left(45° + \frac{18°}{2}\right) = 1.376$$

$$p_{pk,1} = K_p\gamma h + 2c\sqrt{K_p} = (1.894 \times 0 + 2 \times 28 \times 1.376)\text{kPa} = 77.06\text{kPa}$$

$$p_{pk,2} = K_p\gamma h + 2c\sqrt{K_p} = (1.894 \times 19 \times 6 + 2 \times 28 \times 1.376)\text{kPa} = 292.97\text{kPa}$$

被动土压力合力

$$E_p = \left[\frac{1}{2} \times (77.06 + 292.97) \times 6\right]\text{kN/m} = 1110.08\text{kN/m}$$

其与桩底距离

$$x_p = \frac{6 \times 77.06 \times 3 + \frac{1}{2} \times (292.97 - 77.06) \times 6 \times 2}{1110.08}\text{m} = 2.42\text{m}$$

（3）前、后排桩间土对桩侧的压力

$$p_c = k_c\Delta\nu + p_{c0}$$

其中：

$$k_c = \frac{E_s}{s_y - d} = \frac{5.5 \times 10^3}{1.8 - 0.6} = 4.58 \times 10^3$$

$$\alpha = \frac{s_y - d}{h\tan\left(45° - \frac{\varphi_m}{2}\right)} = \frac{1.8 - 0.6}{6 \times \tan\left(45° - \frac{18°}{2}\right)} = \frac{1.2}{4.359} = 0.275$$

$$p_{c0} = (2\alpha - \alpha^2)p_{ak} = (2 \times 0.275 - 0.275^2)p_{ak} = 0.474p_{ak}$$

因此，

$$p_c = k_c\Delta\nu + p_{c0} = 4.58 \times 10^3 \times 0.005 + 0.474p_{ak} = 22.9 + 0.474p_{ak}$$

$$p_{c0} = 22.9 + 0.474p_{ak,0} = [22.9 + 0.474 \times (-40.71)]\text{kPa} = 3.60\text{kPa}$$

$$p_{c2} = 22.9 + 0.474p_{ak,2} = (22.9 + 0.474 \times 79.67)\text{kPa} = 60.66\text{kPa}$$

前、后排桩间土对桩侧压力沿深度分布如图 6-17 所示（由于前后排桩间距较小，桩侧压力画在了双排桩的外侧，实际上是作用在基坑内侧一排的桩身上）。

2）嵌固稳定性计算

二级基坑的双排桩嵌固稳定安全系数 $K_e = 1.2$

混凝土自重 $\gamma_G = 25\text{kN/m}^3$，

$$\begin{aligned}G &= 25 \times [12 \times (1.8 + 0.6) - (12 - 0.6)(1.8 - 0.6)] + \\ &\quad 19 \times (12 - 0.6)(1.8 - 0.6) \\ &= (25 \times 15.12 + 19 \times 13.68)\text{kN} = 637.92\text{kN}\end{aligned}$$

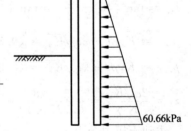

图 6-17　桩侧压力沿深度分布

$$a_G = \frac{2.4}{2}\text{m} = 1.2\text{m}$$

$$\frac{E_{pk}a_p + Ga_G}{E_{ak}a_a} = \frac{1110.08 \times 1 \times 2.42 + 637.92 \times 1 \times 1.2}{316.38 \times 1 \times 2.65} = 4.12 \geqslant 1.2$$

满足嵌固稳定性要求。

6.4 地下连续墙

6.4.1 地下连续墙及特点

1. 地下连续墙介绍

地下连续墙是指分槽段用专用机械成槽、安放钢筋笼、浇筑混凝土所形成的连续地下墙体,亦可称为现浇地下连续墙。

图 6-18 是地下连续墙槽段典型配筋立面图,图 6-18(a)是沿地下连续墙纵向一个槽段的钢筋网片,图 6-18(b)是地下连续墙的剖面图。

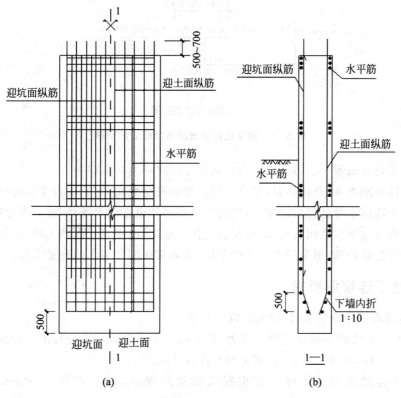

图 6-18 地下连续墙槽段典型配筋立面图

(a) 钢筋笼;(b) 剖面图

地下连续墙施工工艺是这样的,沿着拟设置地下连续墙的纵向分段成槽、分段吊放钢筋笼、分段浇筑混凝土,实际上地下连续墙是由连续的数个槽段、数个钢筋笼、数个浇筑成型的单片钢筋混凝土墙组成的。每个单片钢筋混凝土墙之间应有可靠的连接,钢筋笼的两头有凸凹之分,以便锁定,如图 6-19 所示。

2. 地下连续墙特点

地下连续墙在施工及使用上有以下特点:

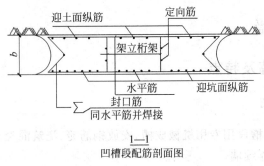

1—1
凹槽段配筋剖面图

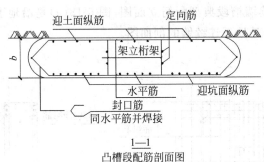

1—1
凸槽段配筋剖面图

图 6-19　地下连续墙槽段典型配筋剖面图

（1）施工具有低噪声、低震动等优点，施工噪声对环境的影响小；

（2）连续墙刚度大、整体性好，基坑开挖过程中安全性高，支护结构变形较小；

（3）由于墙体本身具有抗渗能力，因此不需要另外设置截水帷幕，施工占地空间较省；

（4）可作为地下室结构的外墙，可配合逆作法施工，以缩短工程的工期、降低工程造价；

（5）由于造价较高，通常用在较深的基坑，或者对周围环境影响有要求时。

6.4.2　地下连续墙要求

地下连续墙设计及施工时，应满足以下要求：

1）地下连续墙的正截面受弯承载力、斜截面受剪承载力应按现行国家标准《混凝土结构设计规范》(GB 50010—2010)的有关规定进行计算。

2）地下连续墙的墙体厚度宜根据成槽机的规格，选取 600mm，800mm，1000mm或 1200mm。

3）一字形槽段长度宜取 4～6m。当成槽施工可能对周边环境产生不利影响或槽壁稳定性较差时，应取较小的槽段长度。必要时，宜采用搅拌桩对槽壁进行加固。

4）地下连续墙的转角处或有特殊要求时，单元槽段的平面形状可采用 L 形、T 形等。

5）地下连续墙的混凝土设计强度等级宜取 C30～C40。地下连续墙用于截水时，墙体混凝土抗渗等级不宜小于 P6。当地下连续墙同时作为主体地下结构构件时，墙体混凝土抗渗等级应满足现行国家标准《地下工程防水技术规范》(GB 50108—2008)等相关标准的要求。

6）地下连续墙的纵向受力钢筋应沿墙身两侧均匀配置，可按内力大小沿墙体纵向分段配置，但通长配置的纵向钢筋不应小于总数的 50%。纵向受力钢筋宜选用 HRB400，HRB500 钢筋，直径不宜小于 16mm，净间距不宜小于 75mm。水平钢筋及构造钢筋宜选用

HPB300 或 HRB400 钢筋,直径不宜小于 12mm,水平钢筋间距宜取 200～400mm。

7) 冠梁按构造设置时,纵向钢筋伸入冠梁的长度宜取冠梁厚度。冠梁按结构受力构件设置时,墙身纵向受力钢筋伸入冠梁的锚固长度应符合现行国家标准《混凝土结构设计规范》(GB 50010—2010)对钢筋锚固的有关规定。当不能满足锚固长度的要求时,其钢筋末端可采取机械锚固措施。

8) 地下连续墙纵向受力钢筋的保护层厚度,在基坑内侧不宜小于 50mm,在基坑外侧不宜小于 70mm。

9) 钢筋笼端部与槽段接头之间、钢筋笼端部与相邻墙段混凝土面之间的间隙不应大于 150mm,纵向钢筋下端 500mm 长度范围内宜按 1∶10 的斜度向内收口,如图 6-18(b)所示。

10) 地下连续墙的槽段接头应按下列原则选用:

(1) 地下连续墙宜采用圆形锁口管接头、波纹管接头、楔形接头、工字形钢接头或混凝土预制接头等柔性接头。

(2) 当地下连续墙作为主体地下结构外墙,且需要形成整体墙体时,宜采用刚性接头。刚性接头可采用一字形或十字形穿孔钢板接头、钢筋承插式接头等。当采取地下连续墙顶设置通长冠梁,墙壁内侧槽段接缝位置设置结构壁柱,基础底板与地下连续墙刚性连接等措施时,也可采用柔性接头。

(3) 地下连续墙墙顶应设置混凝土冠梁。冠梁宽度不宜小于墙厚,高度不宜小于墙厚的 0.6 倍。冠梁钢筋应符合现行国家标准《混凝土结构设计规范》(GB 50010—2010)对梁的构造配筋要求。冠梁用作支撑或锚杆的传力构件或按空间结构设计时,尚应按受力构件进行截面设计。

6.4.3　内力与变形计算及承载力计算

1. 内力和变形计算

地下连续墙作为基坑围护结构的内力和变形计算,可采用平面杆系结构的弹性支点法,计算出不同工况下的内力与变形。

2. 承载力计算

根据各工况内力计算值对地下连续墙进行截面承载力验算和配筋计算,包括对地下连续墙进行正截面受弯、斜截面受剪承载力验算,当需承受竖向荷载时,需进行竖向受压承载力验算。

当地下连续墙仅用作基坑围护结构时,按照承载能力极限状态对地下连续墙进行配筋计算,当地下连续墙在正常使用阶段又作为主体结构时,按照正常使用极限状态根据裂缝控制要求进行配筋计算。

地下连续墙正截面受弯、受压,斜截面受剪承载力及配筋设计计算应符合现行国家标准《混凝土结构设计规范》(GB 50010—2010)的相关规定。

(1) 正截面受弯承载力计算

地下连续墙正截面受弯承载力计算如图 6-20 所示,应符合以下计算公式:

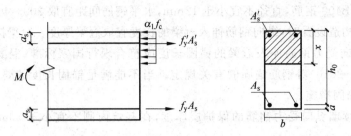

图 6-20　矩形截面受弯构件正截面受弯承载力计算

$$M \leqslant \alpha_1 f_c b x \left(h_0 - \frac{x}{2}\right) + f'_y A'_s (h_0 - a'_s) \tag{6-22}$$

混凝土受压区高度应按下式确定：

$$\alpha_1 f_c b x = f_y A_s - f'_y A'_s \tag{6-23}$$

混凝土受压区高度还应符合下列条件：

$$x \leqslant \xi_b h_0 \tag{6-24}$$

$$x \geqslant 2a'_s \tag{6-25}$$

式中　M——弯矩设计值；

　　　α_1——系数，按《混凝土结构设计规范》(GB 50010—2010)的规定计算；

　　　f_c——混凝土轴心抗压强度设计值；

　　　A_s，A'_s——受拉区、受压区纵向普通钢筋的截面面积；

　　　b——矩形截面的宽度或倒 T 形截面的腹板宽度；

　　　h_0——截面有效高度；

　　　a'_s——受压区纵向普通钢筋合力点至截面受压边缘的距离；

（2）斜截面承载力计算

地下连续墙斜截面受剪承载力应符合以下条件：

当 $h_w/b \leqslant 4$ 时

$$V \leqslant 0.25 \beta_c f_c b h_0 \tag{6-26}$$

当 $h_w/b \geqslant 6$ 时

$$V \leqslant 0.2 \beta_c f_c b h_0 \tag{6-27}$$

当 $4 < h_w/b < 6$ 时，按线性内插法确定。

式中　V——构件斜截面上的最大剪力设计值；

　　　β_c——混凝土强度影响系数，当混凝土强度等级不超过 C50 时，β_c 取 1.0，当混凝土强度等级为 C80 时，β_c 取 0.8，其间按线性内插法确定；

　　　b——矩形截面的宽度，T 形截面或 I 形截面的腹板宽度；

　　　h_0——截面的有效高度；

　　　h_w——截面的腹板高度（矩形截面，取有效高度；T 形截面，取有效高度减去翼缘高度；I 形截面，取腹板净高）。

例题 6-4　某基坑采用地下连续墙支护，水下浇筑成墙，墙体深度 35m，墙厚 0.8m，地下连续墙单幅墙宽（含接头）5.4m，墙身混凝土强度等级采用 C30，纵向受力筋采用 HRB400，箍筋采用 HPB300 钢筋。经采用平面杆系结构弹性支点法计算，荷载每延米宽度范围内混凝土墙的内力标准值分别为:基坑内侧最大弯矩 $M_k^{内}=981.1\text{kN}\cdot\text{m}$,基坑外侧最大弯矩 $M_k^{外}=582.5\text{kN}\cdot\text{m}$,最大剪力 $V_k=426.6\text{kN}$。支护结构安全等级为一级,请对地下连续墙进行正截面受弯承载力计算及斜截面受剪承载力计算。

解:墙身混凝土强度等级采用 C30,$f_c=14.3\text{N/mm}^2$;纵向受力筋采用 HRB400,$f_y=360\text{N/mm}^2$;箍筋采用 HPB300 钢筋,$f_{yv}=270\text{N/mm}^2$;基坑内侧墙身混凝土保护层厚度取 50mm,基坑外侧保护层厚度取 70mm。

1)地下连续墙正截面配筋计算

由于地下连续墙内外侧都受到较大的弯矩,可按两个方向分别进行配筋计算,在地下连续墙的纵向,计算时取单位长度墙宽,即 $b=1\text{m}$。

(1)地下连续墙迎坑面

一级支护结构取 $\gamma_0=1.1$,分项系数 $\gamma_F=1.25$

弯矩设计值 $M_内=\gamma_0\gamma_F M_k^{内}=1.1\times1.25\times981.1\text{kN}\cdot\text{m}=1349.01\text{kN}\cdot\text{m}$

截面有效高度 $h_0=h-a_s=(800-50)\text{mm}=750\text{mm}$

单向配筋时 $A_s'=0$,根据《混凝土结构设计规范》(GB 50010—2010),得 $\alpha_1=1$,$\xi_b=0.5176$,根据式(6-22)与式(6-23),有

$$M=\alpha_1 f_c bx\left(h_0-\frac{x}{2}\right)$$

$$1349.01=1\times14.3\times10^3\times1\times x\left(0.75-\frac{x}{2}\right)$$

解得 $x=0.139\text{m}>2a_s=2\times0.05\text{m}=0.1\text{m}$。

且 $x<\xi_b h_0=0.5176\times0.75\text{m}=0.389\text{m}$,满足要求。

$$A_s=\frac{\alpha_1 f_c bx}{f_y}=\frac{1\times14\,300\times1\times0.139}{360\times10^3}\text{mm}^2=5521.4\text{mm}^2$$

取 9 根直径 28mm 钢筋,实配钢筋 $A_s=5542\text{mm}^2>\rho_{min}bh=0.2\%\times1000\times800=1600\text{mm}^2$,满足最小配筋率要求。

(2)地下连续墙迎土面

截面有效高度 $h_0=h-a_s=(800-70)\text{mm}=730\text{mm}$

弯矩设计值 $M_外=\gamma_0\gamma_F M_k^{外}=1.1\times1.25\times582.5\text{kN}\cdot\text{m}=800.94\text{kN}\cdot\text{m}$

同样单向配筋,$A_s'=0$,$M=\alpha_1 f_c bx\left(h_0-\frac{x}{2}\right)$,$800.94=1\times14.3\times10^3\times1\times x\left(0.73-\frac{x}{2}\right)$

解得 $x=0.081\text{m}<2a_s=2\times0.07\text{m}=0.14\text{m}$

且 $x<\xi_b h_0=0.5176\times0.730\text{m}=0.378\text{m}$,满足要求。

$$A_s=\frac{\alpha_1 f_c bx}{f_y}=\frac{1\times14\,300\times1\times0.081}{360\times10^3}\text{mm}^2=3217.5\text{mm}^2$$

取 7 根直径 25mm 钢筋,实配钢筋 $A_s=3436\text{mm}^2>\rho_{min}bh=(0.2\%\times1000\times800)\text{mm}^2=1600\text{mm}^2$,满足最小配筋率要求。

2)地下连续墙斜截面配筋计算

剪力设计值

$$V=\gamma_0\gamma_F V_k=1.1\times1.25\times426.6\text{kN}=586.6\text{kN},\quad h_w=h_0=0.73\text{m}$$

$$\frac{h_w}{b} = \frac{0.73}{1.0} = 0.73 < 4$$

按式(6-26)验算截面尺寸：

$$0.25\beta_c f_c bh_0 = (0.25 \times 1 \times 14.3 \times 10^3 \times 1 \times 0.73)\text{kN} = 2609.8\text{kN} > 586.6\text{kN}$$

截面尺寸满足要求。

$$0.7f_t bh_0 = (0.7 \times 1.43 \times 10^3 \times 1 \times 0.73)\text{kN} = 730.7\text{kN} > 586.6\text{kN}$$

抗剪承载力已满足要求，应按最小配箍率配置箍筋。

选配 $\Phi 10@120$，$\rho_{sv} = \dfrac{A_{sv}}{bs} = \dfrac{2 \times 78.5}{1000 \times 120} = 0.131\% >$

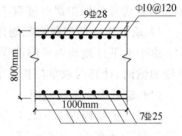

图 6-21　配筋示意图

$\rho_{sv,min} = 0.24\dfrac{f_t}{f_{yv}} = 0.24 \times \dfrac{1.43}{270} = 0.127\%$，满足最小配箍

率要求。

3) 绘制配筋图

受力筋配筋示意图如图 6-21 所示。

6.5　工程案例及讨论

6.5.1　钻孔灌注桩＋钢筋混凝土内支撑

1. 工程简介

某市新茂星河湾基坑工程开挖深度 10.5～11.0m，开挖面积约 25 000m²，基坑南邻通航的张家港河，基坑南侧支护结构外边缘距张家港河最近处 3.0m。基坑北面是新茂路，基坑北侧支护结构外边缘距新茂路南侧人行道 5.0m，人行道下面 3.0m 是管径 800mm 城市排涝管道，平行于基坑走向（东西走向）。基坑支护设计参数见表 6-1，基坑环境保护等级为一级，安全等级为一级。

表 6-1　基坑支护参数表

序号	土层名称	$\gamma/(\text{kN/m}^3)$	c/kPa	$\varphi/(\degree)$
1	杂填土	18.5	10.0	8.0
2	粉质黏土	18.2	19.7	10.4
3	淤泥质粉质黏土	17.5	15.8	8.5
4	粉质黏土	18.6	28.6	13.5
5	粉质黏土	19.4	50.6	15.1
6	粉质黏土夹粉砂	18.8	33.2	15.0

2. 支护形式

根据基坑特点及所处的周围环境条件情况，采用钻孔灌注桩加两道钢筋混凝土内支撑的支护形式，截水帷幕采用水泥土三轴搅拌桩，支护结构平面布置图如图 6-22 所示。由于软土层的厚度不一样，考虑到河流、道路等因素，优化支护方案，根据实际情况共有 8 个支护断面。优化内容包括支护桩的直径、支护桩的长度、有无被动区加固，以及三轴水泥土搅拌桩截水帷幕厚度等。图 6-23 是支护结构的剖面图。

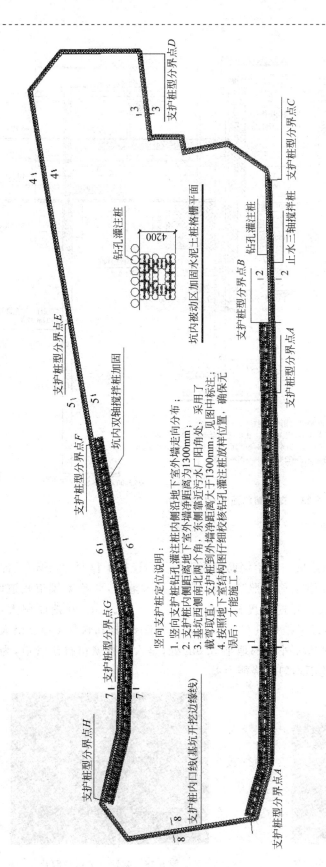

图 6-22　支护结构平面布置图

基坑支护平面布置图

支护钻孔灌注桩、止水三轴搅拌桩、双轴搅拌桩平面布置图

坑内被动区加固水泥土桩格栅平面

支护钻孔灌注桩说明：

支护桩单桩断面 φ850@600，搭接250mm，采用套接一孔法施工。

止水三轴搅拌桩说明：

1. 止水三轴搅拌桩单桩断面 φ850@600，搭接250mm，采用套接一孔法施工；
2. 止水三轴搅拌桩加固止水深度，见相应剖面图；
3. 止水三轴搅拌桩施工时应连续施工，避免出现冷缝；
4. 止水三轴搅拌桩具体要求参见设计总说明。

竖向支护桩定位说明：

1. 竖向支护桩钻孔灌注桩沿地下室内侧走向分布；
2. 支护桩内侧离地下室外墙距离为1300mm；
3. 基坑西侧南北两个角，东侧靠近污水厂阳角处，采用工载取直，支护桩到外墙净距离大于1300mm，见图中标注；
4. 按照地下室结构图仔细校核钻孔灌注桩放样位置，确保无误后，才能施工。

被动区加固水泥土桩说明：

1. 双轴搅拌桩单桩断面 φ700@500，双头搭接200mm；
2. 双轴搅拌桩加固深度，见相应剖面图，加固宽度4.2m；
3. 水泥土搅拌桩施工时应连续施工，避免出现冷缝；
4. 双轴搅拌桩具体要求参见设计总说明。

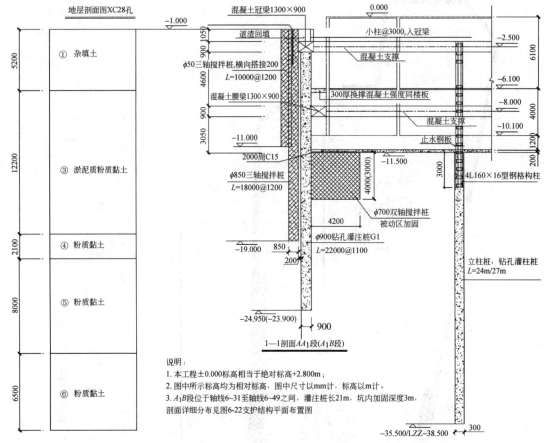

图 6-23　支护结构面 1—1 剖面图

3．工程照片图

图 6-24 是竖向支护体钻孔灌注桩与两道钢筋混凝土内支撑连接工程照片,顶部是伸进基坑的施工平台。图 6-25 是基坑施工鸟瞰照片,南侧紧邻张家港河,北侧紧挨市政道路。该基坑的特点是深、大、紧、差、杂。开挖深度深,深度为 10.5～11.0m;开挖面积大,为 25 000m²;紧邻河道与市政道路,最近距离只有 3.0m;地层条件差,饱和软黏土厚度最大达 13.0m 以上;地下管线复杂,紧挨基坑外侧的地下 3.0m 处,是大直径城市排涝管道,为混凝土涵管,抗拉、抗剪能力差,抵抗不均匀沉降能力差。

图 6-24　钻孔灌注桩竖向支护与内支撑

图 6-25　基坑施工鸟瞰照片

该基坑经过精心设计、科学施工、严密监测,甚至在张家港河河水上涨、河水倒灌的情况下,也未出现险情,未对周围环境产生较大影响。

6.5.2　双排桩支护

1. 案例背景

1) 工程简介

拟建的某市地块,开挖面积约 18 000m²,开挖深度 4.5m。场地南侧紧邻某大道,场地西侧为一河流,北侧为道路,东侧为空地。

2) 工程地质条件

开挖范围及影响深度内的土层如下:

(1) 杂填土:灰色、灰黄色,松散状,为新近回填而成,主要由块石、碎砾石、建筑垃圾、生活垃圾组成,间隙以黏性土充填。个别块石粒径达 50cm。该层局部分布,厚度 0~1.1m。

(2) 黏土:灰黄色,可塑状,中等~高压缩性,高韧性,干强度高,切面光滑,见铁锰质氧化斑点。土质不均匀,局部相变为粉质黏土,可塑状,俗称"硬壳层",全场分布,顶板埋深 0~1.1m,厚度 0.8~2m。

(3) 淤泥:灰、青灰色,流塑状,高压缩性,高灵敏度,切面光滑,干强度高,高韧性,无摇振反应,含少量腐殖物、贝壳碎片及粉砂团块或薄层。全场分布,顶板埋深 1.1~2.7m,厚度 11.6~15.1m。

(4) 中砂:灰色,稍密至中密状,以稍密状为主,粒径 2~0.25mm,含量占 50%~70%,粒径 0.25~0.075mm,含量占 10%~25%,其矿物成分以石英为主,粉黏粒含量占 20%~30%。颗粒分布不均匀,局部含粉黏粒较多,相变为粉砂,稍密状。颗粒级配良好,标准贯入试验实测击数 10~16 击。全场分布,顶板埋深 13.4~16.2m,厚度 1.4~6.2m。

(5) 淤泥质黏土:灰色,流塑状,高压缩性,高韧性,干强度高,切面光滑。具鳞片状构造,含少量贝壳碎屑,土质不均匀,局部相变为黏土,软塑状。全场分布,顶板埋深 15.7~21.7m,厚度 1.6~11.1m。

建议的基坑设计参数见表 6-2。

表 6-2　土层的基坑设计参数

土层编号	土层名称	厚度/m	重度/(kN/m³)	φ/(°)	c/kPa
①	杂填土	0.7	18.0	10.0	5.0
②	黏土	1.3	17.8	11.5	26.5
③	淤泥	13.5	15.2	5.0	8.5
④	中砂	1.5	18.5	25.0	1.0
⑤	淤泥质黏土	9.0	17.0	5.6	11.1

3) 支护设计

原设计采用双排桩支护,平面布置如图 6-26 所示,支护剖面如图 6-27 所示。

4) 险情图片

局部挖到 4.5m 时,基坑顶部出现较大的向坑内的水平位移,从图 6-28 可以看出顶部

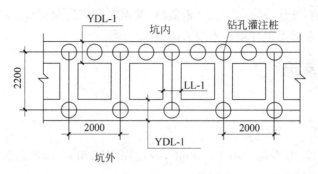

图 6-26 双排桩平面布置图

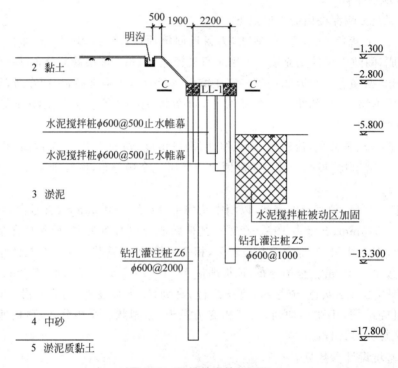

图 6-27 双排桩支护剖面图

向坑内倾斜,刚架梁变形。为控制基坑的进一步变形,随即采用回填反压,一方面砂袋反压,另一方面挖掘机回土反压,回填反压如图 6-29 所示。由于顶部向坑内倾斜,顶部刚架出现了密集的竖向裂缝,刚架梁裂缝如图 6-30 所示。

2. 讨论

1) 支护方案的选型

在深厚饱和软黏土地层中进行基坑支护,要根据开挖深度及周边环境条件选择支护形式。案例中的开挖深度为 4.5m,周围环境条件尚可,显然不会采用钻孔灌注桩结合内支撑或锚杆类的支护体系,首选方案应该是重力式水泥土墙支护形式。

当然,这里也可以采用双排桩支护,但应该对双排桩的支护机理及变形协调有较为深入的认识才行,不然在此类地层中采用双排桩支护,比较容易出现工程事故。

图 6-28　刚架梁变形图

图 6-29　坑内回填反压图

图 6-30　刚架梁出现密集裂缝

2）对原双排桩支护方案的认识

双排桩的抗倾覆类似于重力式挡土墙，在墙后主动土压力作用下，会绕前排桩的桩底转动。规范特别规定，前排桩的桩端应该设置在较好的土层上。实际上，不管是前排桩还是后排桩，桩端最好都设置在较好的土层上。

设计图 6-27 显示，前排桩比后排桩短，前排桩桩端悬浮在淤泥层里，淤泥几乎无端承力，在主动土压力作用下，整个支护结构向坑内推，前排桩的桩端会产生向下刺入沉降，当沉降较大时，地面刚架梁将出现超过其承载能力的附加内力，刚架梁协同前后排桩共同作用的能力降低，从而影响支护体系的抗倾覆稳定性。

习题

6.1　混凝土排桩支护的常见桩间距是多少？为什么不能过大也不能过小？

6.2　什么是型钢水泥土搅拌墙支护？它的支护特点是什么？要注意哪些问题？

6.3　双排桩支护的特点是什么？为什么前排桩的桩端应该设置在较好的土层上？

6.4　地下连续墙支护特点是什么？迎土面与迎坑面的钢筋保护层厚度是否一致？

6.5　某基坑采用钻孔灌注桩支护，桩长 17.5m，桩径 0.9m，桩中心距 1.1m，桩身混凝土强度等级采用 C30，纵向受力筋采用 HRB400 级钢筋，箍筋采用 HPB300 级钢筋。经采用平面杆系结构弹性支点法计算，荷载计算宽度范围内的混凝土桩的内力标准值分别为：基坑内侧最大弯矩 $M_k = 577.5$kN·m，基坑外侧最大弯矩 $M_k = 286.2$kN·m，最大剪力 $V_k = 237.1$kN。支护结构安全等级为一级，采用全截面均匀配筋方式，计算桩身配筋。（答案：$\alpha = 0.27$，6438mm²；斜截面受剪按构造配筋）

6.6　基坑采用型钢水泥土搅拌墙支护，三轴搅拌桩直径为 850mm，采用套接一孔法施工，水泥土无侧限抗压强度标准值 $q_{uk} = 0.8$MPa，侧压力标准值 $q_k = 82.6$kPa，型钢为 H700×300，型钢采用隔孔插入搅拌桩。经采用平面杆系结构弹性支点法计算，荷载计算宽度范围内挡土结构内力标准值分别为：基坑内侧最大弯矩 $M_k = 615.5$kN·m，基坑外侧最大弯矩 $M_k = 314.7$kN·m，最大剪力 $V_k = 260.3$kN。支护结构安全等级为二级。验算型钢截面及型钢间距是否满足要求。（答案：$f = 176.4$N/mm²，$f_v = 38.81$N/mm²，$\tau_1 = 0.069$N/mm²，$\tau_2 = 0.062$N/mm²）

6.7　某黏性土中的基坑，采用双排桩支护。开挖深度 5m，嵌固深度 6m，土的压缩模量 $E_s = 4.5$MPa，重度 $\gamma = 17$kN/m³，黏聚力 $c = 18$kPa，内摩擦角 $\varphi = 15°$，双排桩平面为矩形分布，桩直径 0.6m，排距 1.8m，桩间距 1m，剖面图见习题 6.7 图。

计算：（1）前、后排桩间土对桩侧压力，并画出沿深度分布图；

（2）桩的入土深度是否符合嵌固稳定性要求。

（答案：$E_a = 339.90$kN/m，$E_p = 831.6$kN/m，$p_c = 14.6 + 0.454 p_{ak}$，$K_e = 2.80$）

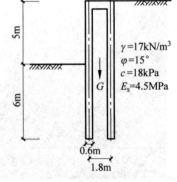

习题 6.7 图

6.8　某基坑采用地下连续墙支护，水下浇筑成墙，连续墙深度 27m，墙厚 0.6m，地下连续墙单幅墙宽（含接头）5.4m，墙身混凝土强度等级采用 C30，纵向受力筋采用 HRB400 级钢筋，箍筋采用 HPB300 级钢筋。经采用平面杆系结构弹性支点法计算，荷载每延米宽度范围内混凝土墙的内力标准值分别为：基坑内侧最大弯矩 $M_k = 531.9$kN·m，基坑外侧最大弯矩 $M_k = 297.6$kN·m，最大剪力 $V_k = 313.9$kN。支护结构安全等级为一级。试对地下连续墙进行正截面受弯承载力计算及斜截面受剪承载力计算。（答案：迎坑面，钢筋面积 4052mm²；迎土面，钢筋面积 2383mm²；斜截面受剪按构造配筋）

第7章

内支撑系统及锚杆技术

支护工程中,很少采用悬臂板式挡土结构,板式挡土结构几乎是与内支撑和锚杆联系在一起的。内支撑是在基坑内采用平面混凝土(或钢管、型钢)梁系结构对挡土结构进行支撑,或采用上述材料对挡土结构进行竖向斜撑。锚杆技术则是在基坑外面的土体内,利用锚杆的抗拔力对挡土结构进行拉锁,故又称拉锚技术。

7.1 内支撑系统

内支撑系统由水平支撑和竖向支承两部分组成,可改善竖向支护体的内力分布,提高基坑整体支护刚度,有效控制基坑变形。图 7-1 是某工程钢筋混凝土支撑现场实景图,含有水平支撑构件、竖向支承构件。水平支撑构件为冠梁(腰梁)、水平向支撑梁。竖向支承构件主要有立柱及立柱桩。图 7-2 是排桩(钻孔灌注桩)与内支撑关系图,图 7-3 是内支撑平面布置图。内支撑系统的设计包含水平支撑(含冠梁、腰梁)的设计与立柱(含立柱桩)的设计。

图 7-1 混凝土内支撑实景图

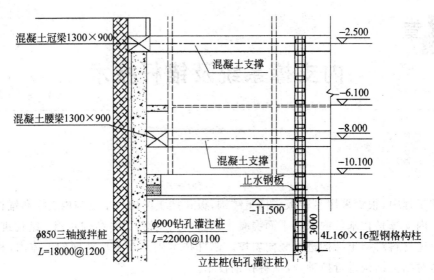

图 7-2　排桩与内支撑关系图

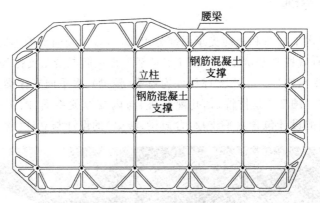

图 7-3　内支撑平面布置图

7.1.1　水平支撑系统设计要点

内支撑的材料主要为钢筋混凝土以及型钢,内支撑结构可选用混凝土支撑、钢支撑,以及钢与混凝土的混合支撑。

1. 内支撑结构选型原则

(1) 采用受力明确、连接可靠、施工方便的结构形式,比如对撑;

(2) 采用对称性强、平衡性好、整体性好的结构形式;

(3) 内支撑形式应与主体地下结构的结构形式、施工顺序协调,应便于主体结构施工;

(4) 内支撑结构宜采用超静定结构,对个别次要构件失效会引起结构整体破坏的部位宜设置冗余约束,内支撑结构的设计应考虑地质和环境条件的复杂性、基坑开挖步序的偶然变化的影响;

(5) 应利于基坑土方开挖和运输;

（6）如果施工场地狭小，或有特殊需要，可考虑内支撑结构作为施工平台。

2．内支撑的平面布置形式

内支撑结构应综合考虑基坑平面形状及尺寸、开挖深度、周边环境条件、主体结构形式等因素，选用有立柱或无立柱的下列内支撑形式：

（1）水平对撑或斜撑（角撑），可采用单杆、桁架、八字形支撑，如图 7-4（a）所示；
（2）正交或斜交的平面杆系支撑；
（3）环形杆系或环形板系支撑，如图 7-4（b）所示；
（4）竖向斜撑。

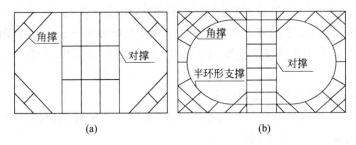

（a）　　　　　　　　　　　（b）

图 7-4　对撑与环形支撑平面布置图

（a）对撑与角撑；（b）半环形支撑与对撑

3．内支撑结构分析原则

（1）水平对撑与水平斜撑，应按偏心受压构件进行计算。
（2）支撑的轴向压力应取支撑间距内挡土构件的支点力之和。
（3）腰梁或冠梁应按以支撑为支座的多跨连续梁计算，计算跨度可取相邻支撑点的中心距。
（4）矩形基坑的正交平面杆系支撑，可分解为纵横两个方向的结构单元，并分别按偏心受压构件进行计算。
（5）平面杆系支撑、环形杆系支撑，可按平面杆系结构采用平面有限元法进行计算。计算时应考虑基坑不同方向上的荷载不均匀性，建立的计算模型中，约束支座的设置应与支护结构实际位移状态相符，内支撑结构边界向基坑外位移处应设置弹性约束支座，向基坑内位移处不应设置支座，与边界平行方向应根据支护结构实际位移状态设置支座。
（6）内支撑结构应进行竖向荷载作用下的结构分析。设有立柱时，在竖向荷载作用下内支撑结构宜按空间框架计算，当作用在内支撑结构上的竖向荷载较小时，内支撑结构的水平构件可按连续梁计算，计算跨度可取相邻立柱的中心距。
（7）竖向斜撑应按偏心受压杆件进行计算。
（8）当有可靠经验时，宜采用三维结构分析方法，对支撑、腰梁与冠梁、挡土构件进行整体分析。

4．内支撑结构分析应同时考虑的作用

（1）由挡土构件传至内支撑结构的水平荷载；

（2）支撑结构自重，当支撑作为施工平台时，尚应考虑施工荷载；

（3）当温度改变引起的支撑结构内力不可忽略不计时，应考虑温度应力；

（4）当支撑立柱下沉或隆起量较大时，应考虑支撑立柱与挡土构件之间差异沉降产生的作用。

5．水平支撑计算规定

1）混凝土支撑构件及其连接件受力计算

混凝土支撑构件及其连接件的受压、受弯、受剪承载力计算应符合现行国家标准《混凝土结构设计规范》（GB 50010—2010）的规定。钢支撑结构构件及其连接的受压、受弯、受剪承载力及各类稳定性计算应符合现行国家标准《钢结构设计规范》（GB 50017—2017）的规定。支撑的承载力计算应考虑施工偏心误差的影响，支撑的水平向与竖直向都存在偏心误差，偏心距取值不宜小于支撑计算长度的 1/1000，且对混凝土支撑不宜小于 20mm，对钢支撑不宜小于 40mm。

2）支撑构件的受压计算长度的确定

（1）水平支撑在竖向平面内的受压计算长度，不设置立柱时，应取支撑的实际长度。设置立柱时，应取相邻立柱的中心间距。

（2）水平支撑在水平平面内的受压计算长度，对无水平支撑杆件交汇的支撑，应取支撑的实际长度。对有水平支撑杆件交汇的支撑，应取与支撑相交的相邻水平支撑杆件的中心间距。当水平支撑杆件的交汇点不在同一水平面内时，水平平面内的受压计算长度宜取与支撑相交的相邻水平支撑杆件中心间距的 1.5 倍。

3）预加轴向压力的计算

预加轴向压力的支撑，预加力值宜取支撑轴向压力标准值的 0.5～0.8 倍。

6．立柱的受压承载力计算

1）在竖向荷载作用下，内支撑结构按框架计算时，立柱应按偏心受压构件计算；内支撑结构的水平构件按连续梁计算时，立柱可按轴心受压构件计算。

2）立柱的受压计算长度应按下列规定确定：

（1）单层支撑的立柱、多层支撑底层立柱的受压计算长度应取底层支撑至基坑底面的净高度与立柱直径或边长的 5 倍之和；

（2）相邻两层水平支撑间的立柱受压计算长度应取此两层水平支撑的中心间距。

7．内支撑杆件平面布置规定

（1）内支撑的布置应满足主体结构的施工要求，宜避开地下主体结构的墙、柱。

（2）相邻支撑的水平间距应满足土方开挖的施工要求，采用机械挖土时，应满足挖土机械作业的空间要求，且不宜小于 4m。

（3）基坑形状有阳角时，阳角处的支撑应在两边同时设置。

（4）当采用环形支撑时，环梁宜采用圆形、椭圆形等封闭曲线形式，并应按使环梁弯矩、剪力最小的原则布置辐射支撑，环形支撑宜采用与腰梁或冠梁相切的布置形式。

（5）水平支撑与挡土构件之间应设置连接腰梁。当支撑设置在挡土构件顶部时，水平支撑应与冠梁连接,在腰梁或冠梁上支撑点的间距,对钢腰梁不宜大于 4m,对混凝土梁不宜大于 9m。

(6) 当需要采用较大水平间距的支撑时,宜根据支撑冠梁、腰梁的受力和承载力要求,在支撑端部两侧设置八字斜撑杆与冠梁、腰梁连接,八字斜撑杆宜在主撑两侧对称布置,且斜撑杆的长度不宜大于 9m,斜撑杆与冠梁、腰梁之间的夹角宜取 45°～60°。

(7) 当设置支撑立柱时,临时立柱应避开主体结构的梁、柱及承重墙。对纵横双向交叉的支撑结构,立柱宜设置在支撑的交汇点处。立柱与支撑端部及立柱之间的间距应根据支撑构件的稳定要求和竖向荷载的大小确定,且对混凝土支撑不宜大于 15m,对钢支撑不宜大于 20m。

(8) 当采用竖向斜撑时,应设置斜撑基础,且应考虑与主体结构底板施工的关系。

8. 支撑竖向布置规定

(1) 支撑与挡土构件连接处不应出现拉力。

(2) 支撑应避开主体地下结构底板和楼板的位置,并应满足主体地下结构施工对墙、柱钢筋连接长度的要求。当支撑下方的主体结构楼板在支撑拆除前施工时,支撑底面与下方主体结构楼板间的净距不宜小于 700mm。

(3) 支撑至坑底的净高不宜小于 3m。

(4) 采用多层水平支撑时,各层水平支撑宜布置在同一竖向平面内,层间净高不宜小于 3m。

9. 混凝土支撑的构造规定

(1) 混凝土的强度等级不应低于 C25。

(2) 支撑构件的截面高度不宜小于其竖向平面内计算长度的 1/20。腰梁的截面高度(水平尺寸)不宜小于其水平方向计算跨度的 1/10,截面宽度(竖向尺寸)不应小于支撑的截面高度。

(3) 支撑构件的纵向钢筋直径不宜小于 16mm,沿截面周边的间距不宜大于 200mm。箍筋的直径不宜小于 8mm,间距不宜大于 250mm。

(4) 混凝土支撑构件的构造,应符合现行国家标准《混凝土结构设计规范》(GB 50010—2010)的有关规定。

10. 钢支撑的构造规定

(1) 钢支撑构件可采用钢管、型钢及其组合截面;

(2) 钢支撑受压杆件的长细比不应大于 150,受拉杆件长细比不应大于 200;

(3) 钢支撑连接宜采用螺栓连接,必要时可采用焊接连接;

(4) 当水平支撑与腰梁斜交时,腰梁上应设置牛腿或采用其他能够承受剪力的连接措施;

(5) 采用竖向斜撑时,腰梁和支撑基础上应设置牛腿或采用其他能够承受剪力的连接措施,腰梁与挡土构件之间应采用能够承受剪力的连接措施,斜撑基础应满足竖向承载力和水平承载力要求。

（6）钢支撑构件的构造,应符合现行国家标准《钢结构设计规范》(GB 50017—2003)的有关规定。

11. 立柱的构造规定

（1）立柱可采用钢格构、钢管、型钢或钢管混凝土等形式;

（2）当采用灌注桩作为立柱基础时,钢立柱锚入桩内的长度不宜小于立柱长边或直径的4倍;

（3）立柱长细比不宜大于25;

（4）立柱与水平支撑的连接可采用铰接;

（5）立柱穿过主体结构底板的部位,应有有效的止水措施。

7.1.2　水平支撑系统计算

1. 腰梁计算

腰梁主要承受由挡土结构传来的主动土压力,因此腰梁的主要受力形式为向基坑内的水平力。对于钢筋混凝土腰梁,可以采用多跨连续梁模式计算,一般可取三跨计算,将内支撑的端点(与腰梁连接的端点)视为支座,相邻两个内支撑间的距离即为跨度,作用在挡土构件上的计算宽度范围内的弹性支点反力即为荷载,如图7-5所示。

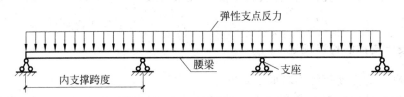

图 7-5　钢筋混凝土腰梁荷载模式

例题 7-1　某基坑采用钻孔灌注桩支护,钢筋混凝土内支撑截面为 $600mm \times 800mm$,支撑水平间距为9m,桩径0.9m,桩中心距1.1m,混凝土强度等级采用C30,受力筋采用HRB400,箍筋采用 HPB300 钢筋。经采用平面杆系结构弹性支点法计算,弹性支点反力 $q_h = 300kN/m$,支护结构安全等级为二级。请确定钢筋混凝土腰梁截面尺寸,并进行内力计算及配筋。

解:该基坑为二级基坑,结构重要性系数 $\gamma_0 = 1.0$,临时支护结构 $\gamma_F = 1.25$。混凝土腰梁按三跨连续梁计算,计算简图如图7-6所示。

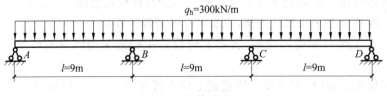

图 7-6　计算模型图

根据三跨连续梁内力系数表,有:

边跨跨中弯矩

$$M_1 = 0.08q_h l^2 = (0.08 \times 300 \times 9^2) \text{kN} \cdot \text{m} = 1944 \text{kN} \cdot \text{m}$$

中跨跨中弯矩

$$M_2 = 0.025q_h l^2 = (0.025 \times 300 \times 9^2) \text{kN} \cdot \text{m} = 607.5 \text{kN} \cdot \text{m}$$

支座弯矩

$$M_B = M_C = -0.1q_h l^2 = (-0.1 \times 300 \times 9^2) \text{kN} \cdot \text{m} = -2430 \text{kN} \cdot \text{m}$$

剪力

$$V_A = 0.4q_h l = (0.4 \times 300 \times 9) \text{kN} = 1080 \text{kN};$$

$$V_B^L = -0.6q_h l = (-0.6 \times 300 \times 9) \text{kN} = -1620 \text{kN};$$

$$V_B^R = 0.5q_h l = (0.5 \times 300 \times 9) \text{kN} = 1350 \text{kN}$$

结构受力左右对称,内力图如图 7-7 所示。

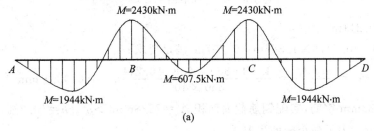

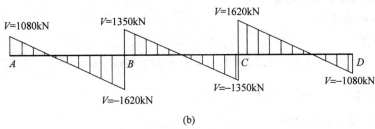

图 7-7　混凝土腰梁弯矩剪力图

(a) 弯矩图;(b) 剪力图

1)正截面配筋计算

因腰梁的宽度应大于或等于支撑高度,可设腰梁截面为 $800 \text{mm} \times 1400 \text{mm}$。混凝土强度等级采用 C30,$f_c = 14.3 \text{N/mm}^2$;纵向受力筋采用 HRB400 级钢筋,$f_y = 360 \text{N/mm}^2$;箍筋采用 HPB300 级钢筋,$f_{yv} = 270 \text{N/mm}^2$;混凝土保护层厚度取 35mm。

截面有效高度

$$h_0 = h - a_s = (1400 - 35) \text{mm} = 1365 \text{mm}$$

(1)边跨跨中正弯矩设计值

$$M = \gamma_0 \gamma_F M_1 = 1.0 \times 1.25 \times 1944 \text{kN} \cdot \text{m} = 2430 \text{kN} \cdot \text{m}$$

根据《混凝土结构设计规范》(GB 50010—2010)得 $\alpha_1 = 1$,$\xi_b = 0.5176$,根据式(6-22)与式(6-23),有:

$$M = \alpha_1 f_c b x \left(h_0 - \frac{x}{2}\right)$$

$$2430 = 1 \times 14.3 \times 10^3 \times 0.8x\left(1.365 - \frac{x}{2}\right)$$

解得 $x = 0.165\text{m}$。

且 $x < \xi_b h_0 = 0.5176 \times 1.365\text{m} = 0.707\text{m}$，满足要求。

$$A_s = \frac{\alpha_1 f_c bx}{f_y} = \frac{1 \times 14\,300 \times 0.8 \times 0.165}{360 \times 10^3}\text{m}^2 = 5243.3\text{mm}^2$$

取 7 根 Φ 32mm 钢筋，实配钢筋截面面积 $A_s = 5630\text{mm}^2 > \rho_{min}bh = (0.2\% \times 1400 \times 800)\text{mm}^2 = 2240\text{mm}^2$，满足最小配筋率要求。

（2）支座负弯矩设计值

$$M = \gamma_0 \gamma_F M_B = 1.0 \times 1.25 \times 2430\text{kN} \cdot \text{m} = 3037.5\text{kN} \cdot \text{m}$$

$$M = \alpha_1 f_c bx\left(h_0 - \frac{x}{2}\right)$$

$$3037.5 = 1 \times 14.3 \times 10^3 \times 0.8x\left(1.365 - \frac{x}{2}\right)$$

解得 $x = 0.211\text{m}$。

且 $x < \xi_b h_0 = 0.5176 \times 1.365\text{m} = 0.707\text{m}$，满足要求。

$$A_s = \frac{\alpha_1 f_c bx}{f_y} = \frac{1 \times 14\,300 \times 0.8 \times 0.211}{360 \times 10^3}\text{m}^2 = 6705.1\text{mm}^2$$

取 9 根 Φ 32mm 钢筋，实配钢筋截面面积 $A_s = 7238\text{mm}^2 > \rho_{min}bh = (0.2\% \times 1400 \times 800)\text{mm}^2 = 2240\text{mm}^2$，满足最小配筋率要求。

2）斜截面配筋计算

剪力设计值

$$V = \gamma_0 \gamma_F V_k = 1.0 \times 1.25 \times 1620\text{kN} = 2025\text{kN}, \quad h_w = h_0 = 1.365\text{m},$$

$$\frac{h_w}{b} = \frac{1.365}{0.8} = 1.71 < 4$$

按式(6-26)验算截面尺寸：

$$0.25\beta_c f_c bh_0 = (0.25 \times 1 \times 14.3 \times 10^3 \times 0.8 \times 1.365)\text{kN} = 3903.9\text{kN} > 2025\text{kN}$$

截面尺寸满足要求。

$$0.7 f_t bh_0 = (0.7 \times 1.43 \times 10^3 \times 0.8 \times 1.365)\text{kN} = 1093.1\text{kN} < 2025\text{kN}$$

应进行配筋计算，考虑只配箍筋方案。

由

$$V \leqslant 0.7 f_t bh_0 + f_{yv}\frac{A_{sv}}{s}h_0$$

得

$$\frac{nA_{sv1}}{s} \geqslant \frac{2\,025\,000 - 1\,093\,900}{270 \times 1365}\text{mm} = 2.526\text{mm}$$

选配四肢箍 ϕ 10，则 $A_{sv} = 78.5\text{mm}^2$，可得 $s \leqslant \frac{4 \times 78.5}{2.526}\text{mm} = 124.3\text{mm}$。

取 $s = 120\text{mm}$，箍筋沿梁长均匀分布，则

$$\rho_{sv} = \frac{A_{sv}}{bs} = \frac{4 \times 78.5}{120 \times 800} \times 100\% = 0.327\% > \rho_{sv,min} = 0.24\frac{f_t}{f_{yv}} = 0.24 \times \frac{1.43}{270} \times 100\% =$$

0.127%,满足最小配箍率要求。

3) 绘制配筋图

因腰梁截面宽度为 1400mm,大于 450mm,梁的宽度方向应配置纵向构造配筋,每侧纵向构造配筋(不包括受力钢筋及架立钢筋)的截面面积不应小于截面面积的 0.1%,纵向构造钢筋的间距不宜大于 200mm。

$$A_s > 0.1\% bh = (0.1\% \times 1400 \times 800)\text{mm}^2 = 1120\text{mm}^2$$

取 3 根 $\Phi22\text{mm}$ 的钢筋,实配钢筋面积 $A_s = 1140\text{mm}^2$。

配筋示意图如图 7-8 所示。

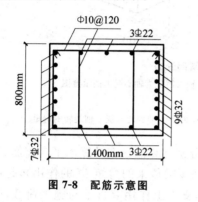

图 7-8　配筋示意图

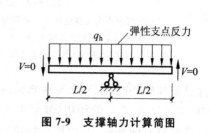

图 7-9　支撑轴力计算简图

2. 支撑计算

水平对撑与水平斜撑,在水平方向上应按偏心受压构件进行计算,支撑的轴向压力应取支撑间距内挡土构件的支点力之和。在竖直方向上对于承受较小竖向荷载的钢筋混凝土内支撑,可按多跨连续梁计算。

1) 支撑轴力

混凝土腰梁计算模型简化为多跨连续梁,结构对称,受力均匀,可认为腰梁上的荷载均匀分摊到各个支座上,其中支座即为内支撑支点,支座反力就是支撑轴力,多跨连续梁除两边支座外,其余段跨中剪力均为零,根据静力平衡方程,可得支座轴力 $N_k = q_h L$,支撑轴力计算简图如图 7-9 所示。

2) 支撑端部弯矩

对每一道支撑,端部与腰梁的连接:对混凝土支撑,按刚接考虑;对钢支撑,按铰接考虑。

对钢支撑而言,端部只有轴力作用,轴力大小即为腰梁支座反力,是偏心受压构件。

对混凝土支撑,在竖向平面内,支撑承受自身重力荷载和竖向施工荷载作用产生的弯矩、剪力;在水平面内,由于端部是刚接,支撑不仅承受腰梁或冠梁传来的轴力,而且由于水平面内的传力路径是围护桩—腰梁—支撑梁,腰梁和支撑梁的节点是刚接的,腰梁是受弯构件,故支撑在水平面内也承受弯矩。所以,准确地说,混凝土支撑是双向偏心受压构件。混凝土支撑端部受力如图 7-10 所示。

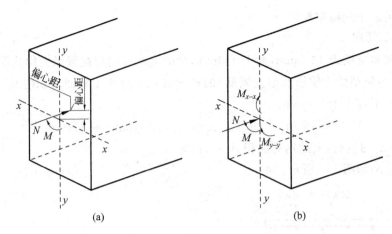

图 7-10 混凝土支撑端部受力

(a) 混凝土内支撑端部受力示意图;(b) 偏心轴力简化为轴心受力的示意图

注:1. 图中去掉端部弯矩 M 即为钢支撑端部受力图;

2. M_{x-x},M_{y-y} 分别为偏心轴向支撑中心移动产生的绕 x 轴旋转与绕 y 轴旋转的弯矩。

在计算支撑配筋时,水平向与竖直向的配筋是分别计算的。在计算水平向配筋时,支撑受到轴力 N 与弯矩 M_{y-y} 的作用(混凝土支撑还受到腰梁传来的弯矩 M 的作用),是压弯构件。在计算竖直向配筋时,支撑按多跨连续梁计算,支撑上作用有自重与施工荷载,同时连续梁两端还作用有偏心轴力产生的弯矩 M_{x-x},如图 7-11 所示。

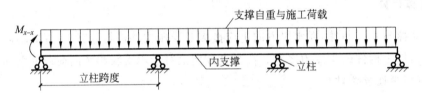

图 7-11 内支撑竖向配筋计算简图

例题 7-2 某基坑采用钻孔灌注桩支护,钢筋混凝土内支撑,支撑水平间距为 9m,立柱间距为 15m,桩径 0.8m,桩中心距 1.2m,混凝土强度等级采用 C30,受力筋采用 HRB400 级钢筋,箍筋采用 HPB300 级钢筋。采用平面杆系结构弹性支点法计算,弹性支点反力 $q_h = 300$kN/m。作用在支撑上的竖向施工荷载为 4kPa,支护结构安全等级为一级。请确定钢筋混凝土内支撑截面尺寸,并进行内力计算及配筋。

解:该基坑为一级基坑,结构重要性系数 $\gamma_0 = 1.1$,临时支护结构 $\gamma_F = 1.25$。

初定支撑截面为 800mm×900mm,支撑轴力 $N_k = q_h L = (300 \times 9)$kN=2700kN,水平对撑按偏心受压构件计算,水平偏心距取 20mm。

因混凝土支撑端部刚接,计算模型应采用平面刚架,如图 7-12 所示,支撑结构弯矩图见图 7-13。

1) 水平方向

(1) 材料性质与几何参数

支撑受压计算长度取立柱间距 15m,施工偏心误差取 20mm。

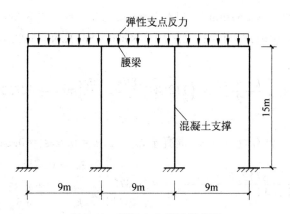

图 7-12 混凝土支撑计算模型

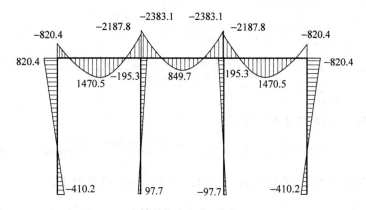

图 7-13 支撑结构弯矩图（单位：kN·m）

混凝土强度等级采用 C30，$\gamma_G = 25\text{kN/m}^3$，$f_c = 14.3\text{N/mm}^2$。

纵向受力筋采用 HRB400 级钢筋，$f_y = 360\text{MPa}$。

箍筋采用 HPB300 级钢筋，$f_{yv} = 270\text{MPa}$。

保护层厚度取 35mm，截面有效高度 $h_0 = h - a_s = (900-35)\text{mm} = 865\text{mm}$。

C30 混凝土，$\alpha_1 = 1$，$\beta_1 = 0.8$，$\xi_b = 0.5176$。

（2）弯矩、轴力设计值

由于支撑构件截面较大，轴压比较小，一般不考虑 P-δ 效应。混凝土内支撑水平方向应按偏心受压构件计算，其端部不仅受到 2700kN 的轴力，还受到水平方向的由腰梁传过来的弯矩，大小为 195.3kN·m。

弯矩设计值

$$M = \gamma_0 \gamma_F (M_1 + M_2) = 1.1 \times 1.25 \times (2700 \times 0.02 + 195.3)\text{kN·m} = 342.8\text{kN·m}$$

轴力设计值

$$N = \gamma_0 \gamma_F N_k = 1.1 \times 1.25 \times 2700\text{kN} = 3712.5\text{kN}$$

（3）判别大小偏压

$$e_0 = \frac{M}{N} = \left(\frac{342.8}{3712.5} \times 10^3\right)\text{mm} = 92.3\text{mm}$$

$$e_i = e_0 + e_a = (92.3 + 20)\text{mm} = 112.3\text{mm} < 0.3h_0 = 0.3 \times 865\text{mm} = 259.5\text{mm}$$

$$N_b = \xi_b \alpha_1 f_c b h_0 = (0.5176 \times 1 \times 14.3 \times 10^{-3} \times 800 \times 865)\text{kN} = 5122.0\text{kN} > N = 3712.5\text{kN},$$

因此为大偏心受压。

$$e = e_i + \frac{h_0 - a_s'}{2} = \left(112.3 + \frac{865 - 35}{2}\right)\text{mm} = 527.3\text{mm}$$

（4）计算配筋

按大偏心受压公式计算配筋，C30 混凝土，$\alpha_1 = 1, \beta_1 = 0.8, \xi_b = 0.5176$。

$$\xi = \frac{N}{\alpha_1 f_c b h_0} = \frac{3712.5 \times 10^3}{1 \times 14.3 \times 800 \times 865} = 0.375 \begin{cases} < \xi_b = 0.518 \\ > \dfrac{2a_s'}{h_0} = \dfrac{2 \times 35}{865} = 0.081 \end{cases}$$

$$x = \frac{N}{\alpha_1 f_c b} = \frac{3712.5 \times 10^3}{1 \times 14.3 \times 800}\text{mm} = 324.5\text{mm}$$

$$A_s = A_s' = \frac{Ne - \alpha_1 f_c b x (h_0 - 0.5x)}{f_y' (h_0 - a_s')}$$

$$= \frac{3712.5 \times 10^3 \times 527.3 - 1 \times 14.3 \times 800 \times 324.5 \times (865 - 0.5 \times 324.5)}{360 \times (865 - 35)}\text{mm}^2$$

$$= -2179.4\text{mm}^2$$

按构造配筋，应满足最小配筋率要求。

$$\rho = \frac{A_s + A_s'}{bh} > 0.55\%, \quad A_s = A_s' > \frac{0.55\% \times 900 \times 800}{2}\text{mm}^2 = 1980\text{mm}^2$$

选用 6 根 ⌀22 的钢筋，实际配筋 $A_s = A_s' = 2281\text{mm}^2$，满足要求。

2）竖直方向

混凝土自重荷载

$$q_G = \gamma_G bh = (25 \times 0.9 \times 0.8)\text{kN/m} = 18\text{kN/m}$$

施工荷载

$$q_m = 4b = (4 \times 0.8)\text{kN/m} = 3.2\text{kN/m}$$

总荷载设计值

$$q = \gamma_0 \gamma_F (q_G + q_m) = 1.1 \times 1.25 \times (18 + 3.2)\text{kN/m} = 29.2\text{kN/m}$$

弯矩设计值

$$M = \gamma_0 \gamma_F N_k e = (1.1 \times 1.25 \times 2700 \times 0.02)\text{kN·m} = 74.3\text{kN·m}$$

竖直方向荷载计算简图如图 7-14 所示。

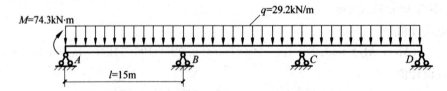

图 7-14　竖直方向的内支撑配筋计算简图

计算获得的内力图如图 7-15 所示。

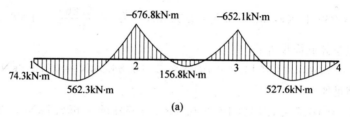

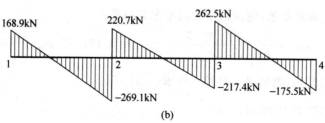

图 7-15 支撑内力图

（a）弯矩图；（b）剪力图

（1）正截面配筋

截面有效高度

$$h_0 = h - a_s = (900 - 35)\text{mm} = 865\text{mm}$$

支撑正弯矩配筋，弯矩值

$$M = 562.3\text{kN} \cdot \text{m}$$

$$M = \alpha_1 f_c bx\left(h_0 - \frac{x}{2}\right), \quad 562.3 = 1 \times 14.3 \times 10^3 \times 0.8x\left(0.865 - \frac{x}{2}\right)$$

解得 $x = 0.059\text{m}$

且 $x < \xi_b h_0 = (0.5176 \times 0.865)\text{m} = 0.448\text{m}$，满足要求。

$$A_s = \frac{\alpha_1 f_c bx}{f_y} = \frac{1 \times 14\,300 \times 0.8 \times 0.059}{360 \times 10^3}\text{m}^2 = 1874.9\text{mm}^2$$

取 6 根 Φ22mm 钢筋，实配钢筋 $A_s = 2281\text{ mm}^2 > \rho_{\min}bh = (0.2\% \times 900 \times 800)\text{mm}^2 = 1440\text{mm}^2$，满足最小配筋率要求。

支座负弯矩配筋，弯矩值

$$M = 676.8\text{kN} \cdot \text{m}$$

$$M = \alpha_1 f_c bx\left(h_0 - \frac{x}{2}\right), \quad 676.8 = 1 \times 14.3 \times 10^3 \times 0.8x\left(0.865 - \frac{x}{2}\right)$$

解得 $x = 0.071\text{m}$

且 $x < \xi_b h_0 = 0.5176 \times 0.865\text{m} = 0.448\text{m}$，满足要求。

$$A_s = \frac{\alpha_1 f_c bx}{f_y} = \frac{1 \times 14\,300 \times 0.8 \times 0.071}{360 \times 10^3}\text{m}^2 = 2256.2\text{ mm}^2$$

取 6 根 Φ22mm 钢筋，实配钢筋 $A_s = 2281\text{ mm}^2 > \rho_{\min}bh = (0.2\% \times 900 \times 800)\text{mm}^2 = 1440\text{mm}^2$，满足最小配筋率要求。

（2）斜截面配筋计算

剪力设计值

$$V = 269.1\text{kN}, \quad h_\text{w} = h_0 = 0.865\text{m}, \quad \frac{h_\text{w}}{b} = \frac{0.865}{0.8} = 1.08 < 4$$

按式(6-26)验算截面尺寸：

$$0.25\beta_\text{c}f_\text{c}bh_0 = (0.25 \times 1 \times 14.3 \times 10^3 \times 0.8 \times 0.865)\text{kN} = 2473.9\text{kN} > 269.1\text{kN}$$

截面尺寸满足要求。

$$0.7f_\text{t}bh_0 = (0.7 \times 1.43 \times 10^3 \times 0.8 \times 0.865)\text{kN} = 692.7\text{kN} > 269.1\text{kN}$$

抗剪承载力已满足要求，应按最小配箍率配置箍筋：

选配 $\phi 10@150$，$\rho_\text{sv} = \dfrac{A_\text{sv}}{bs} = \dfrac{2 \times 78.5}{150 \times 800} \times 100\% = 0.131\% > \rho_\text{sv,min} = 0.24\dfrac{f_\text{t}}{f_\text{yv}} = 0.24 \times$

$\dfrac{1.43}{270} \times 100\% = 0.127\%$，满足最小配箍率要求。

配筋示意图如图 7-16 所示。

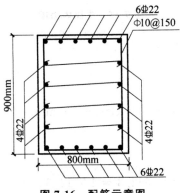

图 7-16　配筋示意图

7.1.3　竖向支承系统计算

1. 立柱计算

立柱主要承受由内支撑传来的竖向荷载，主要包括内支撑自重以及作用在内支撑上的竖向施工荷载。立柱的设计一般按照轴心受压构件进行计算，同时应考虑穿越基础底板的止水要求。立柱承担竖向荷载范围如图 7-17 所示。

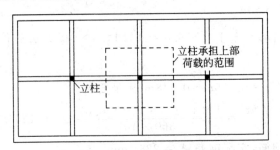

图 7-17　立柱承担的荷载范围

立柱主要采用缀板式钢格构柱，由四肢角钢与缀板焊接而成，缀板式钢格构柱详图如图 7-18 所示，表 7-1 是钢格构柱材料规格信息表。立柱工程实景图如图 7-19 所示，第一道内支撑底面与立柱相交处有钢板牛腿承托。立柱桩施工好后(一般采用钻孔灌注桩),将钢格构柱直接插入立柱桩中。钢格构柱与立柱桩关系图如图 7-20 所示。

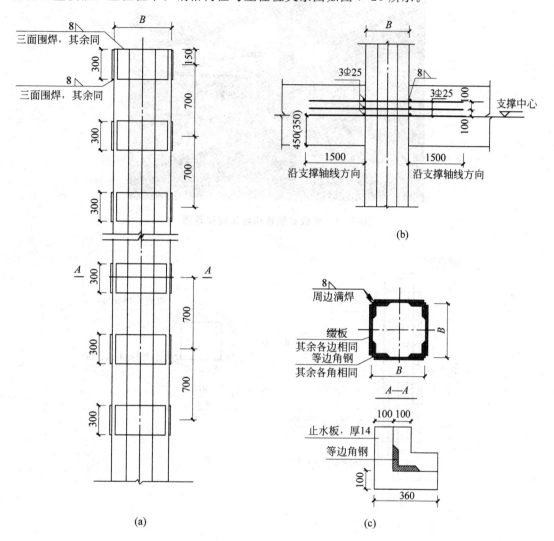

图 7-18　缀板式钢格构柱详图

(a) 钢格构柱详图;(b) 钢立柱与支撑连接节点;(c) 止水钢板详图(格构柱穿越基础底板处)

表 7-1　钢格构柱详细信息表

mm

立柱名称	角钢	截面尺寸 $B \times B$	模板尺寸 $q \times h \times t$	钢材牌号	立柱桩桩径 d
LZZ1	4∠200×20	500×500	480×300×14	Q345B	900
LZZ2	4∠160×16	460×460	440×300×12	Q345B	800

1) 钢格构柱承载力计算

钢格构柱的竖向承载能力主要由整体稳定性控制,若在柱身局部位置有截面削弱,必须进行竖向承载的抗压强度验算。一般截面型式的钢立柱计算,可按国家标准《钢结构设计规范》(GB 50017—2011)等相关规范中关于轴心受力构件的有关规定进行。

图 7-19 缀板式钢格构柱工程实景图

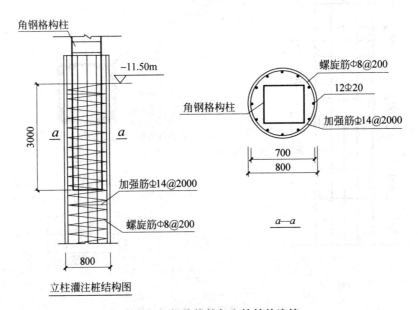

图 7-20 钢格构柱与立柱桩的连接

（1）钢格构柱轴心受压构件的整体稳定性应按下式计算：

$$\frac{N}{\varphi A} \leqslant f \tag{7-1}$$

式中 φ——轴心受压构件的稳定系数（取截面两主轴稳定系数中的较小者），应根据《钢结构设计规范》(GB 50017—2003)中相关规定选取。

（2）立柱分肢稳定性验算

立柱常用缀板柱，对于缀板柱，柱子的分肢是一个压弯构件。在柱中点截面上，分肢承受轴心压力：

$$N_1 = \frac{N}{2} + \frac{N\nu_0}{b_0} \bigg/ \left(1 - \frac{N}{N_{cr}}\right) \tag{7-2}$$

式中 b_0——柱的两分肢轴线间距离。

在柱端部截面上,分肢除承受轴心压力外,还承受由剪力引起的弯矩,其值为

$$\left.\begin{array}{l} N_1 = \dfrac{N}{2} \\[3mm] M_1 = \dfrac{Va}{4} = \dfrac{N\pi\nu_0 a}{4l} \Big/ \left(1 - \dfrac{N}{N_{cr}}\right) \end{array}\right\} \tag{7-3}$$

式中 a——对焊接结构,a 取缀板间净距;

ν_0——初弯曲,常取 $\nu_0 = 0.002l$;

l——计算长度;

N——构件所承受的轴心压力设计值;

N_{cr}——欧拉临界荷载。

欧拉荷载:

$$N_{cr} = \frac{\pi^2 EA}{\lambda^2 (1 + \gamma_1 N_E)} = \frac{\pi^2 EA}{\lambda_0^2} \tag{7-4}$$

式中 λ_0——换算长细比。

钢结构设计规范中规定,用缀板连接的双肢柱的换算长细比为

$$\lambda_{0y} = \sqrt{\lambda_y^2 + \lambda_1^2} \tag{7-5}$$

式中 λ_y——整个构件对虚轴的长细比;

λ_1——分肢对其自身最小刚度轴的长细比。

$$\lambda_1 = \frac{a}{i_1} \tag{7-6}$$

式中 a——计算长度,焊接时,为相邻两缀板的净距离,螺栓连接时,为相邻两缀板边缘螺栓的距离;

i_1——最小刚度轴的回转半径。

验算分肢稳定性时,同样采用式(7-1),将式(7-1)中 N 以 N_1 代替。

(3)立柱分肢强度验算

立柱柱端截面既受到弯矩作用,又受轴力作用,见式(7-3),因此按压弯构件验算分肢截面强度,计算公式为

$$\frac{N_1}{A_1} + \frac{M_1}{\gamma_1 W_1} \leqslant f \tag{7-7}$$

式中 W_1——截面模量;

γ_1——塑性发展系数,详见《钢结构设计规范》(GB 50017—2003)。

2)立柱插入桩长度计算

为了保证钢格构柱的稳定性,钢格构柱应插入混凝土桩内一定长度,钢格构柱与混凝土桩的关系如图 7-20 所示。钢格构柱插入立柱桩的深度计算可按下式计算:

$$l \geqslant K \frac{N - f_c A}{L\sigma} \tag{7-8}$$

式中 l——插入立柱桩的长度,mm;

K——安全系数,取 2.0~2.5;

f_c——混凝土的轴心抗压强度设计值,N/mm²;

A——钢立柱的截面面积，mm^2；

L——钢立柱断面周长，mm；

σ——黏结设计强度，如无试验数据可近似取混凝土的抗拉强度设计值 f_t，N/mm^2。

立柱插入桩的长度尚不应小于2.5m。

2. 立柱桩计算

立柱桩必须具备较高的承载能力，同时钢立柱需要与其下部立柱桩具有可靠的连接，因此各类预制桩难以作为立柱桩基础，工程中常采用灌注桩作为钢立柱的立柱桩。钢格构柱下端插入开挖面下的混凝土桩内，混凝土桩主要承受竖直向下的荷载，单桩竖向承载力计算应符合《建筑桩基技术规范》(JGJ 94—2008)要求。

7.2 锚杆技术

锚杆是将受拉杆件的一端(锚固段)锚固在稳定地层中(图7-21)，另一端与竖向挡土结构相联结，利用锚固段的锚固力以承受竖向挡土结构传来的水土压力。锚杆全长由自由段与锚固段构成，自由段在计算破裂面以内，而锚固段则在计算破裂面以外，只有锚固段才能提供抗拔力。

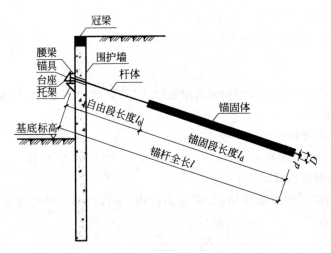

图 7-21 锚杆组成示意图

注：1. 锚杆由锚头、自由段和锚固段三部分组成。

2. 锚固段为水泥浆或水泥砂浆将杆体与土体黏结在一起而形成的锚固体。

3. 图中，D 为锚固体直径；d 为杆体直径。

锚杆自由段长度是锚杆杆体不受注浆固结体约束可自由伸长的部分，也就是杆体用套管与注浆固结体隔离的部分。锚杆自由段应超过理论滑动面，锚杆总长度为自由段长度加上锚固段长度。

锚杆有多种类型，基坑工程中主要采用钢绞线锚杆，当设计的锚杆承载力较低时，有时也采用钢筋锚杆。从锚杆杆体材料上讲，钢绞线锚杆杆体为预应力钢绞线，具有强度高、性能好、运输安装方便等优点。由于其抗拉强度设计值是普通热轧钢筋的4倍左右，是性价比较高的杆体材料。预应力钢绞线锚杆在张拉锁定的可操作性、施加预应力的稳定性方面均优于钢筋。因此,预应力钢绞线锚杆应用最多,也最有发展前景。

7.2.1　锚杆的适用条件

（1）锚拉结构宜采用钢绞线锚杆,锚杆抗拉承载力要求较低时,也可采用钢筋锚杆。当环境保护不允许在支护结构使用功能完成后锚杆杆体滞留在地层内时,应采用可拆芯钢绞线锚杆。

（2）在易塌孔的松散或稍密的砂土、碎石土、粉土、填土层,高液性指数的饱和黏性土层,高水压力的各类土层中,钢绞线锚杆、钢筋锚杆宜采用套管护壁成孔工艺。

（3）锚杆注浆宜采用二次压力注浆工艺。

（4）锚杆锚固段不宜设置在淤泥、淤泥质土、泥炭、泥炭质土及松散填土层内。

（5）在复杂地质条件下,应通过现场试验确定锚杆的适用性。

（6）如果锚杆杆体伸到用地红线以外,或者有其他规定时,不应使用锚杆。

7.2.2　锚杆设计与计算

锚杆的计算主要是指锚杆的极限抗拔承载力计算。锚杆的抗拔承载力与锚杆截面（含杆体截面）、锚固段长度、锚固段土层性质以及注浆方式有关。

1. 锚杆极限抗拔承载力计算

1）锚杆极限抗拔承载力标准值

（1）锚杆极限抗拔承载力标准值 R_k

锚杆极限抗拔承载力标准值 R_k 应通过锚杆抗拔试验确定。初步设计时,也可按式(7-9)估算,由锚固段锚固长度范围内的侧壁黏结强度提供:

$$R_k = \pi d \sum q_{sk,i} l_i \tag{7-9}$$

式中　d——锚杆的锚固体直径,m;

　　　l_i——锚杆的锚固段在第 i 土层中的长度,m,锚固段长度 l_d 为锚杆在理论直线滑动面以外的长度;

　　　$q_{sk,i}$——锚固体与第 i 土层之间的极限黏结强度标准值,kPa,应根据工程经验或参考表 7-2 取值。

上述估算值应采用锚杆抗拔试验进行验证。

表 7-2　锚杆的极限黏结强度标准值

土的名称	土的状态或密实度	q_{sk}/kPa	
		一次常压注浆	二次压力注浆
填土	—	16～30	30～45
淤泥质土	—	16～20	20～30
黏性土	$I_L > 1$	18～30	25～45
	$0.75 < I_L \leqslant 1$	30～40	45～60
	$0.5 < I_L \leqslant 0.75$	40～53	60～70
	$0.25 < I_L \leqslant 0.50$	53～65	70～85
	$0 < I_L \leqslant 0.25$	65～73	85～100
	$I_L \leqslant 0$	73～90	100～130

续表

土的名称	土的状态或密实度	q_{sk}/kPa	
		一次常压注浆	二次压力注浆
粉土	$e>0.90$	22～44	40～60
	$0.75 \leqslant e \leqslant 0.90$	44～64	60～90
	$e<0.75$	64～100	80～130
粉细砂	稍密	22～42	40～70
	中密	42～63	75～110
	密实	63～85	90～130
中砂	稍密	54～74	70～100
	中密	74～90	100～130
	密实	90～120	130～170
粗砂	稍密	80～130	100～140
	中密	130～170	170～220
	密实	170～220	220～250
砾砂	中密、密实	190～260	240～290
风化岩	全风化	80～100	120～150
	强风化	150～200	200～260

注：1. 采用泥浆护壁成孔工艺时，应按表中取低值后再根据具体情况适当折减；

2. 采用套管护壁成孔工艺时，可取表中的高值；

3. 采用扩孔工艺时，可在表中数值基础上适当提高；

4. 采用二次压力分段劈裂注浆工艺时，可在表中二次压力注浆数值基础上适当提高；

5. 当砂土中的细粒含量超过总质量的 30% 时，表中数值应乘以 0.75；

6. 对有机质含量为 5%～10% 的有机质土，应按表值后适当折减；

7. 当锚杆锚固段长度大于 16m 时，应对表中数值适当折减。

（2）锚杆自由段长度计算

锚杆长度由自由段（非锚固段）长度、锚固段长度构成，其中自由段长度不提供抗拔承载力。锚杆的自由段长度越长，预应力损失越小，锚杆拉力对锚头位移越不敏感，则锚杆拉力越稳定。自由段长度过小，锚杆张拉锁定后的弹性伸长较小，锚具变形、预应力筋回缩等因素引起的预应力损失较大。同时，受支护结构位移的影响也越敏感，锚杆拉力会随支护结构位移有较大幅度增加，严重时锚杆会因杆体应力超过其强度发生脆性破坏。在实际基坑工程设计时，如计算的自由段长度较小，宜适当增加自由段长度，锚杆的自由段长度不宜小于 5m。

在计算锚杆抗拔承载力时，必须首先确定锚杆的自由段长度及锚固段所在的土层。锚杆的自由段长度 l_f 按照简化计算方法确定，计算简图如图 7-22 所示。

锚杆自由段长度 l_f:

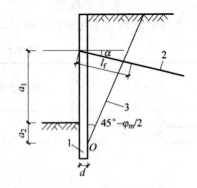

图 7-22　理论直线滑动面

1—挡土构件；2—锚杆；3—理论直线滑动面

$$l_f \geqslant \frac{(a_1 + a_2 - d\tan\alpha)\sin\left(45° - \dfrac{\varphi_m}{2}\right)}{\sin\left(45° + \dfrac{\varphi_m}{2} + \alpha\right)} + \frac{d}{\cos\alpha} + 1.5 \tag{7-10}$$

式中　l_f——锚杆自由段长度，m；

$\quad\quad\alpha$——锚杆的倾角，(°)；

$\quad\quad a_1$——锚杆的锚头中点至基坑底面的距离，m；

$\quad\quad a_2$——基坑底面至挡土构件嵌固段上，基坑外侧主动土压力强度与基坑内侧被动土压力强度等值点 O 的距离，m，对多层土地层，当存在多个等值点时应按其中最深处的等值点计算；

$\quad\quad d$——挡土构件的水平尺寸，m；

$\quad\quad\varphi_m$——O 点以上各土层按厚度加权的等效内摩擦角，(°)。

2）锚杆杆体的受拉承载力计算

锚杆杆体的截面面积按照下式确定：

$$N \leqslant f_{py}A_p \tag{7-11}$$

式中　N——锚杆轴向拉力设计值，kN，按式(7-13)计算；

$\quad\quad f_{py}$——预应力钢筋抗拉强度设计值，kPa，当锚杆杆体采用普通钢筋时，取普通钢筋强度设计值 f_y；

$\quad\quad A_p$——钢筋的截面面积，m²。

3）锚杆轴向拉力设计值

锚杆轴向拉力标准值 N_k 按下式计算：

$$N_k = \frac{F_h s}{b_a \cos\alpha} \tag{7-12}$$

式中　F_h——挡土构件计算宽度内弹性支点水平反力，kN，按平面杆系结构弹性支点法确定；

$\quad\quad s$——锚杆水平间距，m；

$\quad\quad b_a$——结构计算宽度，m，按表 4-2 确定；

$\quad\quad\alpha$——锚杆倾角，(°)。

锚杆轴向拉力设计值：

$$N = \gamma_0 \gamma_F N_k \tag{7-13}$$

2. 锚杆长度验算

锚杆锚固段长度主要按极限抗拔承载力要求确定，对于土层中的锚杆，除满足极限抗拔承载力要求外，其锚固段长度不宜小于 6m。锚杆的极限抗拔承载力应符合下式要求：

$$\frac{R_k}{N_k} \geqslant K_t \tag{7-14}$$

式中　K_t——锚杆抗拔安全系数，安全等级为一级、二级、三级的支护结构，K_t 分别不应小于 1.8、1.6、1.4；

$\quad\quad N_k$——锚杆轴向拉力标准值，kN；

$\quad\quad R_k$——锚杆极限抗拔承载力标准值，kN。

不满足式(7-14)要求时,可调整式(7-9)中的锚杆长度或锚固体直径。

3.锚杆设计注意事项

为了使锚杆与周围土层有足够的接触应力,锚固体上覆土层厚度不宜小于 4m,上覆土层厚度太小,接触应力也小,锚杆与土的黏结强度会较低。当锚杆采用二次高压注浆时,上覆土层有一定厚度才能保证在较高注浆压力作用下注浆,浆液不会从地表溢出或流入地下管线内。

锚杆倾角宜取 15°～25°,不应大于 45°,不应小于 10°。理论上讲,锚杆水平倾角越小,锚杆拉力的水平分力所占比例越大。但是锚杆水平倾角太小,会降低浆液向锚杆周围土层内渗透,影响注浆效果。锚杆水平倾角越大,锚杆拉力的水平分力所占比例越小,锚杆拉力的有效值减小,就会需要更长的锚杆长度,也就越不经济。同时锚杆的竖向分力较大,对锚头连接要求更高并使挡土构件有向下变形的趋势。另外,应按尽量使锚杆锚固段进入黏结强度较高土层的原则确定锚杆倾角。

锚杆施工时的塌孔、对地层的扰动,会引起锚杆上部土体的下沉,若锚杆之上存在建筑物、构筑物等,锚杆成孔造成的地基变形可能使其发生沉降甚至损坏,此类事故在实际工程中时有发生。因此,设置锚杆需避开易塌孔、变形的地层。

锚杆间距并不是越小越好,锚杆太密,会出现群锚效应,而群锚效应会降低锚杆的抗拔力。根据有关资料,当土层锚杆间距为 1.0m 时,考虑群锚效应的锚杆抗拔力折减系数可取0.8,锚杆间距在 1.0～1.5m 之间时,锚杆抗拔力折减系数可按此内插,锚杆间距超过1.5m 时,无明显群锚效应。

7.2.3 锚杆杆体材料构造要求

(1) 锚杆成孔直径宜取 100～150mm;

(2) 锚杆自由段的长度不应小于 5m,且应穿过潜在滑动面并进入稳定土层不小于1.5m,钢绞线、钢筋杆体在自由段应设置隔离套管;

(3) 土层中的锚杆锚固段长度不宜小于 6m;

(4) 锚杆杆体的外露长度应满足腰梁、台座尺寸及张拉锁定的要求;

(5) 锚杆杆体用钢绞线应符合现行国家标准《预应力混凝土用钢绞线》(GB/T 5224—2014)的有关规定;

(6) 钢筋锚杆的杆体宜选用预应力螺纹钢筋,HRB400、HRB500 螺纹钢筋;

(7) 应沿锚杆杆体全长设置定位支架,定位支架应能使相邻定位支架中点处锚杆杆体的注浆固结体保护层厚度不小于 10mm,定位支架的间距宜根据锚杆杆体的组装刚度确定,对自由段宜取 1.5～2.0m,对锚固段宜取 1.0～1.5m,定位支架应能使各根钢绞线相互分离,如图 7-23 所示;

(8) 锚具应符合现行国家标准《预应力筋用锚具、夹具和连接器》(GB/T 14370—2007)的规定;

(9) 锚杆注浆应采用水泥浆或水泥砂浆,注浆固结体强度不宜低于 20MPa。

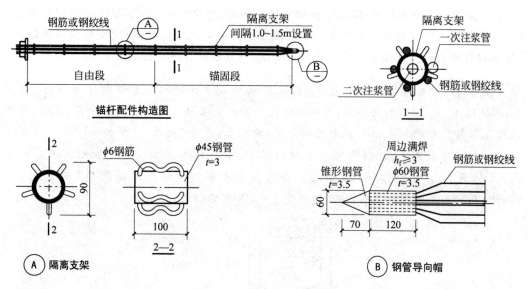

图 7-23　锚杆定位支架图示

7.2.4　其他计算规定

（1）锚杆腰梁可采用型钢组合梁或混凝土梁,锚杆腰梁应按受弯构件设计。锚杆腰梁的正截面、斜截面承载力,对混凝土腰梁,应符合现行国家标准《混凝土结构设计规范》(GB 50010—2010)的规定。对型钢组合腰梁,应符合现行国家标准《钢结构设计规范》(GB 50017—2017)的规定。当锚杆锚固在混凝土冠梁上时,冠梁应按受弯构件设计。

（2）锚杆腰梁应根据实际约束条件按连续梁或简支梁计算。计算腰梁内力时,腰梁的荷载应取结构分析时得出的支点力设计值。

（3）型钢组合腰梁可选用双槽钢或双工字钢,槽钢之间或工字钢之间应用缀板焊接为整体构件,焊缝连接应采用贴角焊。双槽钢或双工字钢之间的净间距应满足锚杆杆体平直穿过的要求。

（4）采用型钢组合腰梁时,腰梁应满足在锚杆集中荷载作用下的局部受压稳定与受扭稳定的构造要求。当需要增加局部受压和受扭稳定性时,可在型钢翼缘端口处配置加劲肋板,如图 7-24 所示。

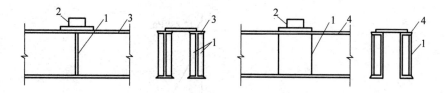

图 7-24　钢腰梁局部加强构造方法

1—加强肋板;2—锚头;3—工字钢;4—槽钢

（5）混凝土腰梁、冠梁宜采用斜面与锚杆轴线垂直的梯形截面,腰梁、冠梁的混凝土强度等级不宜低于 C25。采用梯形截面时,截面的上边水平尺寸不宜小于 250mm。

（6）采用楔形钢垫块时，楔形钢垫块与挡土构件、腰梁的连接应满足受压稳定性和锚杆垂直分力作用下的受剪承载力要求。采用楔形现浇混凝土垫块时，混凝土垫块应满足抗压强度和锚杆垂直分力作用下的受剪承载力要求，且其强度等级不宜低于C25。

例题 7-3 某基坑开挖深度12m，采用锚拉式支护结构。支挡构件为排桩，桩长20m，桩径0.6m，桩中心距1m。锚杆水平间距3m，竖向间距3m，设在地面下2m处，锚杆倾角15°，钻孔直径150mm。地层分布如下，素填土，厚度2m，黏聚力 $c_1=12$ kPa，内摩擦角 $\varphi_1=10°$，天然重度 $\gamma_1=17$ kN/m³；粉质黏土，厚度18m，黏聚力 $c_2=26$ kPa，内摩擦角 $\varphi_2=18°$，天然重度 $\gamma_2=18.5$ kN/m³。粉质黏土与锚固体极限黏结强度标准值 $q_{sk}=70$ kPa，场地内不考虑地下水，坡顶作用有 $q=20$ kPa 的超载，如图 7-25 所示。

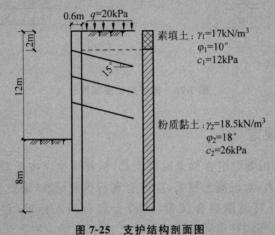

图 7-25 支护结构剖面图

锚杆杆体采用直径为15.2mm的1×7钢绞线，钢绞线抗拉强度设计值为1320MPa。经采用平面杆系结构弹性支点法计算，第三道锚杆处的计算宽度内弹性支点水平反力 $F_h=65$ kN。支护结构安全等级为一级，γ_0 取 1.1，荷载分项系数 γ_F 取 1.25。试确定第三道锚杆的长度和杆体直径。

解：1）经计算，主动、被动土压力强度沿桩身的分布如图 7-26 所示。

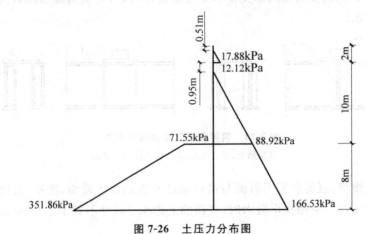

图 7-26 土压力分布图

2) 锚索长度计算

锚索选用 $1×7$（七股）钢绞线，单束锚索直径 15.2mm，其抗拉强度设计值 $f_{py}=$ 1320MPa，锚固体直径 $d=150$mm，粉质黏土与锚固体极限黏结强度标准值 $q_{sk}=70$kPa。

单根支护桩水平荷载计算宽度为桩间距

$$b_a = 1m$$

锚杆轴向拉力标准值

$$N_k = \frac{F_h s}{b_a \cos\alpha} = \frac{65×3}{1×\cos15°}kN = 201.9kN$$

一级基坑安全系数

$$K_t = 1.8$$

则

$$R_k \geqslant K_t N_k = 1.8×201.9kN = 363.4kN$$

（1）锚杆锚固段长度计算

设锚杆锚固段长度为 l_d，根据 $R_k = \pi d \sum q_{sk,i} l_{di}$

$$l_d = \frac{R_k}{\pi d q_{sk}} = \frac{363.4}{3.14×0.15×70}m = 11m$$

取锚固段长度 $l_d = 11m$

（2）锚杆自由段长度计算

由土压力分布图可知，基坑开挖面以下，存在主动土压力与被动土压力相等的点：

$$88.92 + \frac{166.53-88.92}{8}h = 71.55 + \frac{351.86-71.55}{8}h$$

解得：$h=0.69m$，此时 $a_2 = 0.69m$。

$$l_f \geqslant \frac{(a_1+a_2-d\tan\alpha)\sin\left(45°-\frac{\varphi_m}{2}\right)}{\sin\left(45°+\frac{\varphi_m}{2}+\alpha\right)} + \frac{d}{\cos\alpha} + 1.5$$

$$= \left[\frac{(4+0.69-0.6×\tan15°)×\sin\left(45°-\frac{16.7°}{2}\right)}{\sin\left(45°+\frac{16.7°}{2}+15°\right)} + \frac{0.6}{\cos15°} + 1.5\right]m = 5.03m$$

因自由段长度不应小于5m，取自由段长度为5m。

则锚杆长度：

$$l = l_d + l_f = (11+5)m = 16m$$

取锚杆长度 15m，示意图见图 7-27。

3) 锚杆截面计算

锚杆杆体截面积 A_p：

$$A_p = \frac{N}{f_{py}} = \frac{\gamma_0 \gamma_F N_k}{f_{py}} = \frac{1.1×1.25×201\,900}{1320}mm^2$$

$$= 210.3\ mm^2$$

所需钢绞线束数：

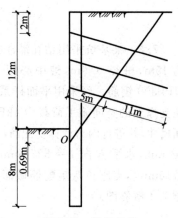

图 7-27 锚杆长度

$$\frac{210.3}{\pi \times \left(\frac{15.2}{2}\right)^2} \, 束 = 1.16 \, 束$$

实取 2 束钢绞线。

习题

7.1　内支撑系统由哪几部分构成？

7.2　锚杆应用要符合哪些条件？

7.3　某基坑采用钻孔灌注桩支护，钢筋混凝土内支撑截面为 600mm×700mm，支撑水平间距为 9m，桩径 0.9m，桩中心距 1.1m，混凝土强度等级 C30，受力筋为 HRB400，箍筋为 HPB300 钢筋。经采用平面杆系结构弹性支点法计算，弹性支点反力 $q_h = 280$kN/m。支护结构安全等级为二级。试确定钢筋混凝土腰梁截面尺寸，并进行内力计算及配筋，计算简图如习题 7.3 图所示。（答案：腰梁截面取 700mm×1200mm，迎土面钢筋截面面积 7646.5mm²，迎坑面钢筋截面面积 5950.4mm²，配筋示意图见习题 7.3 解答图）

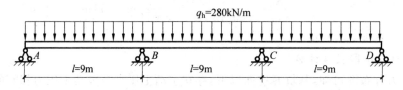

习题 7.3 图　腰梁计算简图

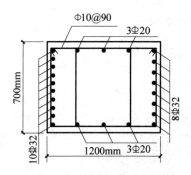

习题 7.3 解答图　腰梁配筋图

7.4　某基坑采用钻孔灌注桩支护，钢筋混凝土内支撑，支撑水平间距为 15m，立柱间距为 15m，桩径 0.9m，桩中心距 1.1m，混凝土强度等级 C30，受力筋为 HRB400，箍筋为 HPB300 钢筋。经采用平面杆系结构弹性支点法计算，弹性支点反力 $q_h = 400$kN/m，作用在支撑上的竖向施工荷载为 4kPa，支护结构安全等级为二级。试确定钢筋混凝土内支撑截面尺寸，并进行内力计算及配筋，计算简图如习题 7.4 图所示。（答案：支撑截面取 800mm×900mm，水平方向 $e = 527.4$mm，构造配筋；竖直方向，支撑正弯矩处配筋截面面积 1716mm²，支座负弯矩配筋截面面积 2065.6mm²，箍筋可选配 Φ10@150，配筋示意图见习题 7.4 解答图）

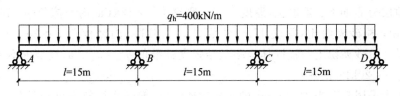

习题 7.4 图　支撑计算简图

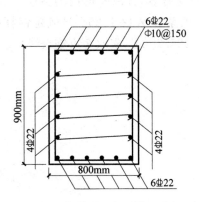

习题 7.4 解答图　梁配筋示意图

7.5　某基坑采用钻孔灌注桩支护,立柱桩亦采用钻孔灌注桩,C30 混凝土。水平向采用两道钢筋混凝土内支撑,第一道支撑轴线在地面下 1.5m,第二道支撑轴线在地面下 6.5m,第二道撑到基坑底面距离为 3.5m,立柱间距为 15m,两道支撑截面尺寸均为 $b \times h =$ 600mm×800mm,作用在支撑上的竖向施工荷载为 4kPa,支护结构安全等级为一级,钢牌号 Q345B。试确定缀板式角钢格构柱的截面以及钢格构柱插入混凝土桩的长度,计算简图如习题 7.5 图所示。(答案:可选用热轧等边角钢 4∟90×90×10,立柱边长 400mm,缀板间距 $a = 50$cm,钢格构柱插入混凝土桩的长度 $l = 2.5$m,立柱断面图见习题 7.5 解答图)

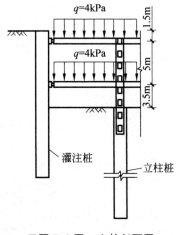

习题 7.5 图　立柱剖面图

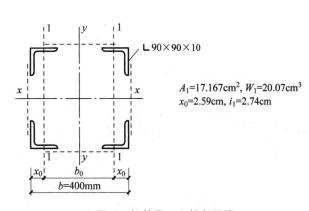

$A_1 = 17.167\text{cm}^2$, $W_1 = 20.07\text{cm}^3$
$x_0 = 2.59$cm, $i_1 = 2.74$cm

习题 7.5 解答图　立柱断面图

7.6　某基坑开挖深度 7m,采用锚拉式支护结构。支挡构件为排桩,桩长 13m,桩径 0.6m,桩中心距 1m。锚杆水平间距 3m,设在地面下 2m 处,锚杆倾角 15°,钻孔直径

150mm。地层分布如下：素填土,厚度 2.5m,黏聚力 $c=12$kPa,内摩擦角 $\varphi=10°$,天然重度 $\gamma=17$kN/m³;粉砂夹粉土,厚度 17m,黏聚力 $c=16$kPa,内摩擦角 $\varphi=25°$,天然重度 $\gamma=18.5$kN/m³。粉砂夹粉土与锚固体极限黏结强度标准值 $q_{sk}=95$kPa,场地内不考虑地下水,坡顶作用有 $q=20$kPa 的超载。

锚杆杆体采用截面为 15.2mm² 的 1×7 钢绞线,钢绞线抗拉强度设计值为 1320MPa。经采用平面杆系结构弹性支点法计算,计算宽度内的弹性支点水平反力 $F_h=80$kN。支护结构安全等级为二级,荷载分项系数 γ_F 取 1.25。试确定锚杆的长度和杆体直径。(答案：$N_k=248.47$kN,$l=14$m,$A_p=235.3$mm²,实取 2 束钢绞线)

第 8 章

重力式水泥土墙

8.1 概述

8.1.1 简介

重力式水泥土围护墙是以水泥系材料为固化剂,通过搅拌机械采用湿法(喷浆)施工将固化剂和原状土强行搅拌,形成连续搭接的水泥土柱状加固体,依靠水泥土墙本身的自重来平衡坑内外土压力差,属于重力式挡土墙范畴,如图 8-1 所示。由于墙体材料(水泥土)抗拉和抗剪强度较小,因此墙身需做成厚而重的刚性墙体,才能确保其强度及稳定性满足设计要求。

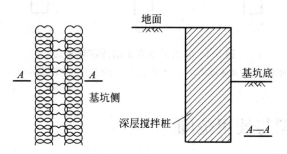

图 8-1 重力式水泥土墙

在我国行业标准《建筑地基处理技术规范》(JGJ 79—2012)中,水泥土桩作为一种地基加固方法,称为深层搅拌法(deep mixing method),重力式水泥土围护墙采用这种加固施工方法,通过水泥土桩的连续搭接施工,形成格栅(或实体状)等块体形式。水泥土搅拌桩具有结构简单、施工方便、施工噪声低、振动小、速度快、截水效果好、造价较经济等优点。缺点是宽度大,需占用场地红线内一定面积,墙身位移也较大。目前常用的施工机械包括双轴水泥土搅拌机、三轴水泥土搅拌机等,基坑工程中常用这两种机械施工形成的重力式水泥土围护墙。

重力式水泥土墙适用于淤泥质土和黏性土等软土地区的基坑工程,但应控制开挖深度。开挖越深、开挖面积越大时,墙体侧向位移越难以控制,鉴于目前的施工机械、工艺和质量控制的水平,开挖深度不宜超过 7m。软土地区采用重力式水泥土围护墙的开挖深度超出 7m 的某些基坑工程,墙体最大位移超过 20cm,工程风险、对环境影响均相应地增加。在基坑周边环境保护要求较高的情况下,若采用重力式水泥土围护墙,基坑深度应控制在 5m 范围以内,以降低工程风险。

8.1.2　重力式水泥土墙破坏形式

按重力式设计的水泥土墙,其破坏形式包括以下几类:

(1) 墙整体倾覆,如图 8-2(a)所示;

(2) 墙整体滑移,如图 8-2(b)所示;

(3) 沿墙体以外土中某一滑动面的土体整体滑动,如图 8-2(c)所示;

(4) 墙下地基承载力不足而使墙体下沉并伴随基坑隆起,如图 8-2(d)所示;

(5) 墙身材料的应力超过抗拉、抗压或抗剪强度而使墙体断裂,如图 8-2(e)～(g)所示;

(6) 地下水渗流造成的土体渗透破坏。

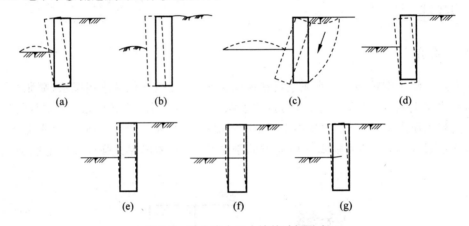

图 8-2　重力式水泥土墙的破坏形式

(a) 倾覆破坏;(b) 滑移破坏;(c) 整体破坏;(d) 地基承载力破坏;(e) 拉裂破坏;(f) 剪切破坏;(g) 压裂破坏

8.2　分类、选型与使用范围

8.2.1　适用范围

重力式水泥土墙作为基坑围护结构有一定的适用范围。

(1) 地层条件

水泥土搅拌桩除适用于加固淤泥、淤泥质土和含水量高的黏土、粉质黏土、粉土外,对砂土及砂质黏土等土层也具有适用性。但当用于泥炭土或土中有机质含量较高,酸碱度较低（pH 值<7）及地下水有侵蚀性时,应慎重对待,宜通过试验确定其适用性。对于场地地下水受江河湖海涨落影响或其他原因而存在流动的地下水时,宜对成桩的可行性做现场试验确定。

(2) 场地周边环境

以水泥土作为围护结构适用于周边空旷、施工场地较宽敞的环境,否则应控制其支护深度。

(3) 适用的基坑开挖深度

对于软土基坑,支护深度不宜大于 7m。重力式水泥土墙的侧向位移控制能力较弱,基坑开挖越深,面积越大,墙体的侧向位移越难控制,在基坑周边环境保护要求较高的情况下,应严格控制开挖深度。

8.2.2　设计原则与形式

基坑中所用的水泥土墙是一种重力式挡土结构,墙体材料是水泥土,水泥土是一种具有一定刚度的脆性材料,其抗拉强度比抗压强度小得多,在工程中要充分利用抗压强度高的优点。水泥土重力式挡墙就是利用结构本身自重和抗压性能的一种结构形式。

进行水泥土墙挡土结构设计时应综合考虑下列因素:

(1) 基坑的几何尺寸、形状、开挖深度;

(2) 工程地质、水文地质条件,主要是土层分布及其物理力学性质、地下水情况等;

(3) 支护结构所受的荷载及大小;

(4) 基坑周围的环境、建(构)筑物、道路交通及地下管线情况。

8.3　重力式水泥土墙支护结构设计

8.3.1　总体布置原则

重力式水泥土墙支护结构的设计不同于一般的重力式挡土墙,建造在软土地基上的这类围护墙不但需要足够墙厚形成重力墙,而且必须要有一定的插入深度。因为这类挡土结构的稳定性不是完全依赖于墙体自重,而在很大程度上依赖于随嵌固深度增大的墙前被动土压力。这类支护结构必须计算地基稳定性和抗渗流稳定性,而且同样要求有足够的插入深度。

墙的主要几何尺寸包括墙的宽度 B 和墙的嵌固深度 l_d,由基坑整体稳定、抗渗流稳定、抗倾覆稳定和墙体抗滑移稳定验算决定,然后进行墙体结构强度、格栅断面尺寸的验算。

当基坑开挖深度 h 不大于 5m 时,墙的宽度 B 和墙的嵌固深度 l_d 可按经验确定:墙宽 $B=(0.7\sim1.0)h$,坑底以下嵌固深度 $l_d=(1.0\sim1.4)h$。根据对大量开挖深度 h 不大于 5m 的基坑资料的统计,墙宽 B 一般均在 $(0.7\sim1.0)h$ 之间,个别对墙体变位控制要求非常高的可以大于 $1.0h$。坑底以下嵌固深度 l_d 一般在 $1.2h$ 以上,才能满足墙体的稳定性要求。对开挖深度不超过 5m 的基坑,已积累了丰富的设计、施工经验,工程的风险较小。

墙体宽度 B 和嵌固深度 l_d 的选取,应考虑下列各项因素:

(1) 土层分布特性。长三角地区普遍存在着厚 2m 左右的硬壳层,其下卧层分为黏性土和砂性土两类。黏性土层宜取 B 大、l_d 小的组合,而砂土层则反之。当砂土层埋深不大时,桩底应尽可能进入不透水层。对厚达 10m 以上的淤泥质黏土层,B 和 l_d 均宜取偏大值。

(2) 周围环境条件。基坑周围有重要建筑和地下管线时,应进行环境变形估算,以选取有足够安全度的 B、l_d 值。

(3) 地面荷载情况。基坑周围地面基本无堆载时,B、l_d 可取偏小值,地面堆载达 10kPa 时应取偏大值。对基坑四周的堆载区,应按施工的分布情况进行设计计算。基坑周边的施工荷载应严格控制,尤其是重型车辆在坑边行走,对基坑安全和变形控制都较为不利,否则,应事先采取加固措施。

8.3.2　设计原理

重力式水泥土墙主要遵照以下设计原理：

（1）宽度方向的布桩形式

最简单的布置形式就是不留空当，做成实体，但较为浪费，为节约工程量，常做成格栅式。水泥土墙采用格栅布置时，水泥土的面积置换率对于淤泥不宜小于 0.8，淤泥质土不宜小于 0.7，一般黏性土及砂土不宜小于 0.6，格栅内侧的长宽比不宜大于 2。

常用的格栅形式布置，以双轴搅拌桩为例的断面形式，如图 8-3 所示。

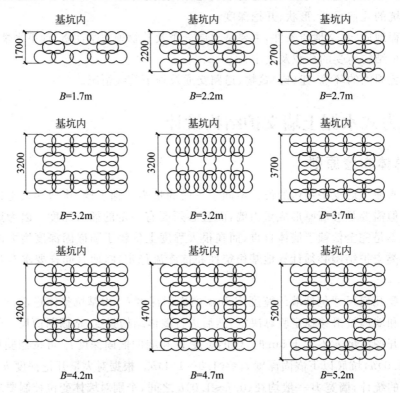

图 8-3　双轴搅拌桩格栅加固平面布置示意图（单位：mm）

（2）水泥土墙体强度

水泥土围护墙体的强度取决于水泥掺入比和龄期。水泥掺入比是指每立方加固体所拌和的水泥重量，常用掺入比为 $200\sim250\text{kg/m}^3$，一般采用 42.5 级普通硅酸盐水泥。水泥土在采用常用的水泥掺量时，其渗透系数随土质而变化，在黏性土中一般不大于 10^{-8}cm/s，在砂质粉土和粉细砂中一般不大于 10^{-7}cm/s，均可认为是不透水的。在确保连续搭接施工的前提下，重力式水泥土围护墙本身即是良好的隔水帷幕。

水泥土围护墙体的设计强度，一般要求龄期一个月的无侧限抗压强度不小于 0.8MPa。水泥土搅拌桩标准养护龄期为 90d，由于基坑工程工期的限制，一般不可能有 90d 的养护期，故设计时以龄期 28d 的无侧限抗压强度为标准。在龄期、水泥掺入比相同时，淤泥质黏土的水泥土强度明显低于砂质粉土的。

为改善水泥土的性能和提高早期强度，可掺入外掺剂（如早强剂、减水剂）。经常使用的外掺剂有碳酸钠、氯化钙、三乙醇胺、木质素磺酸钙等。外掺剂的使用和水泥品种、水灰比、气候条件等有关,选用外掺剂时应有一定的经验或进行室内试块试验。碳酸钠的掺入比一般为水泥用量的 $0.2\%\sim0.4\%$,氯化钙为 $2\%\sim5\%$,三乙醇胺为 $0.05\%\sim0.2\%$。木质素磺酸钙是一种减水剂,对早期强度的提高也略有影响,掺入比变化范围一般为 $0.2\%\sim0.5\%$。

(3) 其他加强措施

由于水泥土墙的墙体结构、材料特性、施工工艺特点等因素,重力式水泥土墙的刚度和完整性不但与构成墙体的主要材料——水泥土的物理力学性质息息相关,有时相应的构造措施效果也十分显著。重力式水泥土墙支护结构的变形与基坑开挖深度、场地土层分布及性质、坑底状况(有无桩基、桩基类型、被动区加固等)、坑边堆载、基坑边长及形状等众多因素有关。

实际工程中,水泥土墙的水平变形一般较大,在设计中,根据工程特点,采取一定的措施,提高重力式水泥土墙支护结构的刚度及安全度、减小挡墙变形是必要的。

(1) 加设压顶钢筋混凝土板

重力式水泥土墙顶部宜设置 $0.15\sim0.2m$ 厚的钢筋混凝土压顶板。压顶板与水泥土用插筋连接,插筋长度不宜小于 $1.0m$,采用钢筋时,钢筋直径不宜小于 $12mm$;采用竹筋时,竹筋断面不小于当量直径 $16mm$,每桩至少 1 根,如图 8-4(a)所示。

(2) 在墙体截面的拉压区设置加筋(劲)材料

为改变重力式结构的性状,减小水泥土墙的宽度,可在重力式水泥土墙体的两侧采用间隔插入型钢、钢筋、毛竹的办法提高抗弯能力,如图 8-4(b)所示。加劲(筋)材料的插入深度宜大于基坑深度,应锚入面板内。插毛竹时,毛竹的小头直径不宜小于 $5cm$,长度不宜小于开挖深度,插毛竹能减少墙体位移和增强墙体整体性;插钢筋时,由于钢筋与水泥土接触面积小,因此所能提供的握裹力有限,但施工方便。

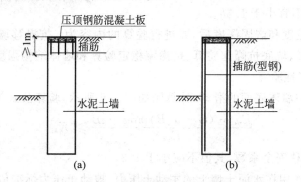

图 8-4 墙身加筋(劲)示意图

(3) 被动区加固

为了增加重力式水泥土墙结构的抗倾覆能力,可通过加固支护结构前的被动区土来提高重力式水泥土墙结构的安全度、减少变形,被动区的加固可采用连续的,也可采用局部加固。

(4) 墙体加墩或墙体起拱

当基坑边长较长时,可采用局部加墩的形式,对于提高重力式水泥土墙稳定性、减小墙体变形有一定的作用。局部加墩的布置形式可根据施工现场条件和水泥土墙的长度分别采用间隔布置或集中布置,如图 8-5 所示。间隔布置,可每隔(2～4)B 设置一个长度为 $2B$、宽度为(0.5～1)B 的加强墩。集中布置,在基坑某边的中央集中设置一个加强墩,一般长度为(1/4～1/3)基坑边长,宽度为 B(B 为重力式水泥土墙墙体厚度)。

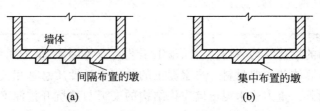

图 8-5　墙体加墩平面示意图
(a) 间隔布置；(b) 集中布置

为了提高重力式水泥土墙结构抗倾覆力矩,充分发挥结构自重的优势,加大结构自重的倾覆力臂,可采用变截面的结构形式。

(5) 墙顶及以外现浇混凝土路面

厚度不小于 150mm,内配双向钢筋网片,不但便于施工现场运输,也利于加强墙体整体性,防止雨水从墙顶渗入挡墙格栅而损坏墙体。

8.3.3　计算分析

1) 墙体宽度和嵌固深度

墙体宽度和嵌固深度的确定与基坑开挖深度、范围、地质条件、周围环境、地面荷载以及基坑等级等有关。初步设计时可按地区经验或按下列原则确定重力式水泥土墙的宽度,对淤泥质土,不宜小于 $0.7h$,对淤泥,不宜小于 $0.8h$；水泥土墙的嵌固深度,对淤泥质土,不宜小于 $1.2h$,对淤泥,不宜小于 $1.3h$。

初步确定墙体宽度和嵌固深度后,要进行验算的内容为:抗滑移验算、抗倾覆验算、整体圆弧滑动稳定验算、坑底抗隆起验算、抗渗流稳定验算和墙体结构强度验算。

(1) 抗滑移稳定性验算

滑移是指沿围护墙体底面的滑动,计算图如图 8-6 所示,验算公式为

$$\frac{E_{pk} + (G - u_m B)\tan\varphi + cB}{E_{ak}} \geq K_{s1} \tag{8-1}$$

式中　K_{s1}——抗滑移安全系数,其值不应小于 1.2;

E_{ak},E_{pk}——作用在水泥土墙上的主动土压力、被动土压力标准值,kN/m。

G——水泥土墙的自重,kN/m。

B——水泥土墙的底面宽度,m。

u_m——水泥土墙底面上的水压力,kPa。当水泥土墙底面在地下水位以下时,可取 $u_m = \gamma_w(h_{wa} + h_{wp})/2$；当水泥土墙底面在地下水位以上时,取 $u_m = 0$,此处,h_{wa} 为基坑外侧水泥土墙底处的水头高度,m,h_{wp} 为基坑内侧水泥土墙底处的水头高度,m。

c——水泥土墙底面下土层的黏聚力,kPa。

φ——水泥土墙底面下土层的内摩擦角,(°)。

（2）抗倾覆稳定性验算

倾覆是指在主动土压力作用下墙体绕前墙趾转动，如图 8-7 所示，计算公式为

$$\frac{E_{pk}a_p + (G - u_m B)a_G}{E_{ak}a_a} \geqslant K_{ov} \tag{8-2}$$

式中　K_{ov}——抗倾覆安全系数，其值不应小于 1.3；

　　　　a_a——水泥土墙外侧主动土压力合力作用点至墙趾的竖向距离，m；

　　　　a_p——水泥土墙内侧被动土压力合力作用点至墙趾的竖向距离，m；

　　　　a_G——水泥土墙自重与墙底水压力合力作用点至墙趾的水平距离，m。

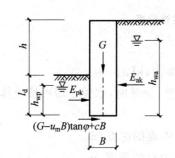

图 8-6　抗滑移稳定性验算

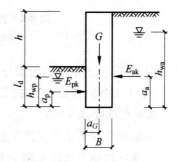

图 8-7　抗倾覆稳定性验算

（3）整体圆弧滑动稳定性验算

水泥土挡墙常用于软土地基，整体稳定性验算是一项重要内容，可采用瑞典条分法，按圆弧滑动面考虑，计算任一假定滑动面的稳定安全系数，取小值。计算公式如下：

$$\min\{K_{s,1}, K_{s,2}, \cdots, K_{s,i}, \cdots\} \geqslant K_s \tag{8-3}$$

式中　K_s——圆弧滑动稳定安全系数，其值不应小于 1.3；

　　　　$K_{s,i}$——第 i 个圆弧滑动体的抗滑力矩与滑动力矩的比值。

抗滑力矩与滑动力矩之比的最小值宜通过搜索不同圆心及半径的所有潜在滑动圆弧确定。

任一滑动面的稳定安全系数计算图如图 8-8 所示，计算公式如下：

$$K_{s,i} = \frac{\sum_{j=1}^{n}\left\{c_j l_j + \left[(q_j b_j + \Delta G_j)\cos\theta_j - u_j l_j\right]\tan\varphi_j + \sum_{j=i+1}^{n}\Delta G_j \sin\theta_j\right\}}{\sum_{j=1}^{i}(q_j b_j + \Delta G_j)\sin\theta_j} \tag{8-4}$$

式中　c_j——第 j 土条滑弧面处土的黏聚力，kPa。

　　　　φ_j——第 j 土条滑弧面处土的内摩擦角，(°)。

　　　　b_j——第 j 土条的宽度，m。

　　　　n——土条数，θ_j 在垂直面右侧的土条数为 $1, \cdots, i$，θ_j 在垂直面左侧的土条数为 $i+1, \cdots, n$。

　　　　θ_j——第 j 土条滑弧面中点处的法线与垂直面的夹角(°)；第 j 土条的夹角在垂直面右侧时，土条自重沿滑面切向力为下滑力；夹角在垂直面左侧时，土条自重沿滑面切向力为抗滑力。

　　　　l_j——第 j 土条的滑弧段长度，m，取 $l_j = b_j/\cos\theta_j$。

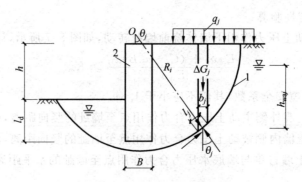

图 8-8　整体滑动稳定性验算

1—滑裂面；2—水泥土墙

q_j——作用在第 j 土条上的附加分布荷载标准值，kPa。

ΔG_j——第 j 土条的自重，kN，按天然重度计算，分条时，水泥土墙可按土体考虑。

γ_w——地下水重度，kN/m³。

$H_{wa,j}$——基坑外地下水位至第 j 土条滑弧面中点的深度，m。

$H_{wp,j}$——基坑内地下水位至第 j 土条滑弧面中点的深度，m。

u_j——第 j 土条在滑弧面上的孔隙水压力，kPa。对地下水位以下的砂土、碎石土、粉土，当地下水是静止的或渗流水力梯度可忽略不计时，在基坑外侧，可取 $u_j = \gamma_w h_{wa,j}$，在基坑内侧，可取 $u_j = \gamma_w h_{wp,j}$。对地下水位以上的各类土和地下水位以下的黏性土，取 $u_j = 0$。

当墙底以下存在软弱下卧土层时，稳定性验算的滑动面中尚应包括由圆弧与软弱土层层面组成的复合滑动面。

上述计算可通过编制程序来实现。

(4) 坑底抗隆起验算

重力式水泥土墙，其嵌固深度应满足坑底抗隆起稳定性要求，抗隆起稳定性可按板式支护结构坑底抗隆起验算，见 5.1.3 节，此时，式中 γ_{m1} 为基坑外墙底面以上土的重度，γ_{m2} 为基坑内墙底面以上土的重度，l_d 为水泥土墙的嵌固深度，c, φ 为墙底面以下土的黏聚力、内摩擦角。

当重力式水泥土墙底面以下有软弱下卧层时，墙底面土的抗隆起稳定性验算的部位尚应包括软弱下卧层，此时，5.1.3 节相应公式中的 γ_{m1}，γ_{m2} 应取软弱下卧层顶面以上土的重度，l_d 应以 D 代替，即应取基坑底面至软弱下卧层顶面的土层厚度。

抗渗流稳定性计算见 5.1.5 节。

2) 墙体结构强度验算

重力式水泥土墙的正截面应力验算时，计算截面应包括基坑面以下主动、被动土压力强度相等处，基坑底面处，水泥土墙的截面突变处三个部位。

正截面应力应符合下列规定：

拉应力：

$$\frac{6M_i}{B^2} - \gamma_{cs}z \leqslant 0.15f_{cs} \tag{8-5}$$

压应力：

$$\gamma_0 \gamma_F \gamma_{cs} z + \frac{6M_i}{B^2} \leqslant f_{cs} \tag{8-6}$$

剪应力：

$$\frac{E_{ak,i} - \mu G_i - E_{pk,i}}{B} \leqslant \frac{1}{6} f_{cs} \tag{8-7}$$

式中　M_i——水泥土墙验算截面的弯矩设计值，$kN \cdot m$；

　　　　B——验算截面处水泥土墙的宽度，m；

　　　　γ_{cs}——水泥土墙的重度，kN/m^3；

　　　　z——验算截面至水泥土墙顶的垂直距离，m；

　　　　f_{cs}——水泥土开挖龄期时所对应的轴心抗压强度设计值，kPa，应根据现场试验或工程经验确定；

　　　　γ_F——荷载综合分项系数；

　　　　$E_{ak,i}, E_{pk,i}$——验算截面以上的主动土压力标准值、被动土压力标准值，kN/m，验算截面在基底以上时，取 $E_{pk,i} = 0$；

　　　　G_i——验算截面以上的墙体自重，kN/m；

　　　　μ——墙体材料的抗剪断系数，取 $0.4 \sim 0.5$。

式(8-7)的剪应力计算中，采用的是墙体全断面均为水泥土构成的截面，如果水泥土墙是格栅形式布置时，当格栅面积置换率为 α_w，则式(8-7)变为

$$\frac{E_{ak,i} - \mu G_i - E_{pk,i}}{\alpha_w B} \leqslant \frac{1}{6} f_{cs} \tag{8-8}$$

3）水泥土墙格栅验算

格栅形水泥土墙，应限制格栅内土体所占面积。格栅内土体对四周格栅的压力可按谷仓压力计算，通过公式计算使其压力控制在水泥土墙承受范围内。

每个格栅的土体面积应符合下式要求，如图 8-9 所示：

$$A \leqslant \delta \frac{c_u}{\gamma_m} \tag{8-9}$$

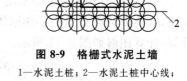

图 8-9　格栅式水泥土墙

1—水泥土桩；2—水泥土桩中心线；
3—计算周长；d—水泥土桩直径

式中　A——格栅内的土体面积，m^2；

　　　　δ——计算系数，对黏性土，取 $\delta = 0.5$，对砂土、粉土，取 $\delta = 0.7$；

　　　　c_u——格栅内土的黏聚力，kPa；

　　　　γ_m——格栅内土的天然重度，kN/m^3，对成层土，取水泥土墙深度范围内各层土按厚度加权的平均天然重度。

4）变形验算

工程实践中，工程师们首先关心的是其稳定和强度问题，但在密集的城区进行地下室基坑开挖，支护结构的变形已成为控制支护结构及周围环境安全的重要因素，设计往往由传统的强度控制转为变形控制。重力式水泥土墙支护结构的变形计算分析是比较复杂的问题，可以采用弹性地基"m"法、经验公式和非线性有限元法进行计算。

（1）弹性地基"m"法

弹性地基"m"法的主要思想为，将桩墙在基坑开挖面处分为上下两段。如图 8-10 所示，开挖面以上的墙体视为弹性结构，按悬臂梁计算其弹性挠曲变形 δ_e；开挖面以下的结构则视为完全埋置桩，桩顶（开挖面处）作用有水平力 H_0 及力矩 M_0，计算桩顶水平位移 Y_0 及转角 θ_0 时，可将墙身视为刚性桩。墙顶总水平位移 δ 为

$$\delta = \delta_e + y_0 + \theta_0 h \tag{8-10}$$

式中　δ_e——开挖面以上悬臂段的弹性变形，m；

　　　θ_0——开挖面处墙身转角，（°）；

　　　y_0——开挖面处墙身水平位移，m；

　　　h——开挖面以上墙身高度，m。

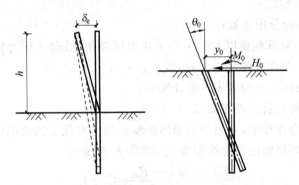

图 8-10　墙顶位移计算

具体而言，将坑底以上的墙背土压力简化到挡墙坑底截面处，坑底以下墙体视为桩顶由水平力 H_0 和力矩 M_0 共同作用的完全埋置桩，坑底处挡墙的水平位移 y_0 和转角 θ_0 可参考《建筑桩基技术规范》（JGJ 94—2008）中附录 C"考虑承台、基桩协同工作和土的弹性抗力作用计算受水平荷载的桩基"中相关内容计算确定，坑底以上部分的墙体变形可视为简单的结构弹性变形问题进行求解。

当假设重力式水泥土墙刚度为无限大时，在墙背主动区外力及墙前被动区土弹簧的作用下，墙体以某点 O 为中心作刚体转动，转角为 θ_0，墙顶的水平位移可按以下"刚性"法进行计算，计算图解如图 8-11 所示。

$$y_a = y_0 + \theta_0 H \tag{8-11}$$

$$y_0 = \frac{24M'_0 - 8H'_0 D}{mD^3 + 36mI_B} + \frac{2H'_0}{mD^2} \tag{8-12}$$

$$\theta_0 = \frac{36M'_0 - 12H'_0 D}{mD^4 + 36mI_B} \tag{8-13}$$

式中　$M'_0 = M_0 + H_0 D + F_a h - WB/2$；

　　　$H'_0 = H_0 + F_a - S_l$。

其中，F_a 为坑底以下墙背主动土压力合力；S_l 为墙底面摩擦力，取 $S_l = c_u B$（c_u 为墙底土的不排水抗剪强度）；或取 $S_l = W\tan\varphi + cB$（c, φ 为墙底土的固结快剪强度指标）；I_B 为墙底截面惯性矩，$I_B = B^3 l / 12$；l 为沿挡墙水平延伸方向上的计算长度。

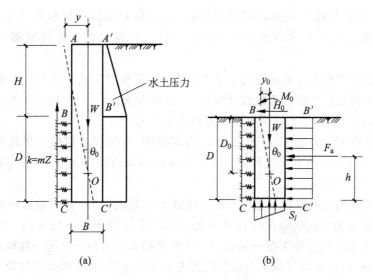

图 8-11　"m"法计算简图

（2）规范经验公式法

实践中可采用规范建议的经验公式估算墙顶的水平位移量。如上海市标准《基坑工程技术规范》(DG/T J08—61—2010)建议,当基坑开挖深度 $H \leqslant 5\mathrm{m}$,且围护墙墙宽 $B = (0.7 \sim 1.0)H$,坑底以下插入深度 $D = (1.0 \sim 1.4)H$ 时,墙顶的水平位移量可按下式估算:

$$\delta_{OH} = \frac{0.18\zeta K_a L H^2}{DB} \tag{8-14}$$

式中　δ_{OH}——墙顶估算水平位移,cm;

　　　L——开挖基坑的最大边长,m,超过 100m 时,按 100m 计算;

　　　ζ——施工质量影响系数,取 0.8~1.5。

　　　B——搅拌桩墙体墙宽,m;

　　　H——基坑开挖深度,m;

　　　D——墙体插入坑底以下的深度,m。

8.4　施工要点

重力式水泥土墙的施工,应注意以下要点:

1）重力式水泥土围护墙施工现场应事先予以平整,清除地下障碍物。遇到明浜、池塘及洼地时应抽水和清淤后再进行回填,往往就近挖土回填。回填应采用素土并予以压实,不得回填杂填土;如果回填土性质较差,可以掺入 8%~10%水泥灰土,并分层压实。在暗浜区域水泥土搅拌桩应适当提高水泥掺量。

2）水泥土搅拌桩应采用连续搭接的施工方法,应控制桩位偏差和桩身垂直度,并应具有足够的搭接长度形成连续的墙体。保持连续搭接施工、控制桩位和桩身垂直度是形成连续墙体的关键。桩与桩的搭接长度不应小于 200mm,搭接时间不应大于 16h,若特殊原因超过上述时间,应对最后一根桩先进行空钻留出榫头以待下一批桩搭接;如间歇时间太长与下一根无法搭接时,应在设计单位许可后采取局部补桩或注浆措施。

3）水泥土搅拌桩施工大多采用双轴搅拌机，目前双轴搅拌机械良莠不齐，对搅拌机械进行控制是确保施工技术质量的一个重要保证。双轴水泥土搅拌桩施工应符合下列要求：

（1）施工前应根据设计要求进行工艺性试桩，并应根据工艺性试桩结果确定相关施工参数；工艺性试桩数量应综合考虑设计要求、工程地质条件等因素，遇有暗浜等复杂地质条件可适当增加试桩数量，工艺性试桩数量不应少于2根。

（2）施工深度不宜超过18m，超过18m深度范围，双轴搅拌机施工质量很难保证。搅拌桩成桩直径和桩长不得小于设计值。为了保证桩身垂直度偏差小于1％，需保证导向架的垂直度偏差小于1/150。

（3）成桩应采用两喷三搅工艺。两喷三搅施工工艺流程为：搅拌桩机就位→钻头第一次预搅下沉→钻头第一次喷浆搅拌提升→钻头第二次搅拌下沉→钻头第二次喷浆搅拌提升→停浆→钻头第三次搅拌下沉→钻头第三次搅拌提升至孔口→停搅→移位。在临近建筑物或地下管线施工时，应尽可能采用较低的提升和下沉速度，钻头喷浆搅拌提升速度不宜大于0.5m/min，钻头搅拌下沉速度不宜大于1.0m/min，必要时可采用间隔和间歇施工方法。钻头每转一圈的提升或下沉量以10～15mm为宜，额定浆量在桩身长度范围内应均匀分布。目前搅拌机钻杆提升和下沉速度大多采用分档调节，而与之相配合的喷浆泵的输浆流量是匀速的，在水泥掺量既定的条件下，这种不完善的配置使得浆液常常难以在桩身长度内均匀分布。因此，应尽量采用提升速度可连续调节的搅拌机和输送流量可控制的喷浆泵。

（4）水泥浆液与桩端土充分搅拌30s可充分保证桩端成桩质量，故当钻头预搅下沉至预定标高、水泥浆液到达出浆口时，应在水泥浆液与桩端充分搅拌30s后再提升钻杆。

（5）水泥浆液的水灰比应控制在0.50～0.60范围内，制备的浆液不得离析，泵送应连续进行。根据大量的试验资料进行分析后可知，当采取较小的水灰比时，对提高水泥土强度作用明显，但可能因水泥浆液输送困难产生不均匀现象，故综合各方面因素，将浆液水灰比控制在0.50～0.60范围内比较合适。当气温较高浆液输送有困难时，可根据需要掺加相应的外掺剂。

（6）施工中因故停浆时，应将钻头搅拌下沉至停浆点以下0.5m处，保证停浆点位置桩身有足够的搅拌搭接量，以保证桩身质量，待恢复供浆时再喷浆搅拌提升。停机时间超过3h时，停机时间过长，一般会造成管路堵塞，宜先拆卸输浆管路，并对管路进行清洗。

4）当墙体施工深度较深（超过18m）或墙深范围内的土层以砂土为主时，双轴搅拌机性能难以满足成桩深度要求，可采用三轴水泥土搅拌桩机械成桩。

5）钢管、钢筋或毛竹的插入应在水泥土搅拌桩成桩后16h内施工，插入位置和深度应符合设计要求。

6）重力式水泥土围护墙应按成桩施工期、基坑开挖前和基坑开挖期三个阶段进行质量检测。采用双轴水泥土搅拌桩时，其质量检测应符合下列要求：

（1）成桩施工期质量检测包括原材料检查、配合比试验、搅拌和喷浆起止时间等，质量检测应符合表8-1的规定。

表 8-1 成桩施工期质量检测标准

检查项目	允许偏差或允许值	
	单位	数值
桩位定位偏差	mm	≤20
桩底标高	mm	±100
桩顶标高	mm	+100，−50
桩位偏差	mm	≤50
垂直度	—	≤1/100
搭接长度	mm	≥200 或设计要求
搭接桩施工间歇时间	h	≤16

成桩施工期应严格进行每项工序的质量管理，每根桩都应有完整的施工记录。应有专人记录搅拌机钻头每米下沉或提升的时间，深度记录误差不大于 100mm，时间记录误差不大于 5s。桩位偏差不是定位偏差，一般来说，为了保证桩位偏差在 50mm 以内，需要保证定位偏差在 20mm 以内。桩位偏差在 50mm 以内，垂直度偏差在 1% 之内可保证 10～15m 长度范围内相邻桩有良好的搭接。

（2）基坑开挖前的质量检测宜在围护墙压顶板浇筑前进行，检测内容包括桩身强度和桩数复核。桩身强度检测宜采用制作水泥土试块的方法，也可采用钻取桩芯的方法。对于基坑开挖深度大于 5m 的重力式水泥土围护墙，为了保证质量可采取钻取桩芯的方法进行质量检测。水泥土试块试验和钻取桩芯检测应符合下列要求：

① 试块制作应采用 70.7mm×70.7mm×70.7mm 立方体试模，宜每个机械台班抽查 2 根桩，每根桩不应少于 2 个取样点，应在基坑坑底以上 1m 范围内和坑底以上最软弱土层处的搅拌桩内设置取样点，避免采用桩顶冒浆制作试块。每个取样点制作 3 件水泥土试块，宜采用专用的装置取浆液制作试块。试块应在水下养护并测定 28d 龄期的无侧限抗压强度。

② 钻取桩芯宜采用 ϕ110 钻头，在开挖前或搅拌桩龄期达到 28d 后连续钻取全桩长范围内的桩芯，桩芯应呈硬塑状态并无明显的夹泥、夹砂断层。芯样应立即密封并及时进行强度试验，取样数量不少于总桩数的 0.5% 且不少于 3 根。

如果不连续取芯，每根桩取芯数量不少于 3 点，每点 3 件试块。同一取样位置可在上、中、下 3 点取得试样，试样抗压强度标准值取 3 点的平均值。取样点的具体点位可根据实际桩长范围内土层分情况确定。第一次取芯不合格应加倍取芯，取芯应随机进行。

钻取桩芯试样首先应进行直观检查，桩芯试样呈硬塑状态时为合格，呈软塑状态时为不合格，呈可塑状态时质量欠佳，直观检查合格后再进行强度试验。由于钻取桩芯会在一定程度上损伤桩芯试验，故规定钻取桩芯得到的试块强度宜乘以 1.2～1.3 的补偿系数。钻孔取芯完成后的空隙应及时注浆填充。

（3）基坑开挖期应对开挖面桩身外观质量以及桩身渗漏水等情况进行质量检查。

8.5 工程案例

8.5.1 工程概况

某新建工业仓储用房位于上海市浦东新区，主体结构由多幢 3 层仓储用房及 1 座整体地下车库组成,基坑总面积约 37800m²,总延长米约为 1065m。地下室普遍区域底板面标高为—6.200m,基础底板厚 600mm,垫层厚 100mm。

该工程±0.000 等于黄海高程 5.100m,场地平整后自然地坪绝对标高约为 4.200m,相对标高为—0.900m。基础采用桩基础,地下室普遍区域开挖深度为 6.00m,采用 ϕ700@500 双轴水泥土搅拌桩重力式挡墙的围护形式,墙宽 5.20m,桩长 13.50m。根据上海市工程建设规范《基坑工程技术规范》(DG/T J08—61—2010)规定,该基坑的安全等级属于三级,环境保护等级属于三级。

场地的工程地质条件及基坑围护设计参数如表 8-2 所示。

表 8-2 土层设计参数表

层序	土层名称	厚度/m	重度/(kN/m³)	固结快剪峰值	
				c/kPa	φ/(°)
②1	粉质黏性土夹黏质粉土	1.8	18.8	18	19.5
②3	砂质粉土夹淤泥质粉质黏性土	6.7	18.5	5	33.0
④	淤泥质黏性土	9.9	16.8	14	10.5
⑤1	黏性土	—	17.3	15	12.0

8.5.2 方案设计

1) 总体设计方案

在安全、合理、经济、可行的基本原则下,针对该工程的基坑开挖深度、面积、场地内的土层地质及周边环境等实际情况,通过不同支护结构方案比较,确定采用双轴水泥土搅拌桩重力式挡墙的围护形式。

2) 围护设计方案

重力式挡墙采用 ϕ700@500 双轴水泥土搅拌桩,墙宽 5.2m,格栅面积置换率为 0.7,桩长 13.5m。取水泥土的无侧限抗压强度 q_u 为 800kPa,水泥土抗压强度设计值 $f_{cs}=q_u/2=$ 400kPa,水泥土重度为 18kN/m³。具体做法详见图 8-12。

3) 设计计算

计算深度取水泥土搅拌桩长 13.5m,在此计算深度范围内土层性质如表 8-2 所示。计算简图如图 8-13 所示。

(1) 土压力计算

基坑外侧地面超载取为 $p=20$kPa,考虑土体表面有均布荷载作用时,黏性土朗肯主动土压力:

$$p_a=(\gamma z+q)K_a-2c\sqrt{K_a}, \quad K_a=\tan^2(45°-\varphi/2), \quad E_a=1/2\gamma h^2 K_a$$

黏性土朗肯被动土压力:

$$p_p=\gamma z K_p+2c\sqrt{K_p}, \quad K_p=\tan^2(45°+\varphi/2), \quad E_p=1/2\gamma h^2 K_p$$

考虑土体表面有均布荷载作用时,基坑外侧主动土压力临界深度取 $p_a=(\gamma z_0+q)K_a-2c\sqrt{K_a}=0$,即 $z_0=(2c/\sqrt{K_a}-q)/\gamma$;假设临界深度存在于②1、地下水位以上土层,计算得 $z_0>0.5$m;假设临界深度存在于②1、地下水位以下土层,计算得 $z_0=(1.139+0.5)$m$=1.639$m。

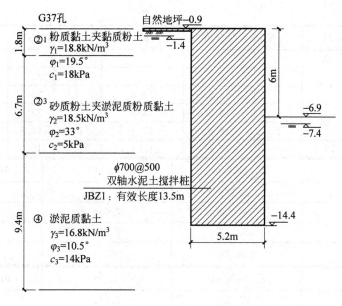

图 8-12 基坑支护剖面图

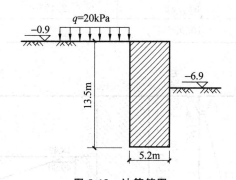

图 8-13 计算简图

土压力计算如表 8-3 所示,土压力分布如图 8-14 所示,取地下水位 0.5m,不考虑主动土压力值为负的部分。

表 8-3 土压力计算表

厚度/m	序号	深度/m	位置	$\gamma/(kN/m^3)$	$\gamma_{sat}/(kN/m^3)$	c/kPa	$\varphi/(°)$	K_a	p_a/kPa
	0	0							-15.45
0.5	1	0.5	上	18.8		18	19.5	0.499	-10.76
			下	18.8	18.9	18	19.5	0.499	-10.76
1.3	2	1.8	上	18.8	18.9	18	19.5	0.499	1.52
			下	18.5	18.8	5	33	0.295	10.49
6.7	3	8.5	上	18.5	18.8	5	33	0.295	47.61
			下	16.8	17.1	14	10.5	0.692	101.16
5	4	13.5		16.8	17.1	14	10.5	0.692	160.24

厚度/m	序号	深度/m	位置	$\gamma/(kN/m^3)$	$\gamma_{sat}/(kN/m^3)$	c/kPa	$\varphi/(°)$	K_p	p_p/kPa
	0	6							18.42
0.5	1	6.5	上	18.5		5	33	3.392	49.80
			下	18.5	18.8	5	33	3.392	49.80
2	2	8.5	上	18.5	18.8	5	33	3.392	177.31
			下	16.8	17.1	14	10.5	1.446	101.39
5	3	13.5		16.8	17.1	14	10.5	1.446	224.86

序号	$E_a/(kN/m)$	a_a/m	$M_a/(kN \cdot m)$
①	0.12	11.754	
②	194.62	7.636	
③	653.52	2.312	
∑	848.26		2998.37

序号	$E_p/(kN/m)$	a_p/m	$M_p/(kN \cdot m)$
①	17.05	7.212	
②	227.11	5.813	
③	815.62	2.185	
∑	1059.78		3224.92

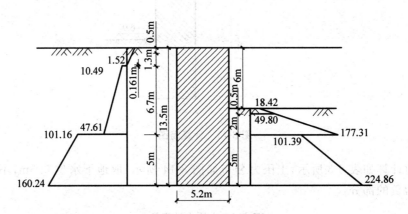

图 8-14　土压力分布图（单位：kPa）

（2）墙体自重

$$G = (18 \times 5.2 \times 13.5)kN = 1263.6kN$$

（3）抗滑移验算

$$u_m = \left(10.0 \times \frac{13+7}{2}\right)kPa = 100kPa$$

$$K_{sl} = \frac{E_p + (G - u_m B)\tan\varphi_3 + c_3 B}{E_a}$$

$$= \frac{1059.78 + (1263.6 - 100 \times 5.2) \times \tan 10.5° + 14 \times 5.2}{848.26} = 1.5 > 1.2,满足要求。$$

（4）抗倾覆稳定验算

$$K_{ov} = \frac{E_p a_p + (G - u_m B)a_G}{E_a a_a} = \frac{1059.78 \times 3.04 + (1263.6 - 100 \times 5.2) \times 5.2/2}{0.12 \times 11.75 + 194.62 \times 7.64 + 653.52 \times 2.31} = \frac{5155.09}{2998.37} =$$

$1.72 > 1.3$，满足要求。

（5）墙身强度验算

本例中，对重力式水泥土墙的正截面应力验算时，计算截面应包括基坑面以下主动、被动土压力强度相等处，基坑底面处两个部位。

① 基坑面以下主动、被动土压力强度相等处

基坑安全等级为三级，$\gamma_0 = 0.9$，$\gamma_F = 1.25$。从图 8-14 所示土压力分布图中可以看出，基坑面以下 $2.5m$ 处为主动、被动土压力强度相等处。

弯矩：

$$M = \gamma_0 \gamma_F (M_{坑外} - M_{坑内})$$

$$= 0.9 \times 1.25 \times \left[\frac{1}{2} \times 1.52 \times 0.161 \times \left(6.7 + \frac{0.161}{3} \right) + \right.$$

$$10.49 \times 6.7 \times \frac{6.7}{2} + \frac{1}{2} \times 37.12 \times 6.7 \times \frac{6.7}{3} -$$

$$18.42 \times 0.5 \times \left(2 + \frac{0.5}{2} \right) - \frac{1}{2} \times 31.38 \times 0.5 \times \left(2 + \frac{0.5}{3} \right) -$$

$$\left. 49.8 \times 2 \times 1 - \frac{1}{2} \times 127.51 \times 2 \times \frac{2}{3} \right] kN \cdot m$$

$$= 332.63 kN \cdot m$$

拉应力：

$$\frac{6M_i}{B^2} - \gamma_{cs} z = \left(\frac{6 \times 332.63}{5.2^2} - 18 \times 8.5 \right) kPa = -79.19 kPa \leqslant (0.15 \times 400) kPa = 60 kPa，满$$

足要求。

压应力：

$$\gamma_0 \gamma_F \gamma_{cs} z + \frac{6M_i}{B^2} = \left(0.9 \times 1.25 \times 18 \times 8.5 + \frac{6 \times 332.63}{5.2^2} \right) kPa = 245.93 kPa \leqslant 400 kPa，满足$$

要求。

该水泥土挡墙为格栅布置，剪应力计算采用式(8-8)，抗剪断系数 μ 取 0.4，剪应力为

$$\frac{E_{ak,i} - \mu G_i - E_{pk,i}}{\alpha_w B}$$

$$= \frac{(0.12 + 70.28 + 124.35) - 0.4 \times 18 \times 5.2 \times 8.5 - (9.21 + 7.85 + 99.6 + 127.51)}{0.7 \times 5.2} kPa$$

$$= -101.0 kPa \leqslant \frac{1}{6} f_{cs} = \frac{1}{6} \times 400 kPa = 66.67 kPa$$

满足要求。

② 基坑底面处

弯矩：

$$M = \gamma_0 \gamma_F M_k$$

$$= 0.9 \times 1.25 \times \left[\frac{1}{2} \times 1.52 \times 0.161 \times \left(4.2 + \frac{0.161}{3} \right) + \right.$$

$$\left. \frac{1}{2} \times 23.27 \times 4.2 \times \frac{4.2}{3} + 10.49 \times 4.2 \times \frac{4.2}{2} \right] kN \cdot m$$

$$= 181.63 kN \cdot m$$

拉应力:

$$\frac{6M_i}{B^2}-\gamma_{cs}z=\left(\frac{6\times181.63}{5.2^2}-18\times6\right)kN=-67.70kN\leqslant0.15\times400=60kN,满足要求。$$

压应力:

$$\gamma_0\gamma_F\gamma_{cs}z+\frac{6M_i}{B^2}=\left(0.9\times1.25\times18\times6+\frac{6\times181.63}{5.2^2}\right)kN=161.80kN\leqslant400kN,满足$$

要求。

剪应力:

$$\frac{E_{ak,i}-\mu G_i-E_{pk,i}}{\alpha_wB}=\frac{(0.12+48.87+44.06)-0.4\times18\times5.2\times6.0}{0.7\times5.2}kPa=-36.15kPa\leqslant$$

66.67kPa,满足要求。

习题

8.1 重力式水泥土墙设计时需进行哪些基本验算?

8.2 在重力式水泥土墙的设计验算中,抗倾覆稳定和抗滑移稳定,哪个更容易得到满足?条件是什么?

8.3 重力式水泥土墙破坏形式有哪些? 成因是什么?

8.4 作为基坑围护结构,重力式水泥土墙的适用范围是什么?

8.5 重力式水泥土墙主要遵照的设计原理包括什么?

8.6 如何用弹性地基"m"法计算重力式水泥土墙支护结构的变形?

8.7 水泥土搅拌桩施工大多采用双轴水泥土搅拌桩机,施工工艺流程是什么? 何时需采用三轴水泥土搅拌桩机?

8.8 重力式水泥土墙应在何时进行质量检测,质量检测应符合哪些要求?

8.9 有一开挖深度 $h=5$m 的基坑,淤泥质粉质黏土,重度 $\gamma=17.2$ kN/m³,内摩擦角 $\varphi=12°$,黏聚力 $c=10$kPa。采用重力式水泥土墙支护,墙体宽度 3.2m,墙体嵌固深度5.5m,水泥土的无侧限抗压强度为 800kPa,墙体重度 $\gamma=20$kN/m³,墙体与土体摩擦系数 $\mu=0.3$。试计算水泥土墙抗滑移稳定和抗倾覆稳定性安全系数,并验算墙身强度是否满足要求。(答案: $K_{sl}=1.53,K_{ov}=1.64$)

8.10 如习题 8.10 图所示,厚 10m 的黏土层下为含承压水的砂土层,承压水头高 4m,拟开挖 5m 深的基坑,采用水泥土墙支护,水泥土重度为 20kN/m³,墙体嵌入深度5m。已知每延米墙后的总主动土压力为 800kN/m,作用点距墙底 4m;墙前总被动土压力为1200kN/m,作用点距墙底 2m。如果将水泥土墙受到的向上的水压力从自重中扣除,试计算满足抗倾覆安全系数为 1.2 条件下的水泥土墙最小厚度。(答案: $B=4.69$m)

8.11 某基坑开挖深度 4.2m,采用重力式水泥土墙支护,支护结构安全性等级为三级。水泥土桩为 $\phi700@500$,墙体宽度为 3.2m,嵌固深度为3m,墙体重度取 20kN/m³,水泥土的无侧限抗压强度设计值为 0.8MPa。坑外地下水位为地面下 1m,坑内地下水位为地面下5m,墙体剖面、地层分布及各地层的重度 γ、黏聚力 c 以及内摩擦角 φ 见习题 8.11 图。地面

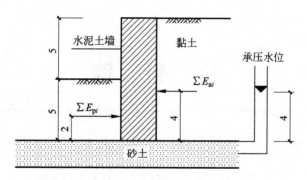

习题 8.10 图　水泥土墙计算图（单位：m）

施工荷载 $q=15\text{kPa}$。试进行重力式水泥土墙的抗倾覆、抗滑移和抗隆起稳定性验算并进行截面承载力验算（综合分项系数 γ_F 取 1.25）。如平面采用格栅式布置，格栅内的土体面积应满足什么要求。（答案：$K_{s1}=2.82，K_{ov}=2.41，K_b=3.13，A\leqslant 1.53\text{m}^2$）

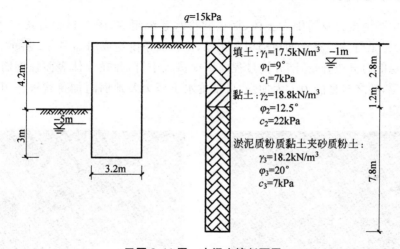

习题 8.11 图　水泥土墙剖面图

第 9 章

土 钉 墙

9.1 概述

9.1.1 土钉墙简介

土钉墙主要由土钉及周围岩土体、面层和排水系统组成,图 9-1(a)是竣工的复合土钉墙,图 9-1(b)是土钉墙混凝土面板喷射施工图,土钉墙系统组成图如图 9-2 所示。施工时利用土体的自稳能力分级开挖,随开挖过程向坑壁植入土钉,并在土体表面挂钢筋网,喷射钢筋混凝土面层,随之自稳能力大大加强,可抵抗水土压力及地面附加荷载等作用力,从而保持开挖面稳定。

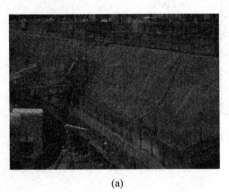

(a)

(b)

图 9-1 土钉墙工程图片

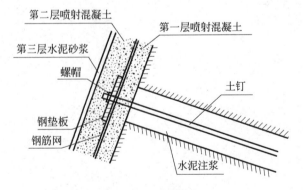

图 9-2 土钉墙构造

所谓土钉(soil nailing),一般是先以一定的倾角成孔,然后将钢筋置入孔内(或将钉体直接打入),在孔内注浆形成土钉体。土钉通长与周围土体接触,依靠接触界面上的黏结摩阻力,与其周围土体形成复合土体,从而改善了土的力学性能,弥补了土体抗拉强度的不足。土钉在土体发生变形的条件下被动受拉,并主要通过其受拉功能使复合土体的抗拉抗剪能力得以发挥,进而实现对原状土体的加固。而土钉间土体变形则通过面板(挂钢筋网喷射混凝土)予以约束。因此,土钉支护后,土钉墙后的土体强度提高,土钉支护边坡自稳性增加。

土钉是土钉墙的主要受力构件,主要有以下作用:骨架作用、承担主要荷载作用、应力传递与扩散作用、对坡面的约束作用、加固土体作用。总的来说,在经济合理的前提下,土钉密度越大,基坑稳定性越好。

(1) 骨架作用。该作用是由土钉本身的刚度和强度以及它在土体内的分布空间所决定的。土钉制约着土体的变形,使土钉之间能够形成土拱从而使复合土体获得较大的承载力,并将复合土体构成一个整体。

(2) 承担主要荷载作用。土钉墙受到外来荷载和自身重力的作用,由于土钉相较于土体,有更高的抗拉、抗剪强度以及抗弯刚度,在土体进入塑性状态后,应力逐渐向土钉转移,从而延缓复合土体塑性区的开展及渐进开裂面的出现。当土体开裂后,土钉内出现弯剪、拉剪等复合应力,土钉的分担作用更为明显。

(3) 应力传递与扩散作用。依靠土钉与周围土体之间的摩擦阻力作用,土钉将主动变形区的土体所产生的荷载向土体深层传递及周围扩散,从而降低了复合土体的应力水平、改善变形性能。

(4) 对坡面的约束作用。土钉使面板与土体紧密接触,使面板能够约束限制土体的侧向鼓胀变形量,以及面板裂缝的开展程度。

(5) 加固土体作用。地层中存在许多裂隙,往土钉孔洞中进行压力注浆时,浆液顺着裂隙扩渗,形成树根状结石体。结石体不仅增加了土钉与周围土体的黏结力,而且直接加固了原位土。

对于面层而言,它是由钢筋网和喷射混凝土组成,主要作用就是限制土坡侧向鼓胀变形和局部塌落,保持坡面完整性,增加土钉整体稳定性。另一方面,面层能确保土钉共同发挥作用,并能在一定程度上降低土钉不均匀受力程度以及扩散钉头上作用的荷载。同时混凝土面层能防止雨水、地表水刷坡及渗透,是土钉墙防水系统的重要组成部分。

9.1.2　土钉墙特点

(1) 能合理利用土体的自稳能力,将土体作为支护结构不可分割的部分;

(2) 由于土钉和面层是在开挖土坡之后施工的,需要土体有一定的自稳能力,在无支护阶段不发生倒塌,因而土钉墙对基坑的土质及地下水条件有较高的要求;

(3) 土钉数量众多,靠群体作用,即便个别土钉有质量问题或失效对整体影响不大,一旦遇到大块岩石、基桩等地下障碍物,可通过调整局部土钉位置、长度、角度避开;

(4) 施工速度快。土钉墙施工是结合土方开挖进行的,土方每开挖一层后,随即进行土钉墙施工,利用分段分层开挖施工,不单独占用施工工期,故多数情况下施工速度较其他支护结构快,施工过程如图 9-3 所示;

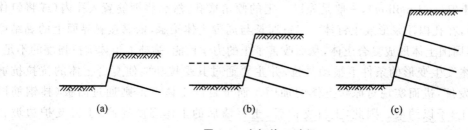

图 9-3　土钉施工过程

(a) 开挖一层；(b) 开挖二层；(c) 开挖三层

(5) 支护结构轻，柔性大，有良好的抗震性和延展性，破坏前有变形发展过程；

(6) 土钉墙需要土体有一定位移后，土钉才能发挥其抗力，因而不适合对变形要求严格的基坑。

9.1.3　土钉墙的适用条件

土钉墙需要土体有自稳能力，因此适用的土层有一定限制。如果周围有密集地下管线、密布的基桩或周边有重要建筑以及对变形要求严格的工程等，应该慎用土钉墙。同时施工时需放坡，土钉有一定长度，可能会侵入到用地红线以外，受建筑红线的限制，不适用于场地狭窄的工程。

对于软土基坑，采用土钉墙支护存在以下问题：

(1) 土钉与土层黏结力较低，土钉抗拔力很小；

(2) 软土直立开挖的高度小，容易坍塌或沿坡面鼓出；

(3) 软土与面层喷射混凝土黏结强度低，容易形成面板、土体两张皮；

(4) 基坑底部抗隆起、抗管涌、抗渗流等很难满足安全要求。

上述一系列问题，单靠土钉墙支挡技术难以解决，于是提出了复合土钉支护的概念。复合土钉是将土钉与其他支护手段相结合的支护形式，常见的有土钉与水泥土搅拌桩支护，土钉与超前微型桩支护，土钉与预应力锚杆支护等。复合土钉拓宽了土钉墙的使用范围，并很快在工程中得到广泛的应用。

上海市工程建设规范《基坑工程技术规范》(DG/T J08—61—2010)针对上海市的软土特点，给出了土钉与水泥土搅拌桩支护的计算方法，水泥土搅拌桩既有截水功能，又有超前支护作用，一般用在开挖深度不超过 5m 的软土基坑支护。

9.2　土钉支护分类与选型

9.2.1　土钉类型

土钉是横向植入土体的细长杆件，按施工方法不同，土钉可分为钻孔注浆型土钉、打入注浆型土钉。

(1) 钻孔注浆型土钉：先在坡面上钻直径 70～120mm，有一定深度的水平孔，然后插入钢筋、钢杆或钢绞索等小直径杆件，再用注浆充实孔穴，形成与周围土体密实黏结的土钉，最后在土坡坡面设置与土钉端部联结的联系构件，并用喷射混凝土形成面层结构。

（2）打入注浆型土钉：在钢管中部及尾部设置注浆孔成为钢花管，直接打入土中后压灌水泥浆形成土钉。钢花管注浆土钉具有直接打入的优点，施工方便，适合成孔困难的各种填土及砂土。

9.2.2　土钉与土层锚杆的比较

土钉一般杆体截面比较小，抗拔力也小，计算模式是全长与土体黏结，不分自由段与锚固段。锚杆计算长度分为自由段及锚固段，只有锚固段才能提供抗拔力。

土层锚杆在安装后通常施加预应力，主动约束挡土结构的变形。土钉不施加预应力，在发生少量位移后才能发挥作用。

土钉长度的绝大部分和土层接触，而土层锚杆则一般是在锚固长度内受力，自由段只起传力作用。因此两者在杆件长度方向上的应力分布是不同的，如图 9-4 所示。

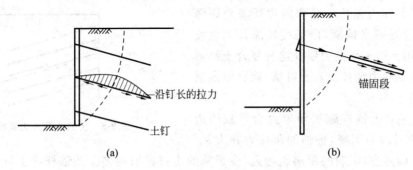

图 9-4　土钉与锚杆受力的区别
（a）土钉受力图；（b）锚杆受力图

9.2.3　土钉墙坡度

当基坑较深、土的抗剪强度较低时，宜取较小坡度。对砂土、碎石土、松散填土，确定土钉墙坡度时应考虑开挖时坡面的分层自稳能力。当无经验时，可按表 9-1 确定。

表 9-1　土层边坡允许坡度值

土层类别	土的状态	坡高允许值/m	坡度（高宽比）允许值
人工填土	中密以上	5	1∶1.00～1∶1.50
黏性土	坚硬	6	1∶0.50～1∶1.00
	硬塑	5	1∶0.80～1∶1.25
	可塑	5	1∶1.00～1∶1.50
粉土	中密	5	1∶1.00～1∶1.25
碎石土	稍密	5	1∶0.75～1∶1.00
	中密	5	1∶0.50～1∶0.75
	密实	6	1∶0.40～1∶0.50

9.2.4　复合土钉支护

复合土钉支护是近年来在土钉墙基础上发展起来的新型支护结构，它是将土钉墙与深层搅拌桩、旋喷桩、各种微型桩、钢管土钉及预应力锚杆等结合起来，根据具体工程条件进行组合，形成复合基坑支护的一种技术，它弥补了一般土钉墙的许多缺陷和使用限制，扩展了土钉墙技术的应用范围。

1. 复合土钉支护的基本形式

常用的复合土钉支护有土钉与预应力锚杆联合、土钉与截水帷幕和预应力锚杆联合、土钉与深层搅拌桩联合、土钉与微型桩联合这四种基本形式。

1）土钉＋预应力锚杆

预应力锚杆与土钉都是埋在土体中，起到分担荷载、传递与扩散应力、约束坡面、加固土体等作用。与土钉不同的是，预应力锚杆额外提供了预加应力，且其刚度通常比土钉大很多，施加了预应力之后锚杆主动约束土体的变形，改变了复合支护体系的性能。

当地层条件为黏性土层和周边环境允许降水时，可不设置截水帷幕，但基坑较深且无放坡条件时，采用土钉＋预应力锚杆这种复合土钉形式（图9-5），预应力锚杆加强土钉墙，能有效限制土钉墙位移。

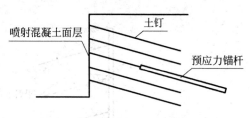

图 9-5　土钉＋预应力锚杆

研究表明：①锚杆施加预应力会导致周边1～3排的土钉内力下降，施加的预应力越大，土钉内力下降的越多，影响的距离也越远，受影响的土钉排数越多。②锚杆或土钉正常工作时，在某一状态下，需要为保持土体稳定而提供的最小拉力称为真值，锚杆或土钉能提供的极限抗力如果小于最小拉力则土体失稳。随着基坑的开挖，土压力增大，土钉的内力不断增大。土钉内力的增幅受到相邻锚杆预应力锁定值的影响，如果预应力锁定值小于真值，土钉内力增加较快、较大，距离锚杆较远的土钉内力可增加至该排土钉内力真值；如果锚杆锁定值大于真值，土钉内力增加较慢、较小，一直达不到该排土钉内力真值。③如果锚杆只布置在基坑的下部，施加预应力后将使边坡上部变形增大，上部土钉向坑内位移，增加土体的应力集中，使塑性区及拉张区增加，对基坑的稳定不利。④锚杆复合土钉墙一般为整体失稳破坏，当土体发生塑性变形时，土钉的内力先达到极限，部分土钉开始失效，荷载转移到锚杆上，但由于土钉失效，对土的约束变弱，土钉墙的变形增大，带动锚杆一起位移，导致锚杆自由段松弛，预应力损失，锚杆失效。在基坑发生倒塌破坏时，锚杆由于设计抗力大，安全储备高，一般不会被拉断或拔出。

2）土钉＋截水帷幕＋预应力锚杆

当基坑土层富含地下水时，地下水容易导致支护结构失稳破坏，同时由于降水会引起基坑周围建筑、道路的沉降，所以，一般情况下，基坑支护均设置截水帷幕。土钉＋截水帷幕＋预应力锚杆是应用最为广泛的一种复合土钉支护形式，如图9-6所示。截水帷幕起止水和加固支护面的双重作用。截水帷幕可采用搅拌桩、旋喷桩及注浆等方法形成。止水后土钉墙的变形一般较大，在基坑较深，变形要求严格的情况下，需要采用预应力锚杆限制土钉墙的位移，这样就形成了最为常用的复合土钉支护形式，即土钉＋截水帷幕＋预应力锚杆的支护形式。

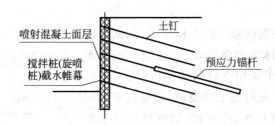

图 9-6　土钉＋截水帷幕＋预应力锚杆

3）土钉＋深层搅拌桩

在土体开挖之前设置嵌入坑底有一定深度的搅拌桩，随后在开挖土体的过程中施工土钉墙，形成土钉＋深层搅拌桩的复合土钉形式。由于搅拌桩与喷射混凝土面层形成复合面层，刚度较单纯混凝土面层提高数倍。

搅拌桩在开挖过程中的作用机理：

（1）基坑刚开挖时，并没有土钉参与，只有搅拌桩独自呈悬臂受力状态，桩身外侧（背基坑侧）受拉，墙顶变形最大。

（2）设置土钉后进行下一步开挖，此时，土钉的作用开始发挥，并与搅拌桩共同受力。但土钉所受力明显小于普通土钉墙，坡顶水平位移也明显小于普通土钉墙，因为搅拌桩承担了部分土压力，土钉受力较土钉墙明显减小。

（3）基坑开挖深度进一步加深，传递到基坑上部的力主要由上排土钉承担，上排土钉的内力增大，顶部水平变形继续增加，而搅拌桩上部几乎不再受力，搅拌桩下部与土钉继续共同受力。支护结构表现为土钉墙的受力特征，即仍为土钉受力为主，但土钉拉力的峰值降低，沿深度的水平变形仍表现为顶部大底部小。

（4）基坑进一步加深，支护结构表现出桩锚支护结构的特征，上排土钉拉力增加缓慢，搅拌桩顶部水平位移不再增加且在离桩顶一定距离内产生反向弯曲，新增加的土压力由搅拌桩的下部及下排土钉承担。由于搅拌桩顶部所受的侧向荷载比中下部小，搅拌桩刚度较大，类似于弹性支撑的简支梁，受压后产生弯曲变形，故搅拌桩中部水平变形增大，使竖向分布的水平位移呈现出"鼓肚"形状，如图 9-7 所示。实际上由于水泥土是脆性材料，弯曲变形并不像图 9-7 示意的那样大。

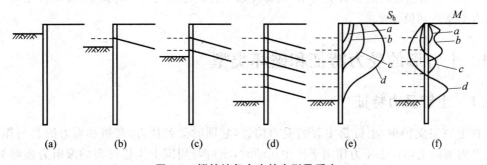

图 9-7　搅拌桩复合支护变形及受力

（a）～（d）开挖步骤；（e）水平位移 S_h；（f）搅拌桩弯矩 M

4）土钉＋微型桩

在不良土体或较松散的粉土砂土地层中，如果要求基坑垂直开挖，由于土体抗剪强度较低，边坡开挖后不能直立，这时就可以考虑采用土钉＋微型桩（图 9-8）这种复合土钉支护形式。先行施工微型桩，微型桩常采用直径 100～300mm 的树根桩、型钢桩、钢管桩以及木桩等，由于微型桩的刚度很大，能有效减少基坑的水平变形，并能使开挖的坑壁在施工土钉之前保持直立。

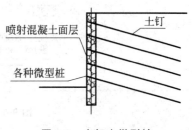

图 9-8　土钉＋微型桩

2. 复合土钉支护的优缺点

复合土钉支护扩展了土钉墙支护的应用范围，弥补了土钉墙支护的许多不足之处，保持了土钉墙支护的许多优点，在工程中获得了十分广泛的应用。其优点主要表现如下：

（1）将主动受力的土钉与其他被动受力的支护结构相互结合，形成了完整的支护结构受力体系。

（2）能够有效控制基坑的水平位移。实测资料表明，在对基坑水平位移有较高要求时或在较差的地质条件下，复合土钉支护可以很好地控制基坑的水平位移。

（3）超前支护措施可以实现基坑竖直开挖。

（4）旋喷桩、搅拌桩等截水帷幕能够有效防止地下水向基坑内渗透，使基坑内的开挖土层处于干燥状态。

（5）旋喷桩、搅拌桩等超前支护结构具有一定的嵌固深度，能够有效控制坑底隆起、渗流等。

（6）具有土钉墙支护的经济安全、施工周期短、施工方便、延性好等特点。

（7）比土钉墙支护有更广泛的地层适用范围。

虽然复合土钉支护具有许多优点，但其仍然有自身的缺陷及对施工的特殊要求，主要表现在以下几个方面：

（1）复合土钉支护没有解决土钉超越基坑"红线"的问题。

（2）软弱土层中的基坑开挖深度受到限制，不能超过一定深度。

（3）在含水量较高的软弱土层中，钢管注浆土钉的注浆质量不易保证，使得钉土界面的黏结力不易达到设计要求。

9.3　土钉墙的受力特征和破坏类型

9.3.1　土钉受力特征

在土钉墙支护中，土钉是主要的受力构件，它同时受到拉力、弯矩和剪力的共同作用。当土钉周围的土体在土压力作用下产生运动时，土钉与周围土体接触面的摩阻力能够调动土钉的受拉效用，同时基坑面层与土钉的连接点由于产生变形也能够有效地调动土钉，所以说土钉在土钉墙系统里面最直接的作用就是受拉，表现的形式为抗拔。

1．土钉沿钉长的受力分析

土钉在工作阶段主要受拉力作用(抗拔作用)，而所受剪力和弯矩的作用效应不明显，只有在接近破坏阶段时土钉的抗剪和抗弯作用才得到发挥。

土钉抗拔力的大小主要取决于土钉与周围土体的黏结力。随着基坑的开挖，黏结应力以双峰形式、拉力以单峰形式向尾部传递且不断增大，如图 9-9 所示。土钉较长时，初始受力阶段，黏结应力及拉力峰值均出现在离土钉头部较近处，尾部较长范围内没有应力。随着土方开挖、荷载的加大，峰值增大且向土钉的尾部传递，靠近头部的黏结应力显著降低。荷载进一步加大后，峰值靠近尾端，靠近头部的黏结应力继续下降甚至可能接近零(因为要承担面层的拉力，故钉头拉力并不为零)，即土钉与土层脱开只留有残余强度。

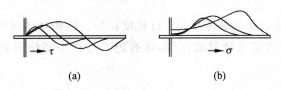

图 9-9　土钉内力沿土钉全长的分布

(a)黏结应力；(b)拉力

2．土钉沿深度的受力分析

最大土钉力沿深度的分布通常如图 9-10 所示，图中的土钉拉力分布不是开挖到坑底时的情况，而是施工开挖过程中各土钉最大拉力包络线。分布形式与经典土压力理论的三角形分布不同。由于施工过程影响，一般上部土钉拉力大于其承担面积上的土压力值，下部土钉拉力小于其承担面积上的经典土压力。研究发现，先设置的土钉会承担较多荷载，而后设置的土钉承担较少的荷载。

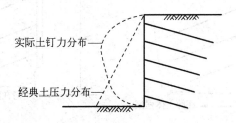

图 9-10　最大土钉力沿基坑深度分布示意图

9.3.2　土钉墙的破坏类型

土钉与土的相互作用，改变了土坡的变形与破坏形态，显著提高了土坡的整体稳定性。试验表明，直立的土钉墙在坡顶的承载能力约比素土边坡提高 1 倍以上，更为重要的是，土钉墙在受荷载过程中一般不会发生素土边坡那样的突发性塌滑。土钉墙延缓了塑性变形发展阶段，而且明显地呈现出渐进变形与开裂破坏并存且逐步扩展的现象，即把突发性的"脆性"破坏转变为渐进性的"塑性"破坏。图 9-11 是素土边坡与土钉墙破坏比较图。

土钉墙的破坏模式大致分为外部破坏和内部破坏两种。

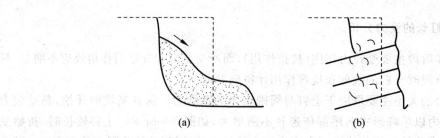

图 9-11　素土边坡与土钉墙破坏比较

（a）素土边坡；（b）土钉墙

1. 外部破坏

外部破坏指的是土钉墙的破坏面在土钉长度以外。比如整体圆弧滑动失稳、沿底部滑移破坏、承载力不足导致坑底隆起破坏等，还有施工过程中超挖引起的圆弧滑动失稳，如图 9-12 所示。

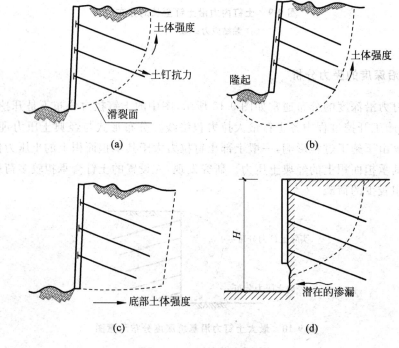

图 9-12　土钉墙的外部破坏

（a）整体圆弧滑动失稳；（b）坑底承载力破坏（坑底隆起）；
（c）沿坑底平面的滑移失稳；（d）施工开挖过程中的圆弧滑动失稳

2. 内部破坏

土钉墙的内部破坏形式主要如图 9-13 所示，表现形式有，土钉拔出破坏、土钉拉断破坏、土钉弯剪破坏、土体流动破坏及面层局部破坏等。实践经验表明，土钉墙的内部破坏通常发生在施工期，而面层和土钉头部的破坏很少发生。

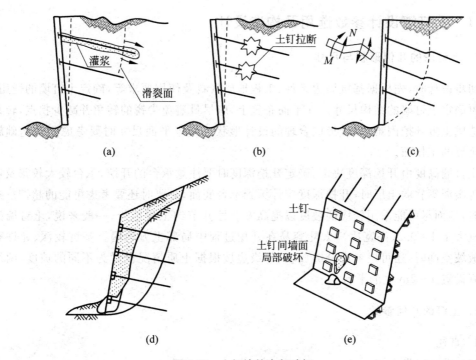

图 9-13 土钉墙的内部破坏

（a）土钉被拔出破坏；（b）土钉拉断破坏；（c）土钉的弯剪破坏；
（d）墙后土钉间的土流动破坏；（e）土钉间的墙面局部破坏

9.4 土钉墙的设计计算

　　土钉墙的设计一般取单位长度按平面应变问题进行计算,对基坑平面上靠近凹角的区段,可考虑三维空间作用的有利影响,对该处的设计参数作部分调整,对基坑平面上靠近凸角的区段,应做局部加强处理。

　　土钉墙在设计和施工时,要重视土钉墙分层分段施工的特点,应验算每形成一层土钉并开挖至下一层土钉施工面时,土钉墙的整体滑动稳定性和土钉抗拔承载力是否满足要求。在开挖到底形成完整土钉墙体后,还应进行必要的抗隆起稳定性和渗透稳定性分析。

　　土钉墙设计应包括以下内容:

　　(1)确定土钉墙的结构尺寸及分段施工长度与高度;

　　(2)选择土钉类型;

　　(3)设计土钉的长度、间距及布置、孔径、土钉杆体材料等;

　　(4)设计面层和注浆参数,必要时进行土钉墙变形分析;

　　(5)进行内部和外部稳定性分析计算,以及土钉抗拔力验算;

　　(6)绘制施工图,制定质量控制要求。

9.4.1 土钉墙设计参数选用及构造设计

1. 土钉墙的几何形状与尺寸

初步设计时,先根据基坑周边条件、工程地质资料及使用要求等,确定土钉墙的适用性,然后再确定土钉墙的结构尺寸。在平面布置上,应尽量避免尖锐的转角并减少拐点,转角过多会造成土方开挖困难,较难形成合理的设计形状。确定平面尺寸时要考虑到为基础施工留出足够的工作面。

土钉墙高度由开挖深度决定,确定开挖深度时要注意承台的开挖,承台较大较密及坑底土层为淤泥等软弱土层时,开挖深度应计算到承台底面,必要时还要考虑可能的超挖。条件许可时,墙面尽可能采用较缓的坡度以提高安全性并节约工程造价,一般来说,土钉墙的坡度不宜大于1∶0.2(高宽比),太陡容易在开挖过程中局部土方坍塌。基坑较深、允许有较大的放坡空间时,还可以考虑分级放坡,每级边坡根据土质情况设置为不同的坡度,两级之间最好设置1～2m宽的平台。

2. 土钉的几何参数

1) 直径

（1）成孔注浆土钉

成孔注浆土钉直径d一般根据成孔方法确定。成孔直径宜取70～120mm,土钉钢筋宜选用HRB400、HRB500钢筋,钢筋直径宜取16～32mm。应沿土钉全长设置对中定位支架,其间距宜取1.5～2.5m,土钉钢筋保护层厚度不宜小于20mm。土钉孔注浆材料可采用水泥浆或水泥砂浆,其强度不宜低于20MPa。

（2）打入钢管土钉

钢管的外径不宜小于48mm,壁厚不宜小于3mm。钢管的注浆孔应在钢管末端设置,设置长度为钢管全长的1/2～2/3,每个注浆截面的注浆孔宜取2个,且应对称布置,注浆孔的孔径宜取5～8mm,注浆孔外应设置保护倒刺。钢管的连接采用焊接时,接头强度不应低于钢管强度,钢管焊接可采用数量不少于3根、直径不小于16mm的钢筋沿截面均匀分布拼焊,双面焊接时钢筋长度不应小于钢管直径的2倍。

2) 长度

土钉越长,土钉抗拔力越高,基坑位移越小,稳定性越好。试验表明,土钉达到临界长度(非软土中一般为1.0～1.2倍的基坑开挖深度)后,再加长对承载力的提高并不明显。国内目前工程实践中土钉的长度一般为3～12m,软弱土层中适当加长。

3) 间距

土钉密度越大基坑稳定性越好。土钉的密度由其间距来体现,包括水平间距和竖向间距。土钉通常等间距布置,有时局部间距可以不均匀。土钉间距与长度密切相关,通常土钉越长,土钉密度越小,即间距越大。一般纵横间距取1～2m,或每0.6～3m²坡面设置1根土钉。

4) 倾角

理想状态下土钉轴线应与破裂面垂直,以便能充分发挥土钉提供的抗力。实践证实,破裂面接近地表时近似垂直,但是土钉越趋于水平,则施工越困难。钻孔注浆型土钉要在已钻好的孔洞内靠重力作用注浆,倾角不应小于 5°,小于 5°时不仅浆液流入困难、浪费多、需补浆次数多,而且因为排气困难,注浆不易饱满,很难保证注浆体内没有孔隙,15°是能够保证灌浆顺利进行的最小倾角。故综合考虑,钻孔注浆型土钉的倾角以 15°～20°效果最好,钢管土钉由于是压力注浆,倾角可略小,最佳倾角为 10°～15°。

国内外的研究结果表明,土钉倾角 5°～25°时对支护体系稳定性影响的差别并不大,10°～20°时效果最佳。

5) 空间布置

(1) 土钉之间存在着土拱效应及土钉之间荷载重分配,彼此可互相分担荷载,但第一排土钉以上的边坡处于悬臂状态,土的自重压力及地面附加荷载引起的土压力直接作用到面层上。为防止压力过大导致墙顶破坏,第一排土钉距地表要近一些,但太近时注浆易造成浆液从地表冒出,一般第一排土钉距地表的垂直距离为 0.5～2.0m。同时上部土钉长度不能太短,如果上部土钉长度较短,土钉墙顶部水平位移较大,容易在土钉尾部附近的上方地表出现较大裂缝。

(2) 下部土钉,尤其是最下一排的土钉,实际受力较小,长度可短一些。但工程中有许多难以预料的因素,如坑底沿坡脚局部超挖,坡脚被水浸泡,地面大量超载等,可能会导致下部土钉内力加大,故其也不能太短,且高度不应距离坡脚太远。有资料建议最下一排土钉距坡脚的距离不应超过土钉排距的 2/3。同时为满足土钉施工机械设备的最低工作面要求,一般不低于 0.5m。

(3) 同一排土钉一般在同一标高上布置,地表倾斜时同一排土钉不应随之倾斜。上下排土钉在立面上可错开布置,俗称梅花状布置,也可竖直布置,即上下对齐。

(4) 在深度方向上,土钉的布置形式大体有上下等长、上短下长、上长下短、中部长两头短、长短相间 5 种,各有特点。

① 上短下长。这种布置形式在土钉墙技术使用早期较为常见,但目前基本上已被实践否定。

② 上下等长。因为性价比不太好,一般只在开挖较浅、坡角较缓、土钉较短、土质较为均匀的基坑中采用。

③ 上长下短。通常依据力矩平衡原理进行设计,假定土钉墙的破裂面为直线或弧线,上排土钉要穿过破裂面后才能提供抗滑力矩,长度越长能提供的抗滑力矩就越大,而下排土钉只需很短的长度就能穿过破裂面。这种布置形式有时因受到周边环境等条件限制而应用困难。

④ 中部长上下短。实际工程中,靠近地表的土钉,尤其是第一、二排土钉,往往因受到基坑外建筑物基础及地下管线、窨井、涵洞、沟渠等市政设施的限制而长度较短,而且其位置下移,倾角有时也会较大,可能达 25°～30°。另外,通过增加较上排土钉的长度以增加稳定性在经济上往往不如将中部土钉加长合算,所以就形成了这种形式。但第一排土钉对减少土钉墙位移很有帮助,所以也不宜太短。这种布置形式目前工程中应用最多。

⑤ 长短相间。长短相间有两种布置形式,一种是在水平方向(沿基坑侧壁走向)上,同排土钉一长一短间隔布置,另一种是在深度方向上,同一断面的土钉上下排长短间隔布置。但这种做法并不能使土钉发挥全部的抗力,如果破裂面同时穿过长短土钉,则长土钉比短土

钉多出来的部分没有提供阻力,造成浪费。如果破裂面只穿过长土钉,则短土钉位于主动区内,不能提供抗滑力矩,短土钉也没有充分发挥作用。

3．注浆

基坑土钉均采用水泥系胶结材料,水泥注浆体与筋体的黏结强度、注浆体的抗剪强度及注浆体与土体的黏结强度通常均大于土体的抗剪强度,钻孔注浆型土钉的拔出破坏表现为注浆体周边土体的剪切塑性破坏。

1) 钢筋土钉的注浆

(1) 注浆材料可选用水泥浆或水泥砂浆,水泥浆的水灰比宜取 0.5～0.55,水泥砂浆的水灰比宜取 0.4～0.45,同时,灰砂比宜取 0.5～1.0,拌合用砂宜选用中粗砂,按重量计的含泥量不得大于 3%;

(2) 水泥浆或水泥砂浆应拌合均匀,一次拌合的水泥浆或水泥砂浆应在初凝前使用;

(3) 注浆前应将孔内残留的虚土清除干净;

(4) 注浆应采用将注浆管插至孔底、由孔底注浆的方式,且注浆管端部至孔底的距离不宜大于 200mm,注浆及拔管时,注浆管出浆口应始终埋入注浆液面内,应在新鲜浆液从孔口溢出后停止注浆,注浆后,当浆液液面下降时,应进行补浆。

2) 打入式钢管土钉的注浆

(1) 钢管端部应制成尖锥状,钢管顶部宜设置防止施打变形的加强构造;

(2) 注浆材料应采用水泥浆,水泥浆的水灰比宜取 0.5～0.6;

(3) 注浆压力不宜小于 0.6MPa,应在注浆至钢管周围出现返浆后停止注浆,当不出现返浆时,可采用间歇注浆的方法。

4．面层

面层所受的荷载并不大,目前国内外还没有发现面层出现破坏的工程事故,在欧美国家所做的有限数量的大型足尺试验中,也仅发现在故意不做钢筋网片搭接的喷射混凝土面层才出现了问题。

当土坡产生位移时,土钉需要靠钉土摩擦作用产生抗拔力,位移量必然小于土体,土钉之间的土体有被挤出的趋势,钉土摩擦力导致了土钉之间的土位移不均匀,两条土钉中间的土位移最大,靠近土钉的土位移最小,如果土钉间距合理,则会在两条土钉之间形成土拱。土拱承受后面的压力并将之传递给土钉,土钉再传递到土层深处,如图 9-14 所示,没有都传递给面层,所以面层受力较小。即便形不成土拱(土钉间距较大),也会有部分土压力通过摩擦作用直接传递给土钉,面层所受的力只能是土钉墙所承受的全部土压力的一部分。

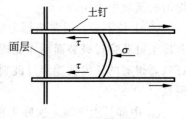

图 9-14　土拱理论

土钉墙高度不大于 12m 时,喷射混凝土面层的构造应符合下列要求:

(1) 喷射混凝土面层厚度宜取 80～100mm。

(2) 喷射混凝土设计强度等级不宜低于 C20。

(3) 喷射混凝土面层中应配置钢筋网和通长的加强钢筋,钢筋网宜采用 HPB300 级钢筋，钢筋直径宜取 6～10mm，钢筋间距宜取 150～250mm。钢筋网间的搭接长度应大于 300mm，加强钢筋的直径宜取 14～20mm。当充分利用土钉杆体的抗拉强度时，加强钢筋的截面面积不应小于土钉杆体截面面积的 1/2。

(4) 土钉与加强钢筋宜采用焊接连接，其连接应满足承受土钉拉力的要求。在土钉拉力作用下喷射混凝土面层的局部受冲切承载力不足时，应采用设置承压钢板等加强措施。

喷射混凝土面层的施工应符合下列要求：

(1) 细骨料宜选用中粗砂，含泥量应小于 3%；

(2) 粗骨料宜选用粒径不大于 20mm 的级配砾石；

(3) 水泥与砂石的重量比宜取 1∶4～1∶4.5，砂率宜取 45%～55%，水灰比宜取 0.4～0.45；

(4) 使用速凝剂等外加剂时，应通过试验确定外加剂掺量；

(5) 喷射作业应分段依次进行，同一分段内应自下而上均匀喷射，一次喷射厚度宜为 30～80mm；

(6) 喷射作业时，喷头应与土钉墙面保持垂直，其距离宜为 0.6～1.0m；

(7) 喷射混凝土终凝 2h 后应及时喷水养护；

(8) 钢筋与坡面的间隙应大于 20mm；

(9) 钢筋网可采用绑扎固定，钢筋连接宜采用搭接焊，焊缝长度不应小于钢筋直径的 10 倍；

(10) 采用双层钢筋网时，第二层钢筋网应在第一层钢筋网被喷射混凝土覆盖后铺设。

9.4.2 稳定性验算

1. 整体滑动稳定性

由于土钉墙是分层分段施工的，应验算每形成一层土钉并开挖至下一层土钉作业面标高时土钉墙的整体滑动稳定性。

整体滑动稳定性可用圆弧滑动条分法进行验算，有搅拌桩时，分析时应考虑搅拌桩的作用。最危险滑裂面应通过试算搜索求得，如图 9-15 所示。

土钉墙的整体稳定性应符合下列规定：

$$\min\{K_{s,1},K_{s,2},\cdots,K_{s,i},\cdots\}\geqslant K_s \tag{9-1}$$

$$K_{s,i}=\frac{\sum[c_jl_j+(q_jb_j+\Delta G_j)\cos\theta_j\tan\varphi_j]+\sum R'_{k,k}[\cos(\theta_k+\alpha_k)+\psi_v]/s_{x,k}}{\sum(q_jb_j+\Delta G_j)\sin\theta_j} \tag{9-2}$$

式中 K_s——圆弧滑动稳定安全系数，安全等级为二级、三级的土钉墙，K_s 分别不应小于 1.30，1.25；

$K_{s,i}$——第 i 个圆弧滑动体的抗滑力矩与滑动力矩的比值，抗滑力矩与滑动力矩之比的最小值宜通过搜索不同圆心及半径的所有潜在滑动圆弧确定；

c_j——第 j 土条滑弧面处的黏聚力，kPa；

φ_j——第 j 土条滑弧面处的内摩擦角，(°)；

b_j——第 j 土条的宽度，m；

θ_j——第 j 土条滑弧面中点处的法线与垂直面的夹角，(°)；

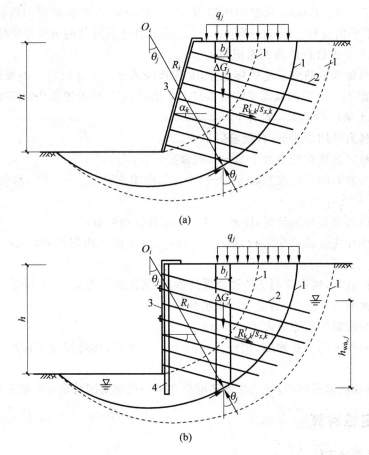

图 9-15　土钉墙整体滑动稳定性验算

(a) 土钉墙在地下水位以上；(b) 水泥土桩或微型桩复合土钉支护

1—滑动面；2—土钉或锚杆；3—喷射混凝土面层；4—水泥土桩或微型桩

l_j——第 j 土条的滑弧长度，m，取 $l_j = b_j / \cos\theta_j$；

q_j——第 j 土条上的附加分布荷载标准值，kPa；

ΔG_j——第 j 土条的自重，kN，按天然重度计算；

$R'_{k,k}$——第 k 层土钉或锚杆在滑动面以外的锚固段的极限抗拔承载力标准值与杆体
　　　受拉承载力标准值（$f_{yk} A_s$ 或 $f_{ptk} A_p$）的较小值，kN，锚固段的极限抗拔承载
　　　力应按式（9-8）及式（7-9）的规定计算，但锚固段应取圆弧滑动面以外的
　　　长度；

α_k——第 k 层土钉或锚杆的倾角，(°)；

θ_k——滑弧面在第 k 层土钉或锚杆处的法线与垂直面的交角，(°)；

$s_{x,k}$——第 k 层土钉或锚杆的水平间距，m；

ψ_v——计算系数，可按 $\psi_v = 0.5\sin(\theta_k + \alpha_k)\tan\varphi$ 取值，其中 φ 为第 k 层土钉或锚杆与
　　　滑弧交点处土的内摩擦角，(°)。

　　对于水泥土桩复合土钉支护，在需要考虑地下水压力的作用时，其整体稳定性按照
5.1.1 节要求验算，但 $R'_{k,k}$ 应按本章的规定取值。

当基坑面以下存在软弱下卧土层时,整体稳定性验算滑动面中应包括由圆弧与软弱土层面组成的复合滑动面。

微型桩、水泥土桩复合土钉支护,滑弧穿过其嵌固段的土条可适当考虑桩的抗滑作用。

2. 抗隆起稳定性验算

基坑底面以下有软土层的土钉墙结构应进行坑底抗隆起稳定性验算,计算图如图 9-16 所示,可采用以下公式验算:

$$\frac{\gamma_{m2}DN_q + cN_c}{(q_1b_1 + q_2b_2)/(b_1+b_2)} \geqslant K_b \tag{9-3}$$

$$N_q = \tan^2\left(45° + \frac{\varphi}{2}\right)e^{\pi\tan\varphi} \tag{9-4}$$

$$N_c = (N_q - 1)/\tan\varphi \tag{9-5}$$

$$q_1 = 0.5\gamma_{m1}h + \gamma_{m2}D \tag{9-6}$$

$$q_2 = \gamma_{m1}h + \gamma_{m2}D + q_0 \tag{9-7}$$

式中 K_b——抗隆起安全系数,安全等级为二级、三级的土钉墙,K_b 分别不应小于 1.6、1.4;

q_0——地面均布荷载,kPa;

γ_{m1}——基坑底面以上土的天然重度,kN/m³,对多层土,取各层土按厚度加权的平均重度;

h——基坑深度,m;

γ_{m2}——基坑底面至抗隆起计算平面之间土层的天然重度,kN/m³,对多层土,取各层土按厚度加权的平均重度;

D——基坑底面至抗隆起计算平面之间土层的厚度,m,当抗隆起计算平面为基坑底平面时,取 $D=0$;

N_c、N_q——承载力系数;

c——抗隆起计算平面以下土的黏聚力,kPa;

φ——抗隆起计算平面以下土的内摩擦角,(°);

b_1——土钉墙坡面的宽度,m,当土钉墙坡面垂直时取 $b_1=0$;

b_2——地面均布荷载的计算宽度,m,可取 $b_2=h$。

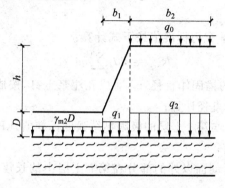

图 9-16 基坑底面下有软土层的土钉墙抗隆起稳定性验算

例题 9-1 某基坑开挖深度 6m，采用土钉墙支护，土钉墙的放坡比例为 1∶0.5（高度∶坡宽），地面作用均布荷载 $q = 10\text{kPa}$，第一层土为黏土，天然重度 $\gamma = 18.6\text{kN/m}^3$，黏聚力 $c = 30\text{kPa}$，内摩擦角 $\varphi = 19°$，层厚 9m。第二层土为淤泥质粉质黏土，天然重度 $\gamma = 16.6\text{kN/m}^3$，黏聚力 $c = 12\text{kPa}$，内摩擦角 $\varphi = 11°$。土钉墙安全等级为二级，试计算土钉墙抗隆起安全系数是否满足要求。

解：坑底抗隆起稳定性验算应按式（9-3）进行。土钉墙安全等级为二级，则 $K_b = 1.6$。抗隆起计算平面为淤泥质粉质黏土层顶面，土层重度 $\gamma_{m1} = \gamma_{m2} = 18.6\text{kN/m}^3$。

土钉墙坡面的宽度

$$b_1 = 0.5h = 0.5 \times 6\text{m} = 3\text{m}$$

地面均布荷载计算宽度 $b_2 = h = 6\text{m}$

$$N_q = \tan^2\left(45° + \frac{\varphi}{2}\right)e^{\pi\tan\varphi} = \tan^2\left(45° + \frac{11°}{2}\right)e^{\pi\tan11°} = 2.71$$

$$N_c = (N_q - 1)/\tan\varphi = (2.71 - 1)/\tan11° = 8.80$$

$$q_1 = 0.5\gamma_{m1}h + \gamma_{m2}D = (0.5 \times 18.6 \times 6 + 18.6 \times 3)\text{kPa} = 111.6\text{kPa}$$

$$q_2 = \gamma_{m1}h + \gamma_{m2}D + q_0 = (18.6 \times 6 + 18.6 \times 3 + 10)\text{kPa} = 177.4\text{kPa}$$

$$\frac{\gamma_{m2}DN_q + cN_c}{(q_1b_1 + q_2b_2)/(b_1 + b_2)} = \frac{18.6 \times 3 \times 2.71 + 12 \times 8.8}{(111.6 \times 3 + 177.4 \times 6)/(3 + 6)} = 1.65 > K_b = 1.6$$

土钉墙抗隆起满足要求。

3．渗透稳定性验算

土钉墙与截水帷幕结合时，应按 5.1.5 节的内容进行地下水渗透稳定性验算。

9.4.3 土钉承载力计算

在轴向拉力作用下，土钉可能有三种破坏方式：①沿锚固体与土体的界面被拔出（对于打入式土钉，也会沿土钉与土体间界面被拔出），即达到了极限锚固力；②拉力达到土钉的极限抗拉强度，土钉被拉断；③土钉从水泥灌浆体中被拔出，即拉力达到了杆体与水泥浆体的极限黏结力。土钉最后的破坏模式是由这三种抗力中的最小值决定的，工程实践表明最终的土钉抗力通常由锚固力决定。

1．土钉的锚固力

单根土钉的极限抗拔承载力标准值按下式计算：

$$R_{k,j} = \pi d_j \sum q_{sk,i}l_i \tag{9-8}$$

式中　d_j——第 j 层土钉的锚固体直径，m，对成孔注浆土钉，按成孔直径计算，对打入钢管土钉，按钢管直径计算；

　　　$q_{sk,i}$——第 j 层土钉与第 i 土层的极限黏结强度标准值，kPa，应根据工程经验并结合表 9-2 取值；

　　　l_i——第 j 层土钉滑动面以外的部分在第 i 土层中的长度，m，直线滑动面与水平面的夹角取 $\dfrac{\beta + \varphi_m}{2}$。

表 9-2　土钉的极限黏结强度标准值 $q_{sk,i}$ 的经验值

土 的 名 称	土 的 状 态	$q_{sk,i}$/kPa	
		成孔注浆土钉	打入钢管注浆土钉
素填土		15～30	20～35
淤泥质土		10～20	15～25
黏性土	$0.75 < I_L \leqslant 1.0$	20～30	20～40
	$0.25 < I_L \leqslant 0.75$	30～45	40～55
	$0 < I_L \leqslant 0.25$	45～60	55～70
	$I_L \leqslant 0$	60～70	70～80
粉土		40～80	50～90
砂土	松散	35～50	50～65
	稍密	50～65	65～80
	中密	65～80	80～100
	密实	80～100	100～120

2．土钉轴向拉力标准值

（1）单根土钉的轴向拉力标准值可按下式计算：

$$N_{k,j} = \frac{1}{\cos\alpha_j}\zeta\eta_j p_{ak,j}s_{x,j}s_{z,j} \tag{9-9}$$

式中　$N_{k,j}$——第 j 层土钉的轴向拉力标准值，kN；

α_j——第 j 层土钉的倾角，(°)；

ζ——墙面倾斜时的主动土压力折减系数，可按式（9-10）确定；

η_j——第 j 层土钉轴向拉力调整系数，可按式（9-11）确定；

$p_{ak,j}$——第 j 层土钉处的主动土压力强度标准值，kPa，可按 3.2.2 节确定；

$s_{x,j}$——土钉的水平间距，m；

$s_{z,j}$——土钉的垂直间距，m。

（2）坡面倾斜时的主动土压力折减系数可按下式计算，计算图如图 9-17 所示。

$$\zeta = \tan\frac{\beta - \varphi_m}{2}\left(\frac{1}{\tan\frac{\beta + \varphi_m}{2}} - \frac{1}{\tan\beta}\right)\Big/\tan^2\left(45° - \frac{\varphi_m}{2}\right) \tag{9-10}$$

式中　β——土钉墙坡面与水平面的夹角，(°)；

φ_m——基坑底面以上各土层按厚度加权的等效内摩擦角平均值，(°)。

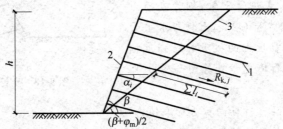

图 9-17　土钉抗拔承载力计算

1—土钉；2—喷射混凝土面层；3—滑动面

（3）土钉轴向拉力调整系数可按下列公式计算：

$$\eta_j = \eta_a - (\eta_a - \eta_b)\frac{z_j}{h} \tag{9-11}$$

$$\eta_a = \frac{\sum(h - \eta_b z_j)\Delta E_{aj}}{\sum(h - z_j)\Delta E_{aj}} \tag{9-12}$$

式中　z_j——第 j 层土钉至基坑顶面的垂直距离，m；

　　　h——基坑深度，m；

　　　ΔE_{aj}——作用在以 $s_{x,j}$，$s_{z,j}$ 为边长的面积内的主动土压力标准值，kN；

　　　η_a——计算系数；

　　　η_b——经验系数，可取 $0.6\sim1.0$；

　　　n——土钉层数。

3．土钉受力验算

土钉抗拔承载力验算的目的是控制单根土钉拔出或土钉杆体拉断所造成的土钉墙局部破坏，为此土钉拉力设计值 N 必须同时满足下列要求：

$$N_j \leqslant f_y A_s \tag{9-13}$$

$$\frac{R_{k,j}}{N_{k,j}} \geqslant K_t \tag{9-14}$$

式中　K_t——土钉抗拔安全系数，对于二、三安全等级的基坑支护分别为 1.6 和 1.4；

　　　N_j——土钉拉力设计值，kN，$N_j = \gamma_0 \gamma_F N_{k,j}$，分项系数按 2.3.2 节确定；

　　　$N_{k,j}$——土钉拉力标准值，kN，按照式（9-9）计算确定；

　　　$R_{k,j}$——土钉极限抗拔承载力标准值，kN，按照式（9-8）计算确定；

　　　f_y——杆体的抗拉强度设计值，kPa；

　　　A_s——土钉杆体截面积，m^2。

　　例题 9-2　某基坑开挖深度 4.8m，安全等级为三级。地面作用均布荷载 $q=20\text{kPa}$，开挖深度及影响范围内的地层为黏性土，天然重度标准值 $\gamma_k=18.2\text{kN/m}^3$，黏聚力标准值 $c_k=20\text{kPa}$，内摩擦角标准值 $\varphi_k=16°$，采用土钉墙支护。土钉水平距离为 1.5m，第一层土钉在地面下 1.2m 处，第二层土钉在地面下 2.7m 处，第三层土钉在地面下 4.2m，土钉墙的放坡比例为 1:0.5（高度:坡宽），土钉长度均为 8m，采用打入式钢管土钉，钢管直径为 48mm，壁厚 3mm，钢牌号 Q235，土钉与水平面夹角 $\alpha=15°$，土钉与黏性土的极限黏结强度标准值 $q_{sk}=40\text{kPa}$。土钉墙支护计算图如图 9-18 所示。

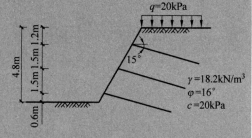

图 9-18　土钉墙支护计算图

　　请计算：（1）每层土钉轴向拉力标准值；

　　　　　　（2）每层土钉极限抗拔承载力标准值；

　　　　　　（3）土钉长度是否满足要求。

解： 1）每层土钉轴向拉力标准值

（1）土压力计算

主动土压力标准值：

$$p_{ak} = (q + \gamma z_j)\tan^2\left(45° - \frac{\varphi_j}{2}\right) - 2c_j\tan\left(45° - \frac{\varphi_j}{2}\right)$$

$$= (20 + 18.2z_j)\tan^2\left(45° - \frac{16°}{2}\right) - 2\times20\tan\left(45° - \frac{16°}{2}\right)$$

$$= 10.33z_j - 18.79$$

土压力临界高度

$$z_0 = \frac{p_{ak} + 18.79}{10.33} = \frac{0 + 18.79}{10.33} = 1.82$$

（2）单根土钉的轴向拉力标准值 $N_{k,j}$

土钉的轴向拉力标准值按 $N_{k,j} = \dfrac{1}{\cos\alpha_j}\zeta\eta_j p_{ak,j}s_{x,j}s_{z,j}$ 计算。

土钉墙墙面倾斜，需计算主动土压力折减系数 ζ：

$$\zeta = \tan\frac{\beta - \varphi_m}{2}\left(\frac{1}{\tan\frac{\beta + \varphi_m}{2}} - \frac{1}{\tan\beta}\right)\Bigg/\tan^2\left(45° - \frac{\varphi_m}{2}\right)$$

$$= \tan\frac{63.4° - 16°}{2}\left(\frac{1}{\tan\frac{63.4° + 16°}{2}} - \frac{1}{\tan63.4°}\right)\Bigg/\tan^2\left(45° - \frac{16°}{2}\right) = 0.54$$

土钉轴向拉力调整系数 $\eta_j = \eta_a - (\eta_a - \eta_b)\dfrac{z_j}{h}$

其中：$\eta_a = \dfrac{\sum(h - \eta_b z_j)\Delta E_{aj}}{\sum(h - z_j)\Delta E_{aj}}$，取经验系数 $\eta_b = 0.8$，$s_{x,j} = s_{z,j} = 1.5\text{m}$，$\Delta E_{aj}$ 为作用在以 $s_{x,j}$，$s_{z,j}$ 为边长的面积内的主动土压力标准值，由于土压力计算公式是线性的，ΔE_{aj} 的值可以直接由土钉所在位置的土压力乘以 $s_{x,j}$，$s_{z,j}$ 为边长的面积获得。

每层土钉的轴向拉力标准值见表 9-3。

表 9-3　土钉的轴向拉力标准值

土钉序号	z_j/m	$p_{ak,j}$/kPa	ΔE_{aj}/kN	η_a	η_j	$N_{k,j}$/kN
1	1.2	0	0	$= \dfrac{\sum(h - \eta_b z_j)\Delta E_{aj}}{\sum(h - z_j)\Delta E_{aj}}$ $= \dfrac{54.07 + 79.70}{43.01 + 33.21}$ $= 1.76$	1.52	0
2	2.7	9.1	20.48		1.22	13.97
3	4.2	24.6	55.35		0.92	28.47

2）每层土钉极限抗拔承载力标准值

$q_{sk} = 40\text{kPa}$，$l = 8\text{m}$，$d = 0.048\text{m}$，$\dfrac{\beta + \varphi_m}{2} = \dfrac{63.4° + 16°}{2} = 39.7°$，土钉墙滑动面及各线段长度见图 9-19。

根据正弦定理可得：

$$\frac{s_1}{\sin23.7°} = \frac{4.1}{\sin54.7°}, \quad s_1 = 2.01\text{m}$$

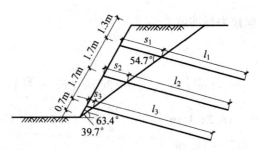

图 9-19　土钉墙支护计算图

同理,有 $s_2=1.18\text{m}$,$s_3=0.34\text{m}$。

因 $l_i=8-s_i$,有 $l_1=(8-2.01)\text{m}=5.99\text{m}$,$l_2=6.82\text{m}$,$l_3=7.66\text{m}$。

土钉极限抗拔承载力标准值:

$$R_{k,1}=\pi dq_{sk}l_1=(\pi\times0.048\times40\times5.99)\text{kN}=36.13\text{kN}$$

$$R_{k,2}=\pi dq_{sk}l_2=(\pi\times0.048\times40\times6.82)\text{kN}=41.14\text{kN}$$

$$R_{k,3}=\pi dq_{sk}l_3=(\pi\times0.048\times40\times7.66)\text{kN}=46.20\text{kN}$$

3）土钉受力验算

（1）土钉锚固力验算

第一层土钉轴向拉力为零,受力满足要求。

第二层土钉 $\dfrac{R_{k,2}}{N_{k,2}}=\dfrac{41.14}{13.97}=2.94\geqslant K_t=1.6$,满足要求。

第三层土钉 $\dfrac{R_{k,3}}{N_{k,3}}=\dfrac{46.20}{28.47}=1.62\geqslant K_t=1.6$,满足要求。

（2）土钉杆体强度验算

土钉最大拉力设计值

$$N_j=\gamma_0\gamma_F N_{k,j}=0.9\times1.25\times28.47\text{kN}=32.03\text{kN}$$

Q235 钢材抗拉强度设计值 f_y 为 215MPa,土钉截面积 $A_s=\pi[24^2-(24-3)^2]\text{mm}^2=423.9\text{mm}^2$。

$f_y A_s=(215\times423.9)\text{N}=91\,138.5\text{N}=91.14\text{kN}>32.03\text{kN}$,满足要求。

9.5　工程案例

某基坑开挖深度 4.7m,周围环境条件较简单,采用土钉墙支护。地基土的支护设计参数见表 9-4。

表 9-4　基坑设计参数

土层层号	土　名	渗透系数			直剪固快		重度
		室内渗透试验		建议值	黏聚力	内摩擦角	$\gamma/(\text{kN/m}^3)$
		垂直 $K_v/(\text{cm/s})$	水平 $K_h/(\text{cm/s})$	$K/(\text{cm/s})$	c/kPa	$\varphi/(°)$	
②1	褐黄色粉质黏土	8.79E-07	1.13E-06	3.00E-06	26	17.5	19.3
②2	灰黄色粉质黏土	3.05E-07	4.57E-07	3.00E-06	20	13.5	18.7
③	灰色淤泥质粉质黏土	1.02E-06	1.34E-06	4.00E-06	8	14.0	17.9

由于拟建场地环境条件较为简单,具备放坡条件,采用土钉墙支护,结合坡顶放坡。土钉墙支护剖面图如图 9-20 所示,节点图如图 9-21 所示。

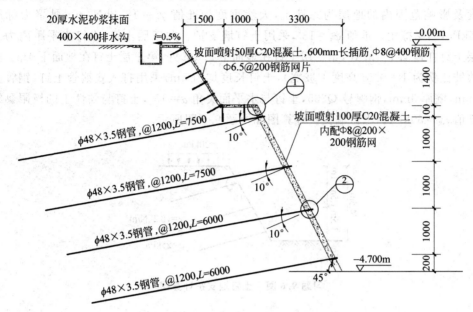

图 9-20　土钉墙支护剖面图

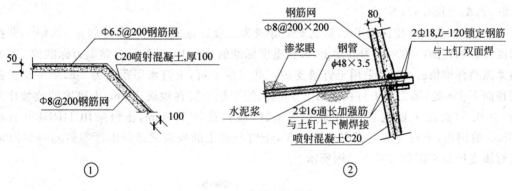

图 9-21　土钉墙支护节点图

习题

9.1　土钉在土钉墙支护体系中有哪些作用?

9.2　根据土钉的施工,土钉有哪两种基本类型?各有什么特点?

9.3　土钉墙的破坏有哪些主要形式?

9.4　为什么说土钉墙的面层通常可以按照构造要求设计?

9.5　某基坑开挖深度 4.0m,采用土钉墙支护,土钉墙的放坡比例为 1∶0.5(高度∶坡宽),地面作用均布荷载 $q = 20$ kPa,第一层土为黏土,天然重度 $\gamma = 18.6$ kN/m³,黏聚力 $c = 30$ kPa,内摩擦角 $\varphi = 19°$,层厚 10m。第二层土为淤泥,天然重度 $\gamma = 16.2$ kN/m³,黏聚力

$c=8$kPa，内摩擦角 $\varphi=6°$。计算土钉墙抗隆起安全系数是否满足要求。（答案：$K_b=1.601$）

9.6　某基坑开挖深度 4.5m，基坑安全等级为三级。地面作用均布荷载 $q=20$kPa，开挖深度及影响范围内的地层为黏性土，天然重度标准值 $\gamma_k=18.2$kN/m³，黏聚力标准值 $c_k=25$kPa，内摩擦角标准值 $\varphi_k=18°$，采用土钉墙支护。共三层土钉，土钉水平距离为 1m，第一层土钉在地面下 1m 处，第二层土钉在地面下 2.5m 处，第三层土钉在地面下 4m。土钉墙的放坡比例为 1：0.5（高度：坡宽），土钉长度均为 5m，采用打入式钢管土钉，钢管直径为 48mm，壁厚 3mm，钢牌号 Q235，土钉与水平面夹角 $\alpha=15°$，土钉与黏性土的极限黏结强度标准值 $q_{sk}=50$kPa。土钉墙支护计算图如习题 9.6 图所示。

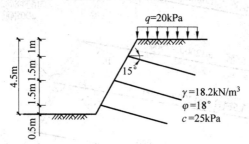

习题 9.6 图　土钉墙支护计算图

请计算：（1）每层土钉轴向拉力标准值；（2）每层土钉极限抗拔承载力标准值；（3）土钉长度是否满足要求。（答案：$\zeta=0.52$，$R_{k,1}=23.90$kN，$R_{k,2}=29.86$kN，$R_{k,3}=31.21$kN，$K_{t,3}=2.86$，$f_yA_s=188.45$kN）

9.7　某基坑开挖深度 6m，基坑安全等级为二级。地面作用均布荷载 $q=20$kPa，开挖深度及影响范围内的地层为砂性土，天然重度标准值 $\gamma_k=18.5$kN/m³，黏聚力标准值 $c_k=0$，内摩擦角标准值 $\varphi_k=32°$，采用土钉墙支护。共三层土钉，土钉水平距离为 2m，第一层土钉在地面下 1m 处，第二层土钉在地面下 3m 处，第三层土钉在地面下 5m，土钉墙的放坡比例为 1：0.5（高度：坡宽）。采用成孔式土钉，成孔直径 100mm，土钉采用 HRB400 直径 25mm 的钢筋，土钉与水平面夹角 $\alpha=15°$，土钉与砂土的极限黏结强度标准值 $q_{sk}=60$kPa。土钉墙支护计算图如习题 9.7 图所示。

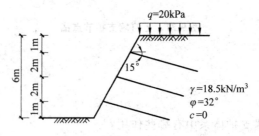

习题 9.7 图　土钉墙支护计算图

请计算：（1）每层土钉轴向拉力标准值；（2）每层土钉的长度。（答案：$\zeta=0.37$，$R_{k,1}=35.41$kN，$R_{k,2}=56.75$kN，$R_{k,3}=72.96$kN，$l_1=4$m，$l_2=5$m，$l_3=5$m，非软土中取 $l=6$m，$f_yA_s=706.86$kN）

第10章

基坑被动区加固

10.1 概述

基坑开挖以后,支护结构的外侧作用主动土压力,支护结构嵌固段的内侧作用被动土压力。由于饱和软黏土的抗剪强度比较低,作用在支护结构外侧的主动土压力大,作用在开挖面下(嵌固段)的被动土压力小,这会引起一系列的问题。比如为满足嵌固稳定性要求以及坑底土抗隆起稳定性要求,要增加竖向支护体的支护深度;由于被动土压力较小,难以平衡主动土压力,也要增加支护深度。另外,由于软土的高压缩性,支护体的变形会比较大,要控制支护体的变形。

为了提高被动区土的强度及刚度,可采用对被动区土进行加固来实现。常用的加固方法是水泥土搅拌桩加固(包括双轴水泥土搅拌桩和三轴水泥土搅拌桩),水泥土搅拌桩的特性见第8章相关章节。

董建国、袁聚云等指出,当基坑周围土体的最大沉降量与开挖深度的比值接近或超过1‰时,要引起充分重视。若不采取措施继续开挖,则土体会在某个薄弱区域急剧变形,最后产生某段深基坑整体滑动破坏。

秦爱芳、胡中雄等研究表明,基坑开挖,坑底被动区土体卸荷,坑底一定范围内土体强度降低较大,竖向回弹量较大,侧压力变化较大,这些将对基坑的变形产生不利影响。对被动区裙边软黏土进行加固可以有效改善被动区土体的强度和变形特性。

10.2 被动区加固范围

10.2.1 被动区加固平面布置形式

在平面上,当基坑开挖面积不大时,被动区可采用满堂加固(整个坑底加固),如图10-1(a)所示;当基坑开挖面积较大时,可采用沿基坑裙边有限范围内的加固(裙边加固、墩式加固),分别如图10-1(b)、(c)所示。

搅拌桩的平面排列一般采用类似重力式水泥土挡墙格栅形布置,也可采用搅拌桩实体布置(搅拌桩满铺搭接,无格栅)。坑内土加固宜用格栅形加固体布置,其面积置换率通常可选择0.5~0.8,在基坑较深或环境保护要求较高的一级或二级基坑中,可选用大值,反之可取用小值。

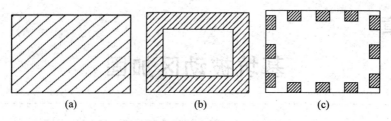

图 10-1 被动区加固形式

（a）满堂加固；（b）裙边加固；（c）墩式加固

10.2.2 坑内加固宽度与厚度

坑内被动区土的加固，有两个重要的几何参数需要确定，一个是裙边土加固宽度（开挖面积较小的满堂加固除外），一个是裙边土加固厚度。马海龙结合实际工程，对饱和软黏土中的深基坑被动区加固特性做了较为深入系统的研究。

研究对象如图 10-2 所示，开挖深度 $H=11\text{m}$，开挖深度及开挖深度以下一定范围内均为饱和软黏土，饱和软黏土厚度约 20m，竖向支护体为钻孔灌注桩，基坑采用两道钢筋混凝土内支撑。计算分析包含加固宽度 b、加固厚度 h 分别对支护体内力以及基坑变形的影响。

1. 加固厚度对支护体系的影响

1）加固厚度对支撑轴力影响

图 10-3 中的支撑轴力是第一道水平内支撑与第二道水平内支撑所受轴力之和。加固厚度为 2m 和 3m 时，随着加固宽度增大，支撑轴力减小不明显。当加固厚度大于 4m 时，不同的加固厚度有着不同的拐点；$h=5\text{m}$ 时，曲线拐点在 $b/H=0.27$ 处；$h=6\text{m}$ 时，曲线拐点在 $b/H=0.36$ 处；$h=7\text{m}$ 时，曲线拐点在 $b/H=0.45$ 处。拐点以后，随着加固宽度的增大，减少支撑轴力的效果就不明显了。从减少支撑轴力效果看，加固厚度宜取 6m，对应的相对加固宽度为 0.36。

图 10-2 计算剖面图

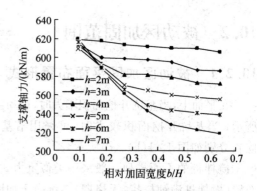

图 10-3 加固厚度对支撑轴力影响

2）加固厚度对墙体弯矩影响

图 10-4 是加固厚度对墙体弯矩的影响。加固厚度对弯矩的影响比对支撑轴力的影响敏感。加固厚度 4m 以内时，拐点在 $b/H=0.18$ 处；$h=5m$ 时，曲线拐点在 $b/H=0.27$ 处；$h=6m$ 时，曲线拐点在 $b/H=0.36$ 处；$h=7m$ 时，曲线拐点也在 $b/H=0.36$ 处。拐点以后，增加加固宽度对减小墙体弯矩几乎没有什么作用。从减少墙体弯矩效果看，加固厚度宜取 6m，对应的相对加固宽度为 0.36。

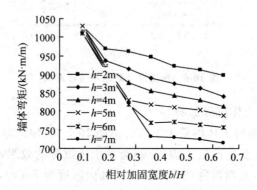

图 10-4 加固厚度对弯矩影响

3）加固厚度对墙体剪力影响

图 10-5 显示加固厚度对墙体剪力影响。当加固厚度达到 5m 以上时，曲线较陡，表明 $h=5m$ 以上时，随着加固宽度的增加，墙体剪力减小明显。比较 $h=6m$、$h=7m$ 两条曲线，二者分布很接近，差别很小。因此，从减小墙体剪力效果看，加固厚度不宜超过 6m，相对加固宽度宜取 0.45。

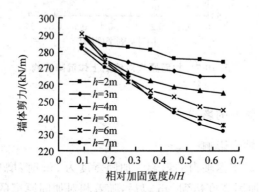

图 10-5 加固厚度对剪力影响

4）加固厚度对水平位移影响

图 10-6 中的墙体水平位移是指墙体的最大位移，该位移并不在墙顶处。当加固厚度在 3m 以内时，加大加固宽度对控制水平位移的作用不大。随着加固厚度增加，曲线拐点推迟出现，$h=4m$ 时，曲线拐点在 $b/H=0.27$ 处；$h=5$ 时，曲线拐点在 $b/H=0.36$ 处；加固厚度在 6m 以上时，曲线拐点在 $b/H=0.45$ 处。比较图中的曲线知，加固厚度宜取 $h=6m$，相对加固宽度宜取 0.45。

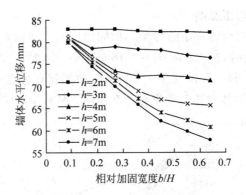

图 10-6　加固厚度对水平位移影响

5）加固厚度对墙后土体沉降影响

墙后土体沉降是指墙后土体的最大沉降。由图 10-7 知,加固厚度为 2m、3m、4m 时,随着加固宽度的增加,曲线变化比较平缓,控制墙后土体沉降的效果不明显。当加固厚度达 6m 时,随着宽度的增加,控制沉降的作用增大。加固厚度为 7m 时,控制沉降的能力比 6m 稍大。从经济角度及减少沉降效果看,加固厚度宜取 6m,相对加固宽度宜取 0.45。

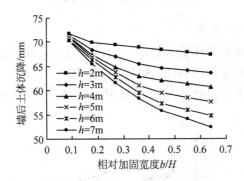

图 10-7　加固厚度对墙后土体沉降影响

2. 加固宽度对支护体系的影响

1）加固宽度对支撑轴力影响

图 10-8 是加固宽度对支撑轴力的影响。加固宽度为 2m 时,增加相对加固厚度对减少支撑力的作用有限。当加固宽度达到 5m 以后,随着相对加固厚度的增大,支撑力几乎呈线性减少。加固宽度 6m、7m 的曲线几乎与加固宽度 5m 的曲线重合。从减少支撑轴力的影响来看,合理的加固宽度为 5m。

2）加固宽度对墙体弯矩影响

由图 10-9 知,加固宽度至少达到 3m 以上时,才能有效降低墙体弯矩。对加固宽度 3m 而言,当相对加固厚度 0.45 以上时,随着相对加固厚度的增大,减少弯矩作用并不明显。当加固宽度 4m 以上时,减少弯矩的作用几乎随着相对加固厚度的增大而线性增加。当相对加固厚度达到 0.55 时,再加大加固宽度对减少墙体弯矩几乎无作用,合理的加固宽度为 5m。

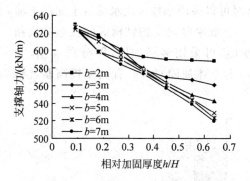

图 10-8 加固宽度对支撑轴力影响

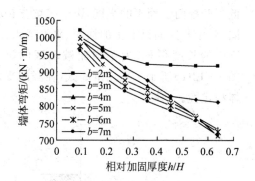

图 10-9 加固宽度对弯矩影响

3）加固宽度对墙体剪力影响

从图 10-10 看出，加固宽度为 5m 时能获得理想的控制剪力效果，加固宽度为 6m 的曲线与加固宽度为 7m 的曲线接近，对控制墙体剪力来说，加固宽度不宜超过 5m，否则会造成浪费。

4）加固宽度对水平位移影响

由图 10-11 看出，当相对加固厚度小于 0.27 时，加固宽度对控制墙体水平位移的作用不能有效发挥。加固宽度为 5m、6m、7m 时的曲线比较接近，所以从控制水平位移作用看，加固宽度可取 5m，相对加固厚度宜为 0.45。

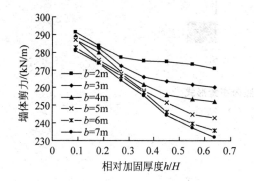

图 10-10 加固宽度对剪力影响

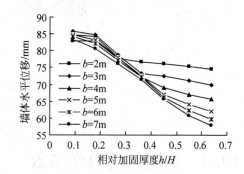

图 10-11 加固宽度对水平位移影响

由分析知，在对被动区土体加固时，裙边加固宽度和加固厚度与基坑开挖深度有关，加固厚度与加固宽度宜取 0.55 倍的开挖深度，可以获得较好的加固效果，不会造成浪费。

10.3 坑内土加固竖向布置形式

基坑土体加固竖向布置形式主要有单层式、回掺式、多层式，如图 10-12 所示。对单层式加固，水泥掺入比往往是统一的；对于多层式加固，各个分层加固厚度的水泥用量可以根据需要采用不同的掺入比。

坑内土加固往往在开挖面以下布置，加固土顶面与开挖面在同一标高。图 10-12（b）回掺式加固是指在实施基坑开挖面以下土的加固过程中，施工机械扰动了开挖面以上的土，降低了开挖面上面土的强度,影响基坑支护的安全,这时可以采用小掺入比水泥将上面的土加固,对于开挖面以上土的加固,水泥掺入比往往取7%。如果竖向支护结构嵌固在饱和软黏土中的长度很长,为了增加被动区的抗力,减小变形,可采用多层加固,即分层加固,如图10-12(c)所示。采用落底式(在竖向支护体底部以上土体加固)加固,有利于提高基坑整体稳定性。

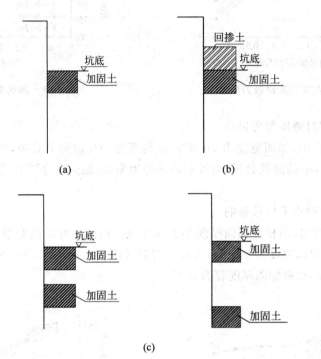

图 10-12　坑内土加固竖向布置形式

（a）单层式；（b）回掺式；（c）多层式

10.4　加固土的力学参数

　　基坑被动区土体加固通常采用双轴搅拌桩机或三轴搅拌桩机施工,有些情况下也采用高压旋喷法施工。其原理都是将水泥浆与原状土就地搅拌掺和,形成水泥土。

　　研究表明,水泥土的强度及刚度,与水泥掺入比有关(水泥重/被加固土体重),也与养护时间有关。总体上讲,水泥掺入比越大,养护时间越长,则水泥土强度越高。对淤泥质土的加固,32.5级普通硅酸盐水泥的掺入比15%,养护期不低于28d时,水泥土的无侧限抗压强度可取0.7MPa,抗剪强度可取0.21MPa,压缩模量可取70MPa。

　　双(单)轴水泥土搅拌桩的水泥掺入比不宜小于12%,通常可取15%,水泥土加固体的28d龄期无侧限抗压强度不宜低于0.6MPa。

　　三轴水泥土搅拌桩的水泥掺入比不宜小于20%,通常可取25%,水泥土加固体的28d龄期无侧限抗压强度不宜低于0.8MPa。

采用格栅形加固时,可根据面积置换率近似计算,得到加固范围内水泥土桩及土的平均力学参数。

10.5　被动区加固设计注意事项

基坑变形及对环境的影响程度与土性和环境状况有关,基坑土层条件和环境变化较大,单一基坑的周围环境往往也有较大区别,故坑内被动区域的土体加固设计应区别对待,以达到加固设计合理、工程投资经济、环境安全的社会效果。

基坑土体加固的平面布置包括加固体宽度、顺围护边线方向的加固长度、间距、土体置换率要求等。

有环境保护要求时或考虑加固后土体强度提高的坑内加固,宜采用格栅形加固体布置,其截面置换率通常可选择 0.5 以上,采用搅拌桩工艺的相邻桩搭接长度不小于 150mm,紧贴围护墙边的一排桩体宜连续布置,且应采取措施确保加固体与围护墙有效贴紧。

基坑环境保护等级一级的基坑,对土体加固的质量可靠性要求高。在环境保护等级一级的基坑被动区土体加固,建议优先考虑采用三轴搅拌桩施工工艺,也可以采用高压旋喷桩,并提高置换率。

对于环境保护等级较高的基坑,开挖面以下加固体深度一般不宜小于 4m(与饱和软黏土的分布厚度有关,也与基坑开挖深度有关)。坑底被动区加固体宽度可取基坑深度的 0.5～1.0 倍,同时不宜小于最下一道支撑到坑底距离的 1.5 倍,且不宜小于 5m。

采用搅拌法工艺时在开挖面以上回掺水泥,仅用于支撑道数为 2 道及以上的情况。当环境保护要求较高时,开挖面以上回掺高度和回掺量需综合考虑,回掺量可以大于 7%,并满足围护结构和环境的安全要求。当为砂性或粉性地基时,宜全断面回掺,或改用其他有效的加固方法。

10.6　某基坑坑内加固设计

1. 工程背景资料

某基坑工程开挖深度 10.5～11.0m,开挖面积约 25 000m²,基坑支护设计参数见表 6-1。基坑采用竖向钻孔灌注桩排桩,内设两道钢筋混凝土水平支撑的围护结构进行支护。

第 3 层淤泥质粉质黏土层厚变化较大,从 7m 厚到 18m 厚,为了优化设计,节约造价,计算分为 8 个剖面进行。根据不同剖面淤泥质粉质黏土层的分布深度,分别采用长度不等的竖向支护灌注桩并分别确定坑内土加固方案。坑内土加固采用双轴搅拌桩施工,42.5 级普通硅酸盐水泥,水泥掺入比为 15%。

2. 坑内土加固方案

1) 平面布置

根据沿基坑边线的地层剖面情况,决定采用局部裙边式加固,基坑局部裙边加固布置图见图 6-22,东西两侧淤泥质粉质黏土厚度较薄,没有对坑内土进行加固。

2）竖向布置

根据淤泥质粉质黏土的厚度,被动区加固厚度分别为 3m、4m,即开挖面向下 3m、4m,加固宽度为 4.2m。基坑开挖深度为 11m,加固相对深度分别为 0.27、0.36,加固相对宽度为 0.38。坑内土加固剖面如图 10-13 所示。

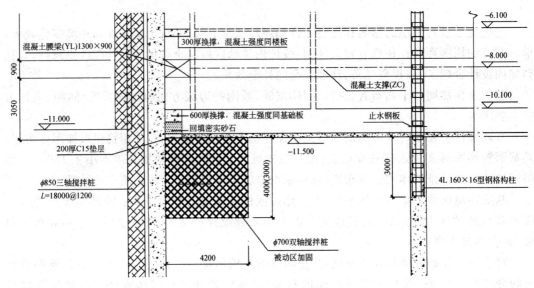

图 10-13　坑内土加固竖向布置

习题

10.1　为什么要进行基坑被动区土体加固?

10.2　基坑被动区加固有哪些布置形式? 加固厚度、加固宽度与开挖深度有何关系?

10.3　基坑被动区加固,在竖向布置有哪些形式? 其作用是什么?

第11章

基坑支护有限元分析

11.1 概述

岩土工程分析常常采用简化的物理模型去描述复杂的工程问题,再将其转化为数学问题并用数学方法求解。采用连续介质力学模型求解工程问题一般包括运动微分方程式、几何方程和本构方程,根据具体的边界条件和初始条件求解上述方程即可得到解答。对于复杂的工程问题,一般需采用数值分析法求解。对不同的工程问题采用连续介质力学模型求解,所用的运动微分方程式和几何方程是相同的,不同的是本构方程、边界条件和初始条件。基坑围护结构的变形特性与基坑开挖深度、围护体刚度、支撑系统刚度、土质情况等因素有关,围护墙体厚度的选取和支撑的布置是控制围护结构变形的关键,对于这些因素的详细分析通常需要采用数值方法进行参数研究,岩土工程数值分析已成为岩土工程师进行综合判断的重要依据之一(龚晓南,2011)。

随着计算机技术及土体本构理论的发展,有限差分法(FDM)、有限单元法(FEM)、边界单元法(BEM)、离散元法(DEM)、非连续变形分析(DDA)、流形方法(Manifold Method)等数值方法越来越多地应用于岩土工程问题的分析,其中有限单元法对于各种边界条件、初始条件,以及各类本构方程都有着较大的适应性,有限单元法成为应用最为广泛的数值方法。

有限元方法是模拟基坑开挖的有效方法,它能考虑复杂的因素,如土层分层情况和土的性质、支撑系统分布及其性质、土层开挖过程等。Clough & Duncan(1971)较早采用有限元方法分析了基坑开挖问题,随着计算机技术和数值分析方法的迅速发展,最近30多年来,在国际市场上逐渐形成了多个成熟的商业数值分析软件,出现了 ADINA、FLAC2D/3D、ABAQUS、PLAXIS、Marc、Midas GTS、COMSOL Multiphysics 以及 Z_Soil 等适用于基坑开挖分析的专业软件,这些软件均有各自作为商业软件的市场定位和特点。与通用有限元软件相比,专门性质的岩土工程分析软件更具有针对性,充分考虑了岩土工程的特性,并针对岩土工程的细节问题做了优化或专门设置。但是由于其应用只是针对基坑特点提供的专门功能,可选择性不强,二次开发功能及通用性不如通用的有限元软件。

有限单元法是在20世纪60年代发展起来的数值分析方法,使得许多复杂的工程问题迎刃而解,而且由于前后处理技术的发展,计算效率非常高,在土木工程领域得到广泛的应用。有限元方法的基础是变分原理和加权余量法,其基本求解思想是把计算域划分为有限个互不重叠的单元,在每个单元内,选择一些合适的节点作为求解函数的插值点,将微分方程中的变量改写成由各变量或其导数的节点值与所选用的插值函数组成的线性表达式,借

助于变分原理或加权余量法,将微分方程离散求解。在进行基坑支护有限元分析时,应重点考虑如下几个方面的问题:

(1) 位移约束边界。模型的边界一般施加位移约束条件,当基坑边缘到模型边界的距离较小时,所施加的边界条件必将对基坑的变形产生影响。

(2) 土体单元。通常采用实体单元进行模拟,根据计算精度要求,单元可以选择一阶或高阶单元。根据计算需要,选择适当的土体本构模型,采用总应力分析或有效应力分析。

(3) 围护结构。可以采用实体单元或板单元进行模拟,采用实体单元模拟时,需要对围护结构网格进行细化以得到较为精确的结果。

(4) 支撑结构。平面分析中,一般采用弹簧单元进行模拟,三维分析中,需要考虑主梁、次梁及楼板等复杂结构,主、次梁一般采用梁单元进行模拟,楼板采用板单元进行模拟。

在基坑工程的有限元分析中,还应注意初始地应力场的模拟。对于地面存在超载的基坑工程,初始地应力场不仅需要考虑土体自重,还需要考虑超载的作用。此外,由于围护结构与周围的土体在材料模量上差异很大,围护结构与土体之间还可能发生相对滑移,有必要考虑围护结构与土体的界面接触问题。

随着我国岩土工程建设的发展,有限元方法在实际工程中得到了大量的应用,软件使用者需要根据拟解决问题选择合适的岩土工程软件,提高数值模拟的效率。数值模拟初期只能分析简单的单一物理场问题,但岩土工程的复杂性要求数值分析不能仅停留在单一物理场的简化求解。随着数值模拟技术的不断发展,更加能够反映实际的多物理场和多相耦合求解开始得到重视,使之能够处理复杂的多物理场多相耦合岩土工程问题。

11.2 土体模型简介

土的应力-应变关系与应力路径、加荷速率、应力水平,以及土的成分、结构、状态等有关,土还具有剪胀性、各向异性等,因此,土体的本构关系十分复杂。至今已经提出了上百种土体的本构模型,但每种本构模型都是反映土的某一类或几类现象,有其应用范围和局限性。虽然土的本构模型有很多种,但广泛应用于工程实践的并不多,主要有如下几类模型:

(1) 弹性类模型,如线弹性模型、Duncan-Chang 模型;

(2) 弹性-理想塑性类模型,如 Mohr-Coulomb(MC)模型、Drucker-Prager(DP)模型;

(3) 硬化类弹塑性本构模型,如修正剑桥(MCC)模型、硬化土(HS)模型;

(4) 小应变模型,如 MIT-E3 模型、HSS 模型。

基坑开挖是典型的卸载问题,开挖会引起应力状态和应力路径的改变,所选择的本构模型应能反映开挖过程中土体应力应变变化特征。在上述模型中的摩尔-库仑模型所采用的卸载及加载模量相同,并没有考虑基坑开挖中的卸载问题,所以在应用中往往会导致不合理的坑底回弹。修正剑桥模型和硬化土模型的刚度依赖于应力水平和应力路径,应用于基坑开挖分析时能得到更好的模拟效果。另外,大量的实际监测数据表明,在变形控制较为严格的深基坑工程施工中,基坑周围土体大部分处于小应变状态,因此,在分析中,采用考虑土体小应变特性的本构模型(如 HSS 模型),能使模拟结果与实测结果更加趋近。

采用连续介质力学模型求解岩土工程问题需要建立岩土材料的工程实用本构方程,而选用合适的土体本构模型是基坑开挖有限元分析的关键。以下将简要介绍各类土体本构模型的主要特点,探讨各种模型在软土地区深基坑工程中的适用性。

11.2.1 摩尔-库仑模型

1. 屈服准则

摩尔-库仑模型(Mohr-Coulomb)是一种理想弹塑性模型,其采用主应力 σ_1,σ_2,σ_3 和平面外应力 σ_{zz} 表示,主应力和主方向由应力张量分量计算(以压应力为负)。

$$\sigma_1 \leqslant \sigma_2 \leqslant \sigma_3 \tag{11-1}$$

基于式(11-1)的假设,在应力空间和(σ_1,σ_3)平面的破坏准则可表示为图 11-1 的形式。由摩尔-库仑屈服函数定义的从 A 点到 B 点的破坏包络线为

$$f^s = \sigma_1 - \sigma_3 N_\varphi + 2c\sqrt{N_\varphi} \tag{11-2}$$

由 B 点到 C 点拉应力屈服函数的定义为

$$f^t = \sigma^t - \sigma_3, \quad N_\varphi = \frac{1+\sin\varphi}{1-\sin\varphi}, \quad \sigma'_{\max} = \frac{c}{\tan\varphi}$$

式中　φ——内摩擦角;

　　　c——凝聚力;

　　　σ^t——抗拉强度,不超过 $\sigma'_{\max}$。

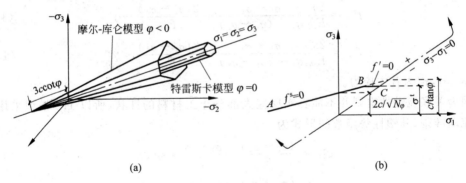

图 11-1　岩土材料摩尔-库仑模型及破坏准则

(a) 应力空间;(b)(σ_1,σ_3)平面的破坏准则

2. 弹性应变增量

$$d\varepsilon_{ij}^e = \frac{E}{(1+\nu)(1-2\nu)}\left[(1-2\nu)\delta_{ik}\delta_{jl} + \nu\delta_{jk}\delta_{jl}\right] = (\boldsymbol{D}^e)^{-1}d\sigma_{ij} \tag{11-3}$$

由式(11-3)可知,摩尔-库仑屈服面内是完全弹性变形的。

11.2.2 硬化土模型

Schanz 等(1999)将双曲线形式的 Duncan-Chang 模型(1970)扩展为弹塑性模型,在其基础上提出了 HS 模型的屈服函数,该模型包括了由 Duncan 和 Chang(1970)提出的轴向应变与偏差应力关系可由双曲线表示的概念,同时又对 Duncan-Chang 模型进行了适当的补充,考虑了土体的剪胀性。此外,还引入了一个屈服盖帽,通过屈服面理论计算土体塑性变形,使之更合理地模拟土体的弹塑性特性。

HS 模型的屈服函数定义如下：

$$F_s = \frac{q_a}{E_{50}} \frac{q}{q_a - q} - \frac{2q}{E_{ur}} - \gamma^{ps} \tag{11-4}$$

其中，γ^{ps} 是累积塑性偏应变材料参数，$\gamma^{ps} = \varepsilon_1^p - \varepsilon_2^p - \varepsilon_3^p = 2\varepsilon_1^p - \varepsilon_v^p \approx 2\varepsilon_1^p$（塑性体积应变相对较小，可忽略）；$q_a$ 是渐进线强度；E_{50} 为对应于 50% 土体强度的割线模量；E_{ur} 为土体的加卸载（回弹）模量。

将 γ^{ps} 代入式(11-4)，根据弹塑性模型的假定，可得：

$$\varepsilon_1 = \varepsilon_1^e + \varepsilon_1^p = \frac{q}{E_{ur}} + \frac{1}{2}\gamma^{ps} = \frac{q_a}{2E_{50}} \frac{q}{q_a - q} \tag{11-5}$$

依据在 p-q 空间中定义屈服轨迹为恒定的塑性剪切应变线，由试验得到的剪切应变轮廓和由式(11-4)定义的屈服轨迹有明显的相似性，所采用的三轴试验的步骤如下。

首先在平均应力 p_1 和剪切应力 q_1 作用下剪切一个给定试样；然后减少剪切应力（卸载）并增加平均应力到 p_2，在剪切应力 q_2 下再次剪切试样直到屈服为止；重复这个步骤多次以至回归线通过 N 元组点 $\{(p_1, q_1), (p_2, q_2), \cdots, (p_n, q_n)\}$，并在 p-q 空间中形成恒定的剪切应变线，即所谓的剪切应变轮廓。

将式(11-4)转换到主应力空间，即可得到 HS 模型的圆锥形屈服函数在主应力空间的表达式形式：

$$f_{12}^s = \frac{2q_a}{E_{50}} \frac{\sigma_1 - \sigma_2}{q_a - (\sigma_1 - \sigma_2)} - \frac{2(\sigma_1 - \sigma_2)}{E_{ur}} - \gamma^{ps} \tag{11-6a}$$

$$f_{13}^s = \frac{2q_a}{E_{50}} \frac{\sigma_1 - \sigma_3}{q_a - (\sigma_1 - \sigma_3)} - \frac{2(\sigma_1 - \sigma_3)}{E_{ur}} - \gamma^{ps} \tag{11-6b}$$

式中，$\sigma_1, \sigma_2, \sigma_3$ 为各主应力。

因为关联流动性准则并不能真实反应大部分土工材料的性状，所以 HS 模型采用非关联的流动准则，其塑性势函数的形式为

$$g_{12}^s = \frac{(\sigma_1 - \sigma_2)}{2} - \frac{\sigma_1 + \sigma_2}{2} \cdot \sin\psi_m \tag{11-7a}$$

$$g_{13}^s = \frac{(\sigma_1 - \sigma_3)}{2} - \frac{\sigma_1 + \sigma_3}{2} \cdot \sin\psi_m \tag{11-7b}$$

式中，流动剪胀角 ψ_m 根据 Rowe's 压力剪胀原理定义如下：

$$\sin\psi_m = \frac{\sin\varphi_m - \sin\varphi_{cs}}{1 - \sin\varphi_m \sin\varphi_{cs}} \tag{11-8}$$

其中，φ_{cs} 为临界状态摩擦角；φ_m 为流动摩擦角，可由下式计算：

$$\sin\varphi_m = \frac{\sigma_1 - \sigma_3}{\sigma_1 + \sigma_3 + 2c\cot\varphi}$$

HS 模型考虑了割线模量 E_{50} 和回弹模量 E_{ur} 的应力相关性，并根据 Ohde(1951) 和 Janbu(1963) 指数公式计算如下：

$$E_{50} = E_{50}^{ref} \left(\frac{c\cot\varphi + \sigma_3}{c\cot\varphi + p^{ref}} \right)^m \tag{11-9}$$

$$E_{ur} = E_{ur}^{ref} \left(\frac{c\cot\varphi + \sigma_3}{c\cot\varphi + p^{ref}} \right)^m \tag{11-10}$$

式中，E_{50}^{ref} 和 E_{ur}^{ref} 为对应于某参考应力状态 p^{ref} 的 E_{50} 模量和 E_{ur} 模量；m 为与土性有关的参

数；c，φ 分别为土体的黏聚力和内摩擦角，可由三轴试验得到；小主应力 σ_3 取代平均主应力 $p = \dfrac{\sigma_{ii}}{3}$ 作为反映材料应力状态指标。

HS 模型盖帽屈服面的表达式为

$$f^c = \frac{\tilde{q}^2}{\alpha^2} + p^2 - p_p^2 \tag{11-11}$$

式中，$p = \sigma_{ii}/3$ 为平均主应力；α 为当盖帽屈服面位于 p-q 内，在 p，q 轴的截距比值；p_p 为初始固结压力；$\tilde{q}$ 为偏应力，其中，$\tilde{q}$ 可用下式计算：

$$\tilde{q} = \sigma_1 + (\delta^{-1} - 1)\sigma_2 - \delta^{-1}\sigma_3 \tag{11-12}$$

$$\delta = \frac{3 - \sin\varphi}{3 + \sin\varphi} \tag{11-13}$$

盖帽屈服面的塑性势函数采用相关联的流动准则，其形式为

$$g^c = f^c = \frac{\tilde{q}^2}{\alpha^2} + p^2 - p_p^2 \tag{11-14}$$

11.2.3　小应变硬化土模型

Benz(2007 年)在 HS 模型的基础上，结合修正的 Hardin-Drnevich 剪切模量关系式，考虑了土体在小应变区域内的刚度随应变的非线性变化，即 HS-Small model(简称 HSS 模型)。在土体动力学中，小应变刚度已经广泛应用。而在静力分析中，这个土体动力学中的发现却未被实际应用。试验证明，小应变情况下的应力-应变曲线可以用双曲线模拟，Hardin-Drnevich 模型给出的剪切模量关系式为

$$\frac{G_s}{G_0} = \frac{1}{1 + \left|\dfrac{\gamma}{\gamma_r}\right|} \tag{11-15}$$

其中极限剪切应变 γ_r 定义为

$$\gamma_r = \frac{\tau_{max}}{G_0} \tag{11-16}$$

式中，τ_{max} 为破坏时的剪应力。

为了避免错误地使用较大的极限剪应变，Santos 和 Correia(2001)建议使用割线模量 G_s 减小到初始值的 70% 时的剪应变 $\gamma_{0.7}$ 来替代 γ_r。式(11-15)可改为

$$\frac{G_s}{G_0} = \frac{1}{1 + \alpha\left|\dfrac{\gamma}{\gamma_{0.7}}\right|} \tag{11-17}$$

其中，$\alpha = 0.385$。

Benz 参考了 Simpson(1992)的 Brick Model 的思想，在 HSS 模型中引入一个计算剪应变历史的标量 γ_{hist}，以解决土体在加卸载过程中形成的"滞回圈"问题。γ_{hist} 的计算公式为

$$\gamma_{hist} = \sqrt{3}\,\frac{\|\,\underline{H}\Delta e\,\|}{\|\,\Delta\underline{e}\,\|} \tag{11-18}$$

其中，Δe 为当前偏应变增量；$\underline{H}$ 为代表材料应变历史的对称张量。一旦监测到应变方向反向，$\underline{H}$ 就会在实际应变增量 $\Delta\underline{e}$ 增加前，部分或是全部重置。

在 HSS 模型中，应力应变关系可以用割线模量简单表示为

$$\tau = G_s \gamma = \frac{G_0 \gamma}{1 + 0.385 \dfrac{\gamma}{\gamma_{0.7}}} \tag{11-19}$$

对剪切应变进行求导可以得到切线剪切模量:

$$G_t = \frac{G_0}{\left(1 + 0.385 \dfrac{\gamma}{\gamma_{0.7}}\right)^2} \tag{11-20}$$

土体剪切模量随应变的增大而减小,刚度减小曲线一直到材料塑性区。在 HSS 模型中,小应变刚度减小曲线的下限为土体卸载再加载模量 G_{ur},与材料参数 E_{ur} 和 ν_{ur} 相关:

$$G_t \geqslant G_{ur}, \quad G_{ur} = \frac{E_{ur}}{2(1 + \nu_{ur})} \tag{11-21}$$

$G_t = G_{ur}$ 时,截断剪切应变 $\gamma_{\text{cut-off}}$ 计算公式为

$$\gamma_{\text{cut-off}} = \frac{1}{0.385}\left(\sqrt{\frac{G_0}{G_{ur}}} - 1\right)\gamma_{0.7} \tag{11-22}$$

Benz 假定,G_0 与参考围压 p^{ref} 下的初始剪切模量具有如下关系式:

$$G_0 = G_0^{\text{ref}}\left(\frac{c\cot\varphi + \sigma_3}{c\cot\varphi + p^{\text{ref}}}\right)^m \tag{11-23}$$

与 G_0 和参考初始剪切模量的关系类似,E_0 与参考围压 p^{ref} 下的初始弹性模量有如下关系:

$$E_0 = E_0^{\text{ref}}\left(\frac{c'\cot\varphi' + \sigma'_3}{c'\cot\varphi' + p^{\text{ref}}}\right)^m \tag{11-24}$$

HSS 模型可以考虑软黏土的硬化特性,区分加载和卸载,且刚度依赖于应力历史和应力路径。同时,考虑了土体在小应变区域内的刚度随应变的非线性变化特性,对于基坑开挖工程具有优越性。

11.2.4　模型参数的确定方法

1. 摩尔-库仑参数

摩尔-库仑模型共有 5 个参数,分别为 E, ν, c, φ, ψ。泊松比 ν 对于砂土推荐取 $0.2 \sim 0.25$,黏土推荐取 $0.25 \sim 0.3$。其他参数可通过工程勘察报告得到。其中,黏聚力 c、内摩擦角 φ 采用勘察报告中三轴固结不排水或排水剪切试验结果确定。剪胀角 ψ 用(°)表示,正常固结黏土和松散砂土剪胀角 ψ 取为 0°,砂土的剪胀性取决于密度和摩擦角,石英砂的剪胀角范围为 $\psi \approx \varphi - 30°$。但是,在多数情况下,因为 φ 小于 30°,剪胀角就等于零。

弹性模量 E 通常可根据工程勘察报告中所给出的压缩模量按式(11-25)进行推导,但是在上海软土地区的应用中,该模量的计算不能直接套用土力学中的经典算法,即不能直接按照式(11-25)计算。根据工程经验,摩尔-库仑中的弹性模量参数 E 取值为压缩模量 $E_{s0.1-0.2}$ 的 $2 \sim 3$ 倍为宜,此时,模拟结果与实测结果较为接近。

$$E = E_s\left(1 - \frac{2\nu^2}{1 - \nu}\right) \tag{11-25}$$

2. 硬化土模型参数

该模型中部分参数与摩尔-库仑模型相同,由于取法相同在此不再复述了,而其特有的

参数如下：

E_0^{ref}——初始土体弹性模量；

E_{50}^{ref}——与围压相关的割线模量；

$E_{\text{ur}}^{\text{ref}}$——卸载再加载模量；

$E_{\text{oed}}^{\text{ref}}$——固结试验中的参考切线模量；

m——与应力水平的相关幂指数，可取 $0.5\sim1.0$；

ν_{ur}——卸载再加载泊松比，砂土推荐取 $0.2\sim0.25$，黏土推荐取 $0.25\sim0.3$；

p_{ref}——水平参考应力，通常取 100kPa；

$\sigma_{\text{oed}}^{\text{ref}}$——垂直参考应力，通常取 100kPa；

K_0^{nc}——正常固结条件下的侧压力系数，可取 $K_0^{\text{nc}}=1-\sin\varphi$；

R_f——破坏比；一般取默认值为 0.9。

其中参数 E_0^{ref}，$E_{\text{ur}}^{\text{ref}}$，$E_{\text{oed}}^{\text{ref}}$，$E_{50}^{\text{ref}}$ 是对应于参考围压 p^{ref} 的参考模量，通常取 $p^{\text{ref}}=100\text{kPa}$。实际应用时土体的刚度与其所处的应力水平密切相关，也即三轴试验中的围压 σ_3。

1）与围压相关的割线模量 E_{50}^{ref}

参数 E_{50} 是主应力加载下与围压相关的刚度模量，定义如下：

$$E_{50} = E_{50}^{\text{ref}} \left(\frac{c\cos\varphi + \sigma_3\sin\varphi}{c\cos\varphi + p^{\text{ref}}\sin\varphi} \right)^m \tag{11-26}$$

其中，E_{50}^{ref} 是对应于参考围压 p^{ref} 的参考刚度模量，通常取 $p^{\text{ref}}=100\text{kPa}$，$E_{50}^{\text{ref}}$ 可通过室内试验围压 100kPa 等压固结排水剪切试验直接得到；对于软黏土 m 可取 1.0。

如果没有做该类试验，也可以参考表 11-1 的经验关系取值。

表 11-1　E_{50}^{ref} 与 $E_{s0.1-0.2}$ 的经验关系

土　类	经验关系
正常固结黏土($q_c<5\text{MPa}$)	$E_{50}^{\text{ref}}=3E_{s0.1-0.2}$
正常固结黏土($10<q_c<25\text{MPa}$)	$E_{50}^{\text{ref}}=E_{s0.1-0.2}$
正常固结砂土	$E_{50}^{\text{ref}}=E_{s0.1-0.2}$

注：q_c 为静力触探锥尖阻力。

2）卸载再加载模量 $E_{\text{ur}}^{\text{ref}}$

硬化土模型中卸载和再加载的应力路径采用另一个应力相关的刚度模量 E_{ur}，该参数能够反映卸载再加载过程前后土体模量的变化。具体定义如下：

$$E_{\text{ur}} = E_{\text{ur}}^{\text{ref}} \left(\frac{c\cos\varphi + \sigma_3\sin\varphi}{c\cos\varphi + p^{\text{ref}}\sin\varphi} \right)^m \tag{11-27}$$

其试验取法同 E_{50}^{ref}，而依据软件手册的说明，可以采用更加简单方便的经验取值，即 $3E_{50}^{\text{ref}}=E_{\text{ur}}^{\text{ref}}$。

3）固结试验中的参考切线模量 $E_{\text{oed}}^{\text{ref}}$

通过一维固结仪试验得到固结试验中的参考切线模量 $E_{\text{oed}}^{\text{ref}}$，其中 $E_{\text{oed}}^{\text{ref}}$ 是竖向应力 $\sigma_1'=p^{\text{ref}}$ 时的切线刚度，如图 11-2 所示。

与弹性模型不同，弹塑性的 HS 模型不设定排水三轴刚度 E_{50} 和一维压缩下的固结仪刚度 E_{50} 之间的固定关系，这些刚度值可以独立输入。在硬化土模型中，E_{oed} 定义为

$$E_{\text{oed}} = E_{\text{oed}}^{\text{ref}} \left(\frac{c\cos\varphi + \sigma_3\sin\varphi}{c\cos\varphi + p^{\text{ref}}\sin\varphi} \right)^m \tag{11-28}$$

此处 $E_{\mathrm{oed}}^{\mathrm{ref}}$ 的取值,可采用勘察报告中 $p^{\mathrm{ref}}=100\mathrm{kPa}$ 时压缩模量的取值。

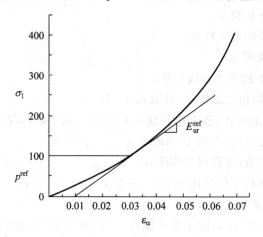

图 11-2　固结仪试验确定的 $E_{\mathrm{oed}}^{\mathrm{ref}}$

3．小应变硬化土模型参数

HSS 模型是基于土体硬化模型基础上发展起来的,该模型可以考虑土体小应变情况下应力-应变特性,在 HS 模型的基础上新增两个参数来描述土体小应变下的刚度状态,分别是 $\gamma_{0.7}$ 和 G_0^{ref},$\gamma_{0.7}$ 为割线剪切模量衰减到初始剪切模量 70% 时所对应的剪应变,G_0^{ref} 为土体参考初始剪切模量。

1）土体参考初始剪切模量 G_0^{ref}

土体参考初始剪切模量 G_0^{ref} 可用参考初始弹性模量 E_0^{ref} 替代,$E_0^{\mathrm{ref}}=2(1+\nu)G_0^{\mathrm{ref}}$。土体初始模量 G_0^{ref} 通常采用动力的方法来测量,主要有现场动力测试和室内动力测试。现场动力测试方法有跨孔地震法（CHST）和动力触探法（SCPT）等。室内动力测试方法有共振柱法、弯曲元法。

长期以来,共振柱试验被公认是测定土最大剪切模量最可靠的方法之一,美国测试与材料协会就将其纳入行业标准。共振柱仪的试验原理为:使土样的一端受到轴向的或扭转的简谐振动的激振,激振产生的应力波传向试样的另一端并被反射回来。调节激振频率,使试样振端的应变幅达到最大值,也就是说使试样系统发生共振。此时所测得的共振频率即为土试样系统的固有频率 f_{n},并可以通过式（11-29）计算出土样的动剪切模量 G_{d}。共振柱法以一维波动理论为基础,具有应力条件明确,试验操作方便和测试结果离散性小的优点,已成为开展土动力学研究及振动基础设计必不可少的一种试验方法。

$$G_{\mathrm{d}} = \rho \left(\frac{2\pi f_{\mathrm{nT}} H}{\beta_{\mathrm{T}}} \right)^2 \tag{11-29}$$

式中　G_{d}——试样的动剪切模量,MPa;

　　　ρ——试样的质量密度,$\mathrm{kg/m^3}$;

　　　f_{nT}——系统的扭转振动共振频率,Hz;

　　　H——试样固结后的高度,m;

　　　β_{T}——扭转振动频率方程式（11-30）的特征值。

$$\frac{I}{I_0} = \frac{W_n H}{V_s} \tan \frac{W_n H}{V_s} = \beta_T \tan \beta_T \tag{11-30}$$

式中　I——试样的质量极惯性矩，m^4；

$\quad\quad I_0$——所加质量块体的极惯性矩，m^4；

$\quad\quad W_n$——周期频率，$W_n = 2\pi f_{nT}$，rad/s；

$\quad\quad V_s$——剪切波在土中传播的速度，m/s；

采用弯曲元法可以测试室内制备的土体试样的剪切波速和能量衰减特性。该法操作简单、成本低、易安装，在各种常规实验仪器内且具非破坏性等特点，也被广泛认为是测定土的最大剪切模量有效方法之一。弯曲单元是压电陶瓷机电传感器，可以把电能转换成机械运动。把弯曲单元安装在三轴压力室的底座和上帽处，输入电流激发单元弯曲，放射出剪切波通过土样传递，剪切波速是 V_s。波的传递导致接收单元振动，示波器捕捉到电流信号。通过源单元和接受单元之间剪切波传递时间确定剪切波速 V_s。可用式(11-31)来计算非常小应变剪切模量：

$$G_{max} = \rho V_s \tag{11-31}$$

式中，ρ 为土样密度。

2）HSS 模型参数汇总

HSS 模型除了包含 HS 模型的参数外，还包含两个小应变参数 G_0^{ref} 和 $\gamma_{0.7}$，见表 11-2。其中参考初始剪切模量 G_0^{ref} 可用参考初始弹性模量 E_0^{ref} 替代，$E_0^{ref} = 2(1+\nu)G_0^{ref}$，$\nu$ 为土体泊松比。

表 11-2　HSS 模型参数定义

参数	定　义	参数	定　义
c'	土的有效黏聚力	E_{50}^{ref}	三轴排水剪切试验的参考割线模量
φ'	土的有效内摩擦角	E_{ur}^{ref}	三轴排水剪切试验的参考加卸载模量
K_0	正常固结条件下静止侧压力系数	E_{oed}^{ref}	固结试验中的参考切线模量
ψ	土的剪胀角	R_f	破坏比
m	刚度应力水平相关幂指数	G_0^{ref}	参考初始剪切模量
p^{ref}	参考应力	$\gamma_{0.7}$	割线剪切模量衰减到初始剪切模量 70% 时所对应的剪应变
ν_{ur}	加卸载泊松比		

11.2.5　土体本构模型的选用

岩土的应力-应变关系是非常复杂的，想要用一个普遍都能适用的数学模型来全面描述岩土工作性状的全貌是很困难的。所以在选择地基模型时，应根据土的类别和工程案例的特点有针对性地选择。

基坑工程的特殊性在于开挖卸荷，卸荷时土体的应力-应变关系与常规的加荷状态有着明显的区别，基坑变形具有独特的规律，在数值模拟计算中，选择合适的土体本构模型是非常重要的。

通过对各种土体本构模型的对比分析可知，Duncan-Chang 模型应用较广，参数也可通过普通的三轴试验获得，且可以考虑卸载模量对计算结果的影响，但未能考虑固结压力的作用，不适宜模拟软土地区的正常固结和弱超固结黏土，以及密实度较低的砂土，这类变形受体积应变影响较大的土体。摩尔-库仑模型与 Druker-Prager 模型为理想弹塑性模型,参数简单且易于获得,但不能考虑卸载模量与加载(剪切)模量的区别,且未考虑固结压力的作用,也不适宜模拟软土地区土层中的基坑开挖问题。修正剑桥模型以塑性体积应变作为硬化参数,考虑了固结压力和体积应变对土体应力应变的影响,但其过大地估计了土体的抗剪强度,导致坑底被动区土体在剪切过程中表现出"过强"的现象。由于 HSS 模型在描述土体剪切硬化、压缩硬化、加卸载、小应变等方面的优势,HSS 模型更适合于模拟基坑开挖问题。

11.3 建模计算

11.3.1 土体本构模型的选择

土体小应变刚度模型(hardening soil model with small-strain stiffness,简称 HSS 模型)是在土体硬化模型(hardening soil model)的基础上发展起来的,Plaxis 软件率先引入了该土体模型。计算采用 Plaxis 软件内嵌的 HSS 模型,为进行对比,同时采用了理想弹塑性的摩尔-库仑模型。土层基本参数以及摩尔-库仑模型和 HSS 模型的参数分别解释如下。

1. 土层基本参数

计算背景取自上海地区某工程,由于该工程的重要性,岩土工程勘察报告对各类常规物理力学性质均进行了试验检测,根据详勘报告,将相关的土层基本参数摘录在表 11-3 中,为建模方便,对相近土层进行了合并处理。

表 11-3 土层基本参数

项目	层序	① 淤泥质粉质黏土	② 淤泥质黏土	③ 粉质黏土	④ 砂质粉土	⑤ 粉细砂
重度	$\gamma_0/(kN/m^3)$	17.6	16.8	18.2	18.8	19.0
三轴 CU	C_{cu}/kPa	11	13	21	5	5
	$\varphi_{cu}/(°)$	20.5	14.1	20.3	34.5	35.0
土层层厚	h/m	8	10	11	12	19
静止侧压力系数	K_0	0.50	0.56	0.49	0.37	0.34
压缩模量	E_s/MPa	1.93	3.15	7.5	30.6	39.4
泊松比	ν	0.33	0.36	0.33	0.27	0.25

注:E_s 取值由勘察报告中的 $e-p$ 曲线得到;参数 C_{cu},φ_{cu} 为三轴固结不排水的试验结果。

2. 摩尔-库仑模型计算参数

根据上海地区的土质情况,摩尔-库仑模型需要用到变形模量 E_{ref},一般可取为土体压缩模量的 2~3 倍,这里取为 2 倍。其他土体参数 E_{ref},φ 分别取三轴固结不排水试验参数 C_{cu} 和 φ_{cu}。

3. HSS 模型计算参数

HSS 模型是基于土体硬化模型(hardening soil model)基础上发展起来的考虑土体小应变情况下应力-应变关系的模型,HSS 模型用两个参数来描述土体小应变下的刚度状态,分别是 $\gamma_{0.7}$ 和 G_0^{ref}。$\gamma_{0.7}$ 表示 $G_{sec}=0.7G_0^{ref}$ 时对应的应变,G_{sec} 为割线剪切模量。G_0^{ref} 表示小应变下的参考剪切模量,是基于双曲线法则来描述小应变状态的。

小应变刚度试验可以在计算机控制的应力路径三轴仪上进行,小应变刚度则通过基于高精度的局部应变测量的剪切应变-刚度曲线得到。汪中卫(2004)针对典型的上海淤泥质粉质黏土,得到了上海软黏土归一化剪切刚度与剪切应变的试验曲线,如图 11-3 所示,呈现典型的 S 形曲线。

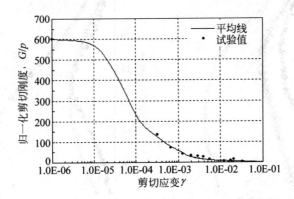

图 11-3　归一化剪切刚度与剪切应变的试验曲线

HSS 模型计算参数主要来自于图 11-3 给出的试验曲线,HSS 模型计算参数见表 11-4。

表 11-4　HSS 模型计算参数

项目 \ 层序		① 淤泥质粉质黏土	② 淤泥质黏土	③ 粉质黏土	④ 砂质粉土	⑤ 粉细砂
侧应力系数	K_0^{nc}	0.65	0.76	0.65	0.43	0.43
特征点应变	$\gamma_{0.7}$	8.0×10^{-5}	8.0×10^{-5}	8.0×10^{-5}	8.0×10^{-5}	8.0×10^{-5}
参考剪切模量	G_0^{ref}	64.0	50.8	88.9	92.9	100.3
孔隙比	e	1.00	1.15	0.78	0.75	0.70

注:$\gamma_{0.7}$ 为可由图 11-3 的归一化剪切刚度与剪切应变曲线得到,从图 11-3 中可看出 $G_{sec}=0.7G_0^{ref}$ 时对应的应变 $\gamma_{0.7}=8.0\times10^{-5}$;

G_0^{ref} 为与土体的初始孔隙比有关,Hardin 和 Black 给出了如下的一种估算方法:$G_0^{ref}=\dfrac{(2.97-e)^2}{1+e}\times33$,MPa;

K_0^{nc} 为土体正常固结时的侧应力系数,可由经验公式 $K_0^{nc}=1-\sin\varphi$ 进行估算,φ 为土的内摩擦角。

11.3.2　算例验证

为验证上述参数取值方法和计算模型的适用性,计算结果与上海某地铁深基坑工程的变形实测数据进行对比分析。该基坑开挖深度为 15.5m,采用 600mm 厚的地下连续墙进行围护,地下连续墙南侧深度为 34m,其他为 28m,基坑共布置五道支撑,分别位于地表以下

1.5m、4.7m、6.9m、9.7m、12.5m，第一道为钢筋混凝土支撑，水平间距 6m；其余为 $\phi 609mm \times 16mm$ 钢管支撑，水平间距为 3m。

　　实测结果表明，地下连续墙最大水平位移不超过 0.3% 的基坑开挖深度，土体变形主要位于小应变范围内。分别采用摩尔-库仑模型和 HSS 模型对该工程实测数据进行分析验证，计算结果与实测数据对比如图 11-4 所示。可见对于变形控制较为严格的基坑工程，考虑土体小应变刚度特性的 HSS 模型能够更好地模拟基坑实际变形情况。

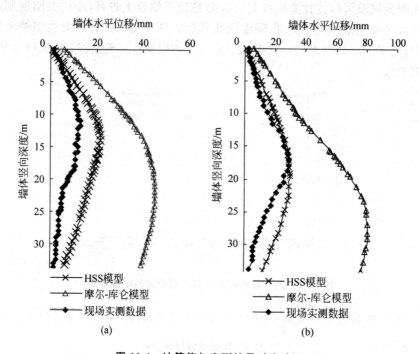

图 11-4　计算值与实测结果对比验证

（a）开挖至第四道支撑位置；（b）开挖至坑底

11.4　工程实例

11.4.1　工程概况

　　以上海地区某一紧邻地铁枢纽的超深基坑工程为分析对象，由于该工程的重要性，设计要求地面最大沉降量及围护墙水平位移必须满足《上海地铁基坑工程施工规程》的规定。在如此严格的变形控制要求下，土体变形将处于小应变区域。因此，在变形分析时有必要考虑土体的小应变刚度特性。采用 Plaxis 软件，建立地铁区间隧道和临近基坑开挖的有限元模型，通过参数分析，探讨土体小应变条件下紧邻地铁枢纽的超深基坑变形特性。

　　"世纪大都会"2-3 地块工程位于上海浦东新区，由世纪大道、张杨路及福山路形成的"△"形地带，占地面积约 38 000m²。拟建地面建筑物由多幢高层办公楼和商业裙楼组成，地下空间按地下 4 层（局部 2 层、3 层）考虑，地下室深度 14.75～22.8m，功能为商场和车库。整个地块与地铁位置关系复杂，基坑南侧紧邻地铁世纪大道站，作为上海目前唯一的四线换乘枢纽,地铁 2 号、4 号、6 号和 9 号线在此交汇,特别是轨道交通 6 号线明挖区间更是以地下一层的形式直接穿越整个地块,将地块一分为二。因此,6 号线是该基坑工程最为重要的保护对象,轨道交通与该地块的相对位置关系如图 11-5 所示。

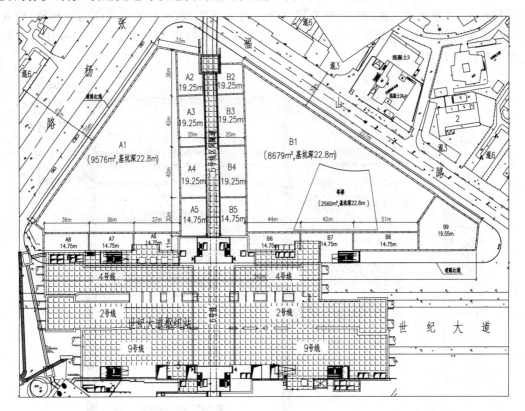

图 11-5 "世纪大都会"2-3 地块与地铁位置示意

该工程采用明挖顺筑法施工,根据上海地区紧邻地铁枢纽深大基坑的开挖经验,为减少紧邻地铁位置的基坑施工影响和增加支撑刚度对地铁隧道的保护作用,本工程设计时将基坑分为紧邻地铁隧道的小基坑和稍远的大基坑,先开挖大基坑并浇筑完结构楼板,再开挖紧邻地铁隧道的小基坑。

具体开挖方案为:以 6 号线为界,通过设置分隔墙将本工程分为 A1 区、B1 区两个大基坑,以及沿 6 号线两侧及 4 号线北侧大致对称的 A2～A8 区、B2～B9 区共 15 个小基坑。其中 A1 区、B1 区为地下 4 层(基坑开挖约 22.8m),A2～A4 区、B2～B4 区及 B9 区为地下 3 层(基坑开挖约 19.25m),A5～A8 区及 B5～B8 区为地下 2 层(基坑开挖约 14.75m),围护结构均采用地下连续墙。大基坑 A1,B1 基坑平面内采用整体对撑的形式,竖向共设五道钢筋混凝土支撑,支撑截面尺寸为 1200mm×1000mm,间距 9m;地下连续墙厚 1m,深度为 50m。小基坑 A2～A4 区、B2～B4 区布置五道支撑,第一道为钢筋混凝土支撑,其他四道支撑采用外径 609mm,壁厚 16mm 的钢管,间距 3m,其一端作用于大基坑分隔墙,另一端作用于 6 号线地下连续墙;该连续墙厚 1m,深度为 40m。

11.4.2　计算模型与参数取值

以地铁 6 号线为主要研究对象,对图 11-5 的工程原型进行简化。由于 6 号线两侧的基坑对称开挖,考虑到该工程的特点和有限元分析的可行性,以 6 号线中心线为对称轴,建立平面有限元分析模型,模型简图、支撑布置和土层分布等如图 11-6 所示,图 11-6 中已对相近的土层进行合并简化。

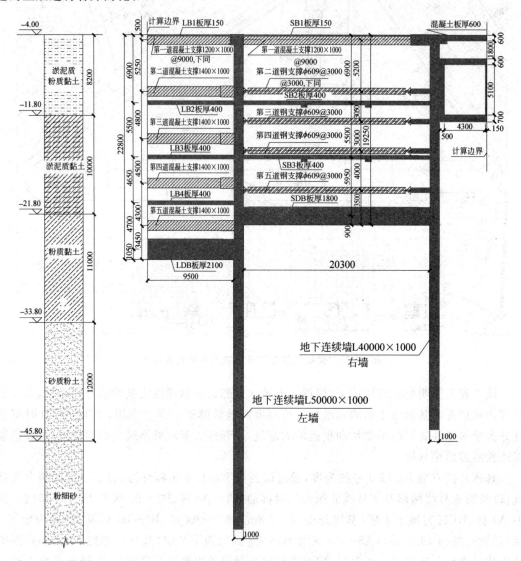

图 11-6　计算模型和土层分布

11.4.3　不同开挖方案下的数值分析

数值分析的重点主要针对两个问题:一是考虑小应变刚度模型对本工程基坑开挖变形特性的适用性,二是大基坑和小基坑开挖顺序对基坑变形的影响。

1."先挖大基坑—后挖小基坑"的方案

1）开挖顺序

按该工程的实际开挖顺序进行逐步分析,分为如下两个大的阶段。

（1）先挖大基坑工况

开挖前自重应力平衡→第一道混凝土支撑→第一层开挖→第二道混凝土支撑→第二层开挖→第三道混凝土支撑→第三层开挖→第四道混凝土支撑→第四层开挖→第五道混凝土支撑→开挖至坑底→浇筑混凝土底板→拆除第五道混凝土支撑→浇筑第四层楼板→拆除第四道混凝土支撑→浇筑第三层楼板→拆除第三道混凝土支撑→浇筑第二层楼板→拆除第二道混凝土支撑(保留第一道支撑至开挖结束)。

（2）后挖小基坑工况

第一道混凝土支撑→第一层开挖→第二道钢支撑→第二层开挖→第三道钢支撑→第三层开挖→第四道钢支撑→第四层开挖→第五道钢支撑→开挖至坑底→浇筑混凝土底板→拆除第五道钢支撑→浇筑第三层楼板→拆除第四道钢支撑→拆除第三道钢支撑→浇筑第二层楼板→拆除第二道钢支撑→拆除第一道钢支撑→浇筑第一层楼板。

2）基坑变形分析

为便于分析各工况下的连续墙变形,选择各个开挖阶段作为代表性工况,在横坐标轴中分别标记为0~10,具体为：⓪开挖前自重应力平衡→①大基坑第一层开挖→②大基坑第二层开挖→③大基坑第三层开挖→④大基坑第四层开挖→⑤大基坑开挖至坑底→⑥小基坑第一层开挖→⑦小基坑第二层开挖→⑧小基坑第三层开挖→⑨小基坑第四层开挖→⑩小基坑开挖至坑底。

图 11-7 中的左墙是指临近大基坑一侧的连续墙,右墙是指临近地铁 6 号线一侧的连续墙。水平位移为正表示向左侧的位移,竖向位移为正表示向上的位移。

图 11-7 给出了先挖大基坑-后挖小基坑顺序下连续墙的变形情况,从中可以看出：①无论是摩尔-库仑模型还是 HSS 模型,大基坑开挖对左墙水平位移的影响是主要的,对右墙（临近地铁 6 号线一侧）的水平位移影响较小；而小基坑开挖则对右墙水平位移产生明显影响,对左墙的水平位移影响较小。②采用摩尔-库仑模型,左墙和右墙水平位移最大值分别为 65.8mm 和 45.4mm,竖向位移分别为 112.3mm 和 124.8mm,明显超过上海地铁对于一级基坑的地面最大沉降量及围护墙水平位移控制要求。对于本工程,左墙地面最大沉降量及围护墙水平位移控制值分别为 22.8mm 和 31.9mm,右墙地面最大沉降量及围护墙水平位移控制值分别为 19.3mm 和 27.0mm。实际工程中采取了包括超深搅拌桩地基加固等在内的多种措施进行处理,以确保基坑开挖的安全性。③采用 HSS 模型,左墙和右墙水平位移最大值分别为 14.9mm 和 13.9mm,竖向位移分别为 5.7mm 和 6.2mm,变形可以满足上海地铁对于一级基坑的地面大沉降及围护墙位移控制要求,理论上不采取上述的加固措施是可行的。

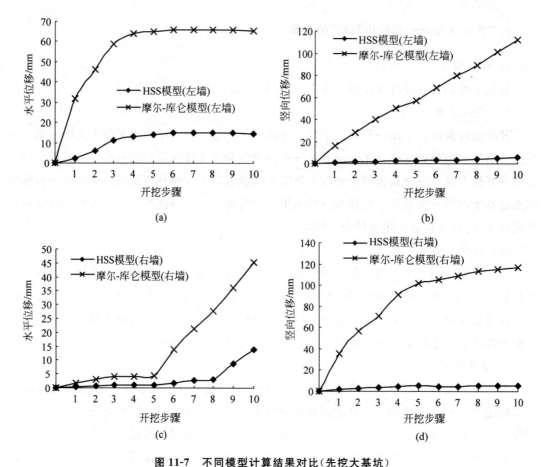

图 11-7 不同模型计算结果对比（先挖大基坑）

（a）左墙水平位移；（b）左墙竖向位移；（c）右墙水平位移；（d）右墙竖向位移

2. "先挖小基坑-后挖大基坑"的方案

1）开挖顺序

大的工序采用先挖小基坑后挖大基坑的两个阶段,两个阶段的具体步骤同"先挖大基坑-后挖小基坑"方案各阶段的开挖顺序。

2）基坑变形分析

选择各个开挖阶段作为代表性工况,在横坐标轴中分别标记为 0～10,具体为:⓪开挖前自重应力平衡→①小基坑第一层开挖→②小基坑第二层开挖→③小基坑第三层开挖→④小基坑第四层开挖→⑤小基坑开挖至坑底→⑥大基坑第一层开挖→⑦大基坑第二层开挖→⑧大基坑第三层开挖→⑨大基坑第四层开挖→⑩大基坑开挖至坑底。

图 11-8 给出了"先挖小基坑-后挖大基坑"条件下连续墙的变形情况,从图 11-8 中可以看出:①先挖小基坑时,左墙将向右侧(也即向开挖面一侧)发生水平位移,小基坑开挖到底时左墙向右的水平最大,随着大基坑的开挖,左墙向右的水平位移会略有减少。②土体采用摩尔-库仑模型,小基坑开挖对于左墙和右墙的水平位移影响都是主要的,而大基坑开挖则对左墙水平位移影响较小,对于右墙的水平位移仍有明显影响。③采用摩尔-库仑模型,左墙

和右墙水平位移最大值分别为 71.5mm 和 58.5mm,竖向位移分别为 112.6mm 和 117.0mm,超过了上海地铁对于一级基坑地面沉降及围护墙水平位移控制要求;而采用 HSS 模型,左墙和右墙水平位移最大值分别为 39.1mm 和 17.5mm,竖向位移分别为 5.8mm 和 5.2mm,此时,左墙水平位移超过了上海地铁对于一级基坑围护墙位移控制要求。

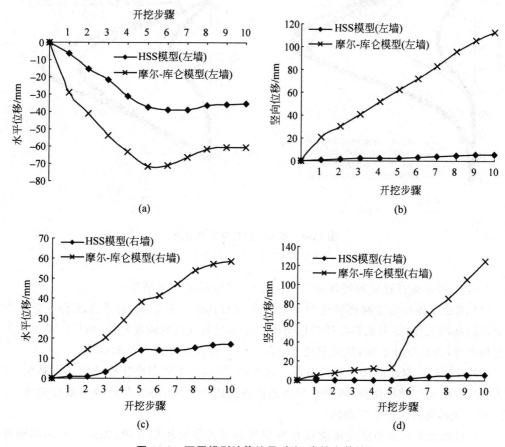

图 11-8　不同模型计算结果对比(先挖小基坑)

(a) 左墙水平位移;(b) 左墙竖向位移;(c) 右墙水平位移;(d) 右墙竖向位移

11.4.4　数值计算结果对比分析

从图 11-7 和图 11-8 可以看出,不同开挖顺序对基坑变形是有明显影响的,图 11-9 对两种开挖顺序的左墙和右墙最大水平位移的工况进行对比分析。

(1) 从图 11-9(a)看出,对于紧邻小基坑的左墙,土体采用摩尔-库仑模型和 HSS 模型时,"先挖小基坑-后挖大基坑"的水平位移均大于"先挖大基坑-后挖小基坑"方案,增幅分别为 9% 和 162%,开挖顺序对 HSS 模型影响显著。

(2) 从图 11-9(b)看出,对于远离小基坑的右墙,土体采用摩尔-库仑模型和 HSS 模型时,"先挖小基坑-后挖大基坑"的水平位移也均大于"先挖大基坑-后挖小基坑"方案,增幅分别为 29% 和 26%。

通过对"世纪大都会"2-3 地块工程所抽象出来的分析模型,分别采用摩尔-库仑模型和

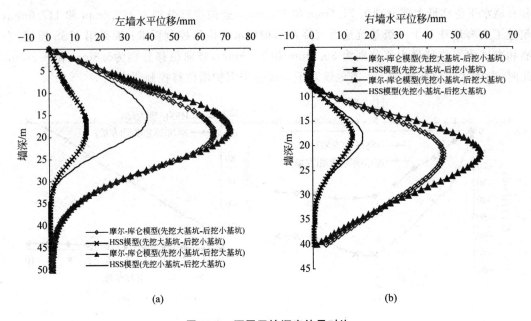

图 11-9　不同开挖顺序结果对比

（a）左墙水平位移对比；（b）右墙水平位移对比

HSS 模型对深基坑开挖变形特性进行对比分析，可以得出以下结论。

（1）考虑土体小应变刚度特性对基坑变形分析具有显著影响，对于在工程上处于小应变范围的基坑工程，如果能够合理考虑土体在小应变范围内的刚度特性，可以使基坑变形计算更加合理，提高设计水准，从而避免过于保守的工程设计和施工技术措施；

（2）开挖顺序对于基坑变形具有较为显著的影响，对于紧邻地铁枢纽的深大基坑，先开挖大基坑并浇筑完结构楼板，再开挖紧邻地铁隧道的小基坑，可以有效减小基坑的变形，对于紧邻地铁隧道的保护是有益的；

（3）目前关于软土小应变刚度特性所积累的试验数据还很有限，如何充分利用现有的有限试验数据，合理确定计算参数将是进一步研究工作中亟待重点解决的问题。

第12章

基坑地下水控制

12.1 概述

地下水是指埋藏在地表以下各种形式的重力水。地下水的分类方法有多种,可以根据地下水的某一特征或综合考虑地下水的若干特征进行分类。

按地下水的埋藏条件进行分类,可分为上层滞水、潜水、承压水,如图 12-1 所示。上层滞水是指埋藏在离地表不深、包气带中局部隔水层之上的重力水,一般分布不广,呈季节性变化,雨季出现,干旱季节消失,其动态变化与气候、水文因素的变化密切相关。潜水是指埋藏在地表以下、第一个稳定隔水层以上、具有自由水面的重力水,潜水在自然界中分布很广,一般埋藏在第四纪松散沉积物的孔隙及坚硬基岩风化壳的裂隙、溶洞内。承压水是指埋藏并充满两个稳定隔水层之间的有压地下水,它通常存在于砂卵石地层中。砂卵石层呈倾斜状分布,地势高的砂卵石层水位高,对地势低的地方产生静水压力。若打穿承压水顶面的第一隔水层,承压水则会上涌。对于基坑而言,如果开挖面下有承压含水层,开挖后留的上覆土层太薄,坑底土有可能会被承压水上涌拱起而破坏。

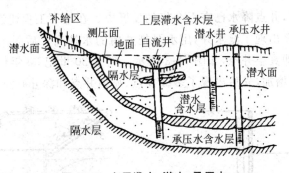

图 12-1　上层滞水、潜水、承压水

12.2　地下水控制方法及适用条件

在地下工程施工过程中,常因流砂、坑壁坍塌而引起工程事故,造成周围地下管线和建筑物不同程度的损坏。有时坑底下会遇到承压含水层,对于深基坑工程开挖可能会导致基底破坏,采用降水或排水技术可以防范这类工程事故的发生。基坑工程中的降低地下水亦称地下水控制,即在基坑工程施工过程中,地下水要满足支护结构和挖土施工的要求,并且不会因地下水位的变化,而对基坑周围的环境和设施带来危害。

深基坑工程中地下水控制设计首先应从基坑周边环境限制条件出发,然后研究场地水文地质条件、工程地质条件与基坑状况,充分利用基坑支挡结构(比如地下连续墙等)为地下水控制创造有利条件,在此基础上经技术、经济对比,选择有效可靠的地下水控制方案,建立适合场地的地下水控制模型来确定地下水控制设计方案。

基坑工程中地下水控制方法包括:截水、降水、集水明排或其组合方法,此外当降水引起地面沉降过大等情况时,地下水回灌还可作为一种补充措施与其他方法同时使用。

12.2.1 地下水控制类型及适用性

1.基坑截水

当降水对基坑周边建筑物、地下管线、道路等造成危害或对环境造成长期不利影响时,应采用截水方法控制地下水。截水即利用截水帷幕切断基坑外的地下水流入基坑内部,如图 12-2 所示。截水帷幕的厚度应满足基坑防渗要求,截水帷幕的渗透系数宜小于 1.0×10^{-6} cm/s。

基坑截水方法应根据工程地质条件、水文地质条件及施工条件等,选用水泥土搅拌桩帷幕、高压旋喷或摆喷注浆帷幕、搅拌-喷射注浆帷幕、地下连续墙或咬合式排桩作为截水帷幕。根据具体工程的特点,可采用单一地下水控制方法,也可采用多种地下水控制方法相结合的形式。如悬挂式截水帷幕+坑内降水,基坑周边控制降深的降水+截水帷幕,截水或降水+回灌,部分基坑边截水+部分基坑边降水等。一般情况,降水或截水都要结合集水明排。

2.基坑降水

基坑降水技术中,井点降水已有百余年的发展史。在地下工程建设中,最早是开挖一些简单的集水坑道,继而出现了滤水井,用水泵把井内的水抽出。后因工程实践发展的需要,出现了真空泵井点,即真空井点,如图 12-3 所示。到了 20 世纪 30 年代又出现了电渗井点。由于降水深度的不断增加,先后出现了多级井点、喷射井点和深井井点。

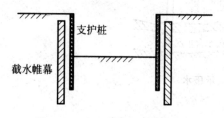

图 12-2　竖向截水帷幕示意图

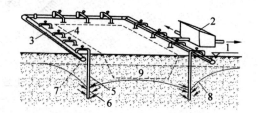

图 12-3　真空井点降低地下水位示意图

1—地面;2—水泵房;3—总管;4—弯联管;5—井点管;6—滤管;7—初始地下水位;8—水位降落曲线;9—基坑

仅从支护结构安全性、经济性的角度,降水可消除水压力从而降低作用在支护结构上的荷载,减少地下水渗透破坏的风险,降低支护结构施工难度等。但降水后,随之带来对周边环境的影响问题,降水会造成基坑周边建筑物、市政设施等的沉降而影响其正常使用甚至损坏。另外,有些城市地下水资源紧缺,降水造成地下水大量流失、浪费,从环境保护的角度,在这些地方采用基坑降水不利于城市的综合发展。

基坑降水可采用管井、真空井点、喷射井点等方法。基坑内的设计降水水位应低于基坑底面 0.5m。当主体结构的电梯井、集水井等部位使基坑局部加深时,应按其深度考虑设计降水水位或对其另行采取局部地下水控制措施。基坑采用截水结合坑外减压降水的地下水控制方法时,尚应规定降水井水位的最大降深值。

3.集水明排

明排有基坑内排水和基坑外地面排水两种情况。明排适用于收集和排除地表雨水、生活废水,以及填土、黏性土、粉土、砂土等土体内水量有限的上层滞水、潜水,并且土层不会发生渗透破坏的情况,排水沟和集水井排降水的构造如图 12-4 所示。

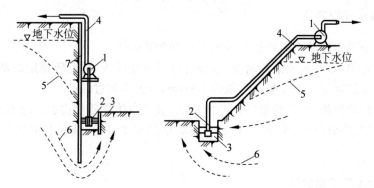

图 12-4　排水沟和集水井排降水

1—水泵;2—排水沟;3—集水井;4—压力水管;5—降落曲线;6—水流曲线;7—板桩

12.2.2　各种地下水控制措施的适用条件

基坑施工中,为避免产生渗透破坏和坑壁土体的坍塌,保证施工安全和减少基坑开挖对周围环境的影响,当基坑开挖深度内存在饱和软土层和含水层,以及坑底以下存在承压含水层时,需要选择合适的方法进行地下水控制。

地下水控制方法有多种,其适用条件大致如表 12-1 所示,选择时根据土层情况、降水深度、周围环境和支护结构种类等综合考虑后选用。在软土地区基坑开挖深度超过 3m,一般就要用井点降水。开挖深度浅时,亦可边开挖边用排水沟和集水井进行集水明排。当因降水而危及基坑及周边环境安全时,宜采用截水或回灌方法。

基坑支护设计时应首先确定地下水控制方法,然后再根据选定的地下水控制方法,选择支护结构形式。地下水控制应符合国家和地方法规对地下水资源、区域环境的保护要求,符合基坑周边建筑物、市政设施保护的要求。当降水不会对基坑周边环境造成损害且国家和地方法规允许时,可优先考虑采用降水,否则应采用基坑截水。采用截水时,对支护结构的要求更高,应采取防止土的流砂、管涌、渗透破坏的措施。当基坑底为隔水层且层底作用有承压水时,应进行坑底抗突涌验算,必要时可采取水平封底隔渗或钻孔减压措施,保证坑底土层稳定。

表 12-1　地下水控制方法适用条件

方法名称		土　类	渗透系数/(m/d)	降水深度/m	水文地质特征
集水明排		填土、黏性土、粉土、砂土	7～20	<5	上层滞水或水量不大的潜水
降水	真空井点	填土、黏性土、粉土、砂土	0.005～20	单级<6	上层滞水或水量不大的潜水
	喷射井点			多级<20	
	管井	粉土、砂土、碎石土、可溶岩、破碎带	0.005～20	<20	含水丰富的潜水、承压水、裂隙水
			1～200	>5	
截水		黏性土、粉土、砂土、碎石土、岩溶土	不限	—	—
回灌		填土、粉土、砂土、碎石土	0.1～200	不限	—

12.2.3　不同含水层中的地下水控制方法

1. 上层滞水控制方法

基坑工程中对上层滞水的控制可采用明排和帷幕隔渗。

对于场地开阔,水文地质条件简单,放坡开挖且开挖较浅,坑壁较稳定的基坑,可采用明排措施。明排降低地下水水位幅度一般为 2～3m,最大不超过 5m。

对于周边环境严峻、坑壁稳定性较差的基坑,宜采用帷幕隔渗措施。截水帷幕深度须进入下卧不透水层或基坑底一定深度,切断上层滞水的水平补给,或加长其绕流路径,满足抗渗稳定性要求。

2. 潜水含水层控制方法

基坑工程中对潜水的控制可采用明排、井点降水、帷幕隔渗或综合法。

对于填土、粉质黏土中的潜水,当场地开阔、坑壁较稳定时,可采用明排措施,其降低潜水的幅度不宜大于 5m。

截水帷幕深度须进入坑底不透水层,或在坑底宜设置足够厚度水平隔渗铺盖,形成五面隔渗的箱形构造,切断基坑内外潜水的水力联系。在五面隔渗的条件下,基坑开挖过程中可仅抽排基坑内潜水含水层中储存的有限水量。帷幕隔渗法适用于基坑周边环境条件苛刻或基坑施工风险高的深基坑工程。

当潜水含水层厚度较大,经技术、经济对比分析,不宜采用帷幕隔渗形成五面隔渗的箱形构造时,潜水含水层中的地下水控制可采取井点疏干降水,根据含水层的渗透性能采用相应的降水井点类型。

当基坑周边环境条件较苛刻、基坑周边存在对地面沉降较敏感的构筑物时,基坑工程中潜水的控制应采用综合法:悬挂式帷幕隔渗与井点降水并用。采用综合法控制基坑工程中地下水时,截水帷幕宜适当加深,以增加地下水的渗透路径、减少基坑总涌水量。井点降水宜布置在基坑内,在悬挂式帷幕的情况下,降水井点过滤器深度一般不超过截水帷幕深度。当截水帷幕植入含水层深度较小(小于含水层厚度的一半或 10m)时,其隔渗效果不显著,降水井点过滤器深度可视井点抽水量等情况超过截水帷幕一定深度。

3．承压水控制方法

基坑工程中对承压水的控制可采用井点降水、帷幕隔渗或综合法。

承压含水层中井点降水可分为减压降水和疏干降水。当基坑开挖后坑底仍保留有一定厚度隔水层时，对承压水的控制重点在于减小承压水的压力，即减压降水。当基坑开挖后坑底已进入承压含水层一定深度，场地承压水已转变为潜水-承压水，对承压水的控制应采用疏干降水。

在含水层渗透性好、水量丰富、水文地质模型简单的二元结构冲积层中的承压水（如长江一级阶地承压水），宜采用大流量管井减压或疏干降水。对于渗透性较差、互层频繁或含水层结构复杂的承压含水层（如上海、天津滨海相承压含水层），宜采用帷幕隔渗与井点降水结合的综合法或落底式帷幕隔渗。

对于基坑开挖深度接近或超过地下水含水层底板埋深的基坑工程中，无论是潜水含水层还是承压含水层，可只采用帷幕隔渗法。

当地下水控制采用悬挂式帷幕隔渗与井点降水结合的综合法时，可将截水帷幕作为模型的边界条件之一，采用绘制流网或进行三维数值计算方法求解。

12.3　基坑涌水量计算

在基坑降水设计计算中，基坑涌水量是一个重要参数。井点系统的涌水量可按法国水力学家裴布依的水井理论进行计算。按水井理论计算井点系统涌水量时，首先要判定水井的类型。水井分为四种类型，如图 12-5 所示。

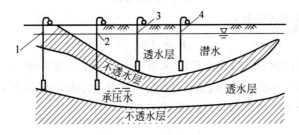

图 12-5　水井的类型

1—承压完整井；2—承压非完整井；3—无压完整井；4—无压非完整井

① 无压完整井：水井布置在潜水含水层（地下水无压力），且井底到达不透水层；

② 无压非完整井：水井布置在潜水含水层（地下水无压力），井底未到达不透水层；

③ 承压完整井：水井布置在承压含水层（地下水充满在两层不透水层之间，具有一定压力），且井底到达不透水层；

④ 承压非完整井：水井布置在承压含水层，井底未到达不透水层。

同时考虑群井的相互作用，上述四种类型井的涌水量计算公式对应如下。

1. 均质含水层潜水完整井基坑涌水量计算

根据裴布依水井理论，可推导出单井涌水量计算公式为

$$Q = \pi k \frac{(2H - s_{\mathrm{d}})s_{\mathrm{d}}}{\ln\left(1 + \dfrac{R}{r}\right)} = 1.366k \frac{(2H - s_{\mathrm{d}})s_{\mathrm{d}}}{\lg\left(1 + \dfrac{R}{r}\right)} \tag{12-1}$$

式中　Q——无压完整井的涌水量，$\mathrm{m^3/d}$；

　　　k——土的渗透系数，$\mathrm{m/d}$；

　　　H——潜水含水层厚度，m；

　　　s_{d}——井点处水位降落值，m；

　　　R——单井的降水影响半径，m；

　　　r——水井的半径，m。

　　真空井点系统为群井共同工作，群井涌水量的计算，可把由各井点管组成的群井系统视为一口大的圆形单井，如图 12-6 所示。群井按大井简化时，均质含水层潜水完整井的基坑降水总涌水量可按下式计算：

$$Q = \pi k \frac{(2H - s_{\mathrm{d}})s_{\mathrm{d}}}{\ln\left(1 + \dfrac{R}{r_0}\right)} = 1.366k \frac{(2H - s_{\mathrm{d}})s_{\mathrm{d}}}{\lg\left(1 + \dfrac{R}{r_0}\right)} \tag{12-2}$$

式中　Q——基坑降水的总涌水量，$\mathrm{m^3/d}$；

　　　k——渗透系数，$\mathrm{m/d}$，对计算结果影响较大，可用现场抽水试验或通过实验室测定；

　　　H——潜水含水层厚度，m；

　　　s_{d}——基坑水位降深，m；

　　　R——降水影响半径，m，宜通过试验或根据当地经验确定，当基坑安全等级为二、三级时，对潜水含水层按下式计算：

$$R = 2s_{\mathrm{w}}\sqrt{kH} \tag{12-3}$$

　　对承压含水层按下式计算：

$$R = 10s_{\mathrm{w}}\sqrt{k} \tag{12-4}$$

式中　s_{w}——井水位降深，m，当井水位降深小于 10m 时，取为 10m。

　　　r_0——基坑等效半径，当基坑为圆形时，基坑等效半径取圆半径，当基坑为非圆形时，对矩形基坑的等效半径按下式计算：

$$r_0 = 0.29(a + b) \tag{12-5}$$

式中　a,b——基坑的长、短边。

　　对不规则形状的基坑，其等效半径按下式计算：

$$r_0 = \sqrt{\frac{A}{\pi}} \tag{12-6}$$

式中　A——降水井群连线所围的面积。

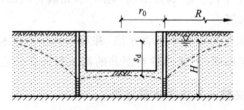

图 12-6　按均质含水层潜水完整井简化的基坑涌水量计算

2. 均质含水层潜水非完整井基坑涌水量计算

群井按大井简化时，均质含水层潜水非完整井的基坑降水总涌水量可按下式计算，如图 12-7 所示。

$$Q = \pi k \frac{H^2 - h^2}{\ln\left(1 + \dfrac{R}{r_0}\right) + \dfrac{h_m - l}{l}\ln\left(1 + 0.2\dfrac{h_m}{r_0}\right)} = 1.366k \frac{H^2 - h^2}{\lg\left(1 + \dfrac{R}{r_0}\right) + \dfrac{h_m - l}{l}\lg\left(1 + 0.2\dfrac{h_m}{r_0}\right)}$$

(12-7)

$$h_m = \frac{H + h}{2}$$

式中　h——降水后基坑内的水位高度，m；

　　　l——滤管进水部分的长度，m。

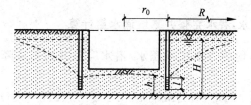

图 12-7　按均质含水层潜水非完整井简化的基坑涌水量计算

3. 均质含水层承压水完整井基坑涌水量计算

群井按大井简化时，均质含水层承压水完整井的基坑降水总涌水量可按下式计算，如图 12-8 所示。

$$Q = 2\pi k \frac{M s_d}{\ln\left(1 + \dfrac{R}{r_0}\right)} = 2.73k \frac{M s_d}{\lg\left(1 + \dfrac{R}{r_0}\right)}$$

(12-8)

式中　M——承压含水层厚度，m。

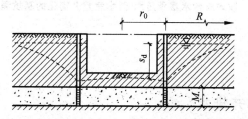

图 12-8　按均质含水层承压水完整井简化的基坑涌水量计算

4. 均质含水层承压水非完整井基坑涌水量计算

群井按大井简化时，均质含水层承压水非完整井的基坑降水总涌水量可按下式计算，如图 12-9 所示。

$$Q = 2\pi k \frac{M s_\mathrm{d}}{\ln\left(1+\dfrac{R}{r_0}\right)+\dfrac{M-l}{l}\ln\left(1+0.2\dfrac{M}{r_0}\right)} = 2.73k \frac{M s_\mathrm{d}}{\lg\left(1+\dfrac{R}{r_0}\right)+\dfrac{M-l}{l}\lg\left(1+0.2\dfrac{M}{r_0}\right)}$$

$$(12\text{-}9)$$

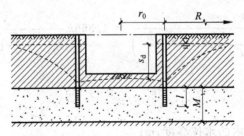

图 12-9　按均质含水层承压水非完整井简化的基坑涌水量计算

5. 均质含水层承压水-潜水完整井基坑涌水量计算

群井按大井简化时,均质含水层承压水-潜水完整井的基坑降水总涌水量可按下式计算(图 12-10):

$$Q = \pi k \frac{(2H_0-M)M-h^2}{\ln\left(1+\dfrac{R}{r_0}\right)} = 1.366k \frac{(2H_0-M)M-h^2}{\lg\left(1+\dfrac{R}{r_0}\right)}$$

$$(12\text{-}10)$$

式中　H_0——承压水含水层的初始水头,m。

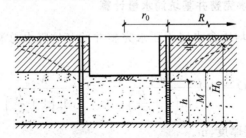

图 12-10　按均质含水层承压水-潜水完整井简化的基坑涌水量计算

12.4　降水方法

12.4.1　明沟、集水井排水

在地下水位较高地区开挖基坑,会遇到地下水问题。如涌入基坑内的地下水不能及时排除,不但土方开挖困难,边坡易于塌方,而且会使地基被水浸泡,扰动地基土,造成竣工后的建筑物产生不均匀沉降。为此,在基坑开挖时要及时排除涌入的地下水。当基坑开挖深度不大,基坑涌水量不大时,集水明排法应用最广泛,亦是最简单、经济的方法。

集水井降水法是在基坑开挖过程中,沿坑底周围或中央开出有一定坡度的排水沟,并在排水沟上每隔一定距离设置集水井,使水在重力作用下经排水沟流入集水井,然后用水泵抽出基坑外的降水方法。集水井降水法适用于面积较小,降水深度不大的基坑(槽)开挖工程;

不适用于软土、淤泥质土或土层中含有细砂、粉砂的情况。因为采用集水坑降水法时,将产生自下而上或从边坡向基坑方向的动水压力,容易导致流砂现象或边坡塌方。

对基底表面汇水、基坑周边地表汇水及降水井抽出的地下水,可采用明沟排水。对坑底以下渗出的地下水,可采用盲沟排水。当地下室底板与支护结构间不能设置明沟时,基坑坡脚处也可采用盲沟排水。对降水井抽出的地下水,也可采用管道排水。明沟和盲沟坡度不宜小于 0.3‰。采用明沟排水时,沟底应采取防渗措施。沿排水沟宜每隔 30～50m 设置一口集水井,集水井的净截面尺寸应根据排水流量确定。

沟、井的截面应根据排水量确定,基坑排水量 V 可按式(12-11)计算。明沟、集水井排水,视水量多少可连续或间断抽水,直至基础施工完毕、回填土为止。

排水沟的截面应根据设计流量确定,设计排水流量应符合下式规定:

$$Q \leqslant V/1.5 \qquad\qquad (12\text{-}11)$$

式中　Q——排水沟的设计流量,m^3/d;

　　　V——排水沟的排水能力,m^3/d。

12.4.2　真空井点降水

1. 真空井点设备

真空井点设备由管路系统和抽水设备组成。管路系统包括井点管、滤管、弯联管及总管。真空井点的构造应符合下列要求:

(1) 井管宜采用金属管,管壁上渗水孔宜按梅花状布置,渗水孔直径宜取 12～18mm,渗水孔的孔隙率应大于 15%,渗水段长度应大于 1m,管壁外应根据土层的粒径设置滤网;

(2) 真空井管的直径应根据单井设计流量确定,井管直径宜取 38～110mm,井的成孔直径应满足填充滤料的要求,且不宜大于 300mm;

(3) 孔壁与井管之间的滤料宜采用中粗砂,滤料上方应使用黏土封堵,封堵至地面的厚度应大于 1m。

总管为直径 100～127mm 的无缝钢管,每段长 4m,其上装有与井点管连接的短接头,间距为 0.8m 或 1.2m。抽水设备有干式真空泵、射流泵及隔膜泵等,常用 W5、W6 型干式真空泵,其抽吸深度为 5～7m,最大负荷长度分别为 100m 和 120m。

2. 真空井点系统布置

真空井点系统的布置,应根据基坑或沟槽的平面形状和尺寸、深度、土质、地下水位高低与流向、降水深度要求等因素综合确定。

1) 平面布置

当基坑或沟槽宽度小于 6m,且降水深度不大于 5m 时,可用单排线状井点,布置在地下水流的上游一侧,两端延伸长度一般以不小于基坑(沟槽)宽度为宜,如图 12-11(a)所示;当宽度大于 6m,或土质不良、渗透系数较大时,则宜采用双排线状井点,如图 12-11(b)所示;面积较大的基坑宜采用环状井点,如图 12-11(c)所示;有时也可布置为 U 形,如图 12-11(d)所示,以利于挖土机械和运输车辆出入基坑。

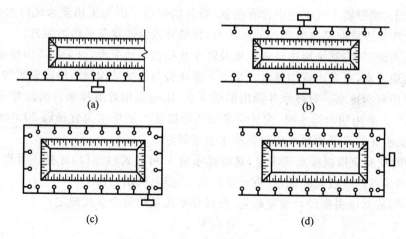

图 12-11　真空井点的平面布置

（a）单排线状井点；（b）双排线状井点；（c）环状井点；（d）U 形井点

2）高程布置

真空井点的降水深度在考虑设备水头损失后，不超过 6m。井点管距离基坑壁一般为 0.7~1.0m，以防止局部发生漏气，如图 12-12 所示。

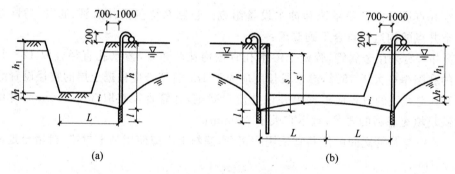

图 12-12　真空井点高程布置图

（a）单排布置；（b）双排或环状布置

井点管的埋设深度 h（不包括滤管长）计算公式为

$$h \geqslant h_1 + \Delta h + iL \tag{12-12}$$

式中　h——井点管的埋设深度，不包括滤管，m；

　　　h_1——井点管埋设面至基坑底面的距离，m；

　　　Δh——基坑中心处基坑底面（单排井点时，为远离井点一侧坑底边缘）至降低后地下水位的距离，一般为 $\Delta h \geqslant 1.0\text{m}$；

　　　i——地下水降落坡度，环状井点为 1/10，单排线状井点为 1/4，双排线状井点为 1/7；

　　　L——井点管至基坑中心的水平距离，m，在单排井点中，为井点管至基坑另一侧的水平距离。

其计算结果尚应满足：

$$h \leqslant h_{\text{pmax}} \tag{12-13}$$

式中　h_{pmax}——抽水设备的最大抽吸深度，m。

确定井点管埋置深度还要考虑到井点管应露出地面 $0.2m$,通常井点管均为定型的,可根据给定的井点管长度验算 Δh,$\Delta h \geqslant 1.0m$ 即满足要求。

$$\Delta h = h - 0.2 - h_1 - iL \geqslant 1.0m \qquad (12\text{-}14)$$

若计算出的 h 值不满足要求,则应降低井点管的埋置面(以不低于地下水位为准),以适应降水深度的要求,但任何情况下滤管必须埋设在含水层内。

当一级井点系统达不到降水深度要求时,可根据具体情况采用其他方法降水(如上层土的土质较好时,先用集水井排水法挖去一层土再布置井点系统)或采用二级井点(即先挖去第一级井点所疏干的土,然后再在其底部装设第二级井点),使降水深度增加。

3) 真空井点计算

(1) 涌水量计算

根据具体工程的地质条件、地下水分布及基坑周边环境情况,按照 12.3 节中有关内容选用相应的基坑降水涌水量计算公式,进行真空井点系统基坑总涌水量 Q 的计算。

(2) 井点管数量与井距的确定

真空井点单井出水能力 q 可取 $36 \sim 60m^3/d$。井点管的最少数量为

$$n = 1.1 \frac{Q}{q} \qquad (12\text{-}15)$$

式中,1.1 为备用系数,主要考虑井点管堵塞等因素影响抽水效果。

井点管的间距为

$$D = \frac{L}{n} \qquad (12\text{-}16)$$

式中　L——总管长度,m。

井点管的间距应与总管上的接头尺寸相适应,一般采用 $0.8m$、$1.2m$、$1.6m$、$2.0m$ 的井点管间距,井点管在总管四角部分应适当加密。

4) 抽水设备的选择

一般采用真空泵抽水设备,W5 型真空泵的总管长度不大于 $100m$,W6 型真空泵的总管长度不大于 $120m$。

采用多套抽水设备时,井点系统应分段,各段长度应大致相等。分段地点宜选择在基坑转弯处,以减少总管弯头数量,提高水泵的抽吸能力。水泵宜设置在各段总管中部,使泵两边水流平衡。分段处应设阀门或将总管断开,以免管内水流紊乱,影响抽水效果。

12.4.3　喷射井点

当基坑开挖所需降水深度超过 $6m$ 时,一级真空井点就难以达到预期的降水效果,这时如果场地许可,可以采用二级甚至多级真空井点以增加降水深度,达到设计要求。但是这样一来会增加基坑土方施工工程量、增加降水设备用量并延长工期,二来也扩大了井点降水的影响范围而对环境不利。为此,可考虑采用喷射井点。

1. 喷射井点降水原理

根据工作流体的不同,以压力水作为工作流体的称为喷水井点;以压缩空气作为工作流体的称为喷气井点,两者的工作原理是相同的。喷射井点系统主要由喷射井点、高压水泵

（或空气压缩机）和管路系统组成，如图 12-13 所示。

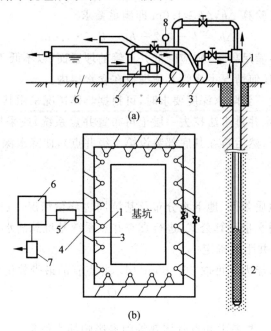

图 12-13　喷射井点布置图

（a）喷射井点设备简图；（b）喷射井点平面布置图

1—喷射井点；2—滤管；3—供水总管；4—排水总管；5—高压离心水泵；6—水池；7—排水泵；8—压力表

喷射井管由内管和外管组成，在内管的下端装有喷射扬水器与滤管相连。当喷射井点工作时，由地面高压离心水泵供应的高压工作水经过内外管之间的环行空间直达底端，在此处工作流体由特制内管的两侧进水孔至喷嘴喷出。在喷嘴处由于断面突然收缩变小，使工作流体具有极高的流速（30～60m/s），在喷口附近造成负压（形成真空），将地下水经过滤管吸入，吸入的地下水在混合室与工作水混合，然后进入扩散室。水流在强大压力的作用下把地下水同工作水一同扬升出地面，经排水管道系统排至集水池或水箱，一部分用低压泵排走，另一部分供高压水泵压入井管外管内作为工作水流。如此循环作业，将地下水不断从井点管中抽走，使地下水渐渐下降，达到设计要求的降水深度。

喷射井点用作深层降水，在粉土、极细砂和粉砂中较为适用。在较粗的砂粒中，由于出水量较大，循环水流就显得不经济，这时宜采用深井泵。一般一级喷射井点可降低地下水位 8～20m，甚至 20m 以上。

2. 喷射井点构造

喷射井点的构造应符合下列要求：

（1）喷射井点的井管宜采用金属管，管壁上渗水孔宜按梅花状布置，渗水孔直径宜取 12～18mm，渗水孔的孔隙率应大于 15％，渗水段长度应大于 1m，管壁外应根据土层的粒径设置滤网；

（2）井的成孔直径宜取 400～600mm，井孔应比滤管底部深 1m 以上；

（3）孔壁与井管之间的滤料宜采用中粗砂，滤料上方应使用黏土封堵，封堵至地面的厚度应大于 1m；

（4）工作水泵可采用多级泵，水泵压力宜大于 2MPa。

3．喷射井点降水计算

1）涌水量计算

根据具体工程的地质条件、地下水分布、降水井埋设深度及基坑周边环境情况，按照 12.3 节中有关内容选用相应的基坑降水涌水量计算公式，进行真空井点系统总涌水量的计算。

2）井点管数量与井距的确定

喷射井点单井出水能力 q 可按表 12-2 取值。

表 12-2　喷射井点的出水能力

外径 /mm	喷射管		工作压力 /MPa	工作水流量 /(m³/d)	设计单井出水流量 /(m³/d)	适用含水层渗透系数 /(m/d)
	喷嘴直径 /mm	混合室直径 /mm				
38	7	14	0.6～0.8	112.8～163.2	100.8～138.2	0.1～5.0
68	7	14	0.6～0.8	110.4～148.8	103.2～138.2	0.1～5.0
100	10	20	0.6～0.8	230.4	259.2～388.8	5.0～10.0
162	19	40	0.6～0.8	720.0	600.0～720.0	10.0～20.0

井点管的最少数量为

$$n = 1.1 \frac{Q}{q} \tag{12-17}$$

井点管的间距为

$$D = \frac{L}{n} \tag{12-18}$$

12.4.4　电渗井点

在黏土和粉质黏土中进行基坑开挖施工，由于土体的渗透系数较小，为加速土中水分向井点管中流入，提高降水施工的效果，除了应用真空产生抽吸作用以外，还可加用电渗。

电渗井点一般与真空井点或喷射井点结合使用，利用真空井点或喷射井点管本身作为阴极，金属棒（钢筋、钢管、铝棒等）作为阳极。通入直流电（采用直流发电机或直流电焊机）后，带有负电荷的土粒即向阳极移动（即电泳作用），而带有正电荷的水则向阴极方向集中，产生电渗现象。在电渗与井点管内的真空双重作用下，强制黏土中的水由井点管快速排出，井点管连续抽水，从而地下水位渐渐降低。

对于渗透系数较小（小于 0.1m/d）的饱和黏土，特别是淤泥和淤泥质黏土，单纯利用井点系统的真空产生的抽吸作用可能较难将水从土体中抽出排走，利用黏土的电渗现象和电泳作用特性，一方面加速土体固结，增加土体强度，另一方面也可以达到较好的降水效果。电渗井点的原理如图 12-14 所示。

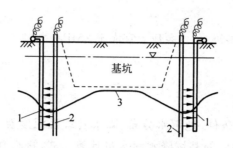

图 12-14　电渗井点的原理图

1—井点管；2—金属棒；3—地下水降落曲线

12.4.5　管井井点

对于渗透系数为 20～200m/d 且地下水丰富的土层、砂层,用明排水会造成土颗粒大量流失,引起边坡塌方,用真空井点又难以满足排降水的要求,这时候可采用管井井点。管井井点就是沿基坑每隔一定距离设置一个管井,或在坑内降水时每隔一定距离设置一个管井,每个管井单独用一台水泵不断抽取管井内的水来降低地下水位。管井井点具有排水量大、排水效果好、设备简单、易于维护等特点,其降水深度可达 50m。

但其一次性投资大,成孔质量要求严格,适用于渗透系数较大(10～250m/d)、土质为砂类土、地下水丰富、降水深、面积大、时间长的情况,在有流砂和重复挖填土方区使用,效果更佳。

1. 管井的构造

管井的构造应符合下列要求:

(1) 管井的滤管可采用无砂混凝土滤管、钢筋笼、钢管或铸铁管;

(2) 滤管内径应按满足单井设计流量要求而配置的水泵规格确定,宜大于水泵外径 50mm,滤管外径不宜小于 200mm,管井成孔直径应满足填充滤料的要求;

(3) 井管与孔壁之间填充的滤料宜选用磨圆度好的硬质岩石成分的圆砾,不宜采用棱角形石渣料、风化料或其他黏质岩石成分的砾石;

(4) 采用深井泵或深井潜水泵抽水时,水泵的出水量应根据单井出水能力确定,水泵的出水量应大于单井出水能力的 1.2 倍;

(5) 井管的底部应设置沉砂段,井管沉砂段长度不宜小于 3m。

2. 管井单井出水量计算

管井的单井出水量 q 按下式计算:

$$q = 120\pi r_s l \sqrt[3]{k} \tag{12-19}$$

式中　q——单井出水能力,m^3/d;

　　　r_s——过滤器半径,m;

　　　l——过滤器长度,m。

如果基坑的涌水量为 Q,则所需管井数量为

$$n = 1.1 \frac{Q}{q} \tag{12-20}$$

例题 12-1　某工程开挖一底面积为 30m×50m 的矩形基坑,基坑深度 4m,地下水位在自然地面以下 0.5m 处,土质为含黏土的中砂,不透水层在地面以下 20m,含水层土的渗透系数 k＝10.5m/d,基坑边坡采用 1：0.5 放坡。试进行真空井点系统的设计与布置。

解：矩形基坑采用环状井点系统,井点管距坑边距离为 0.5m,滤管长度取 1.2m,直径 38mm。同时不透水层在地面下 20m 处,故此真空井点系统为潜水非完整井群井系统。

1）井点管长度确定

$$h \geqslant h_1 + \Delta h + iL$$

其中,h_1＝4m,Δh＝0.5m,取 i＝1/10,L＝[30/2＋(0.5×4＋0.5)]m＝17.5m,得

$$h \geqslant (4+0.5+1/10 \times 17.5)\text{m} = 6.25\text{m}$$

考虑井点管露出地面部分,取 0.25m,因此井点管长度确定为 6.5m。

2）基坑涌水量计算

（1）基坑的中心处要求降低水位深度 s_d

取降水后地下水位位于坑底以下 0.5m,则有 s_d＝(4-0.5+0.5)m＝4m。

（2）含水层厚度 H 及井点管底部至不透水层距离 h

$$H = (20-0.5)\text{m} = 19.5\text{m}, \quad h = (20-6.25)\text{m} = 13.75\text{m}$$

则 h_m＝$(H+h)/2$＝16.625m。

（3）影响半径 R

由于降水深度小于 10m,则 s_w＝10m。

由 $R = 2s_w \sqrt{kH}$ 得

$$R = (2 \times 10 \times \sqrt{10.5 \times 19.5})\text{m} = 286.18\text{m}$$

（4）基坑等效半径

由 $r_0 = \sqrt{\dfrac{A}{\pi}}$ 得

$$r_0 = \sqrt{\frac{55 \times 35}{\pi}} = 24.75\text{m}$$

由

$$Q = \pi k \frac{H^2 - h^2}{\ln\left(1 + \dfrac{R}{r_0}\right) + \dfrac{h_m - l}{l}\ln\left(1 + 0.2\dfrac{h_m}{r_0}\right)} = 1.366k \frac{H^2 - h^2}{\lg\left(1 + \dfrac{R}{r_0}\right) + \dfrac{h_m - l}{l}\lg\left(1 + 0.2\dfrac{h_m}{r_0}\right)}$$

得基坑涌水量

$$Q = \left[1.366 \times 10.5 \times \frac{19.5^2 - 13.75^2}{\lg\left(1 + \dfrac{286.18}{24.75}\right) + \dfrac{16.625 - 1.2}{1.2}\lg\left(1 + 0.2 \times \dfrac{16.625}{24.75}\right)}\right]\text{m}^3/\text{d}$$

$$= 1521.18\text{m}^3/\text{d}$$

3）确定单井出水量 q

根据建议值,单井出水量取 q＝40m³/d。

4）求井点管数量

由 $n = 1.1\dfrac{Q}{q}$,得井点管数量

$$n = 1.1\frac{Q}{q} = 1.1 \times \frac{1521.18}{40} = 41.83 \approx 42$$

取 42 根井点管。

5）求井点间距 D

由 $D = \dfrac{L}{n}$，得

$$D = \frac{2 \times (35 + 55)}{42} \text{m} = 4.3 \text{m}，取 4\text{m}。$$

井点平面布置图及剖面图如图 12-15 和图 12-16 所示，基坑角部井点管加密到 1.6m。

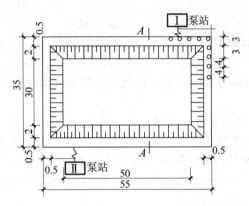

图 12-15　环形井点平面布置图（单位：m）

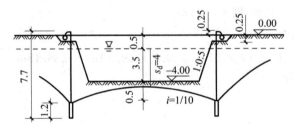

图 12-16　A—A 剖面图（单位：m）

6）选择抽水设备

总管长度 180m，选用两套 W5 型干式真空泵抽水设备。

例题 12-2　某矩形基坑外边缘面积为 $30\text{m} \times 30\text{m}$，开挖深度为 5.5m，位于图 12-17 所示地基上，承压水头在地表下 1.5m 处，细砂层渗透系数 $k = 4.6\text{m/d}$，拟采用管井法降水，要求基坑中心水位降至坑底以下 1m。试设计此降水工程。

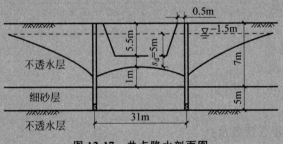

图 12-17　井点降水剖面图

解：根据地质资料，本例降水工程按承压完整井计算，有关设计参数取值如下：

承压水层厚度 $M=5m$，基坑中心水位降 $s_d=(5.5+1-1.5)m=5m$，降水深度小于 $10m$，取 $s_w=10m$，则影响半径为

$$R=10s_w\sqrt{k}=(10\times10\times\sqrt{4.6})m=214.48m$$

考虑井管距基坑边缘 $0.5m$，井管围成的面积为 $31m\times31m$。

基坑影响圆半径

$$r_0=0.29(a+b)=0.29(31+31)m=17.98m$$

（1）计算基坑涌水量

$$Q=2\pi k\frac{Ms_d}{\ln\left(1+\dfrac{R}{r_0}\right)}=\left[2\pi\times4.6\times\frac{5\times5}{\ln\left(1+\dfrac{214.48}{17.98}\right)}\right]m^3\Big/d=282.31m^3\Big/d$$

（2）计算单井出水量

采用 $550mm$ 钻孔埋管，滤管直径为 $300mm$，过滤管长 $1.2m$，则

$$q=120\pi r_s l\sqrt[3]{k}=\left(120\times\pi\times\frac{0.3}{2}\times1.2\times\sqrt[3]{4.6}\right)m^3\Big/d$$

$$=112.86m^3\Big/d$$

（3）确定井点数

$n=1.1\dfrac{Q}{q}=1.1\times\dfrac{282.31}{112.86}$根$=2.75$根，井点管取为 3 根。

（4）井点布置

井点布置如图 12-18 所示。

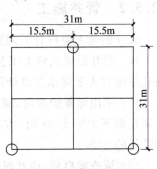

图 12-18　井点布置示意图

12.5　降水施工

基坑降水宜编制降水施工组织设计，其主要内容为：井点降水方法，井点管长度、构造和数量，降水设备的型号和数量，井点系统布置图，井孔施工方法及设备，质量和安全技术措施，以及降水对周围环境影响的估计及预防措施等。

降水设备的管道、部件和附件等，在组装前必须经过检查和清洗。滤管在运输、装卸和堆放时应防止损坏滤网。井孔应垂直，孔径上下一致。井点管应居于井孔中心，滤管不得紧靠井孔壁或插入淤泥中。

井点管安装完毕应进行试抽，全面检查管路接头、出水状况和机械运转情况。一般开始出水混浊，经一定时间后出水应逐渐变清，对长期出水混浊的井点应予以停闭或更换。

降水施工完毕，根据结构施工情况和土方回填进度，陆续关闭并逐根拔除井点管。拔除井点管后的孔洞，应立即用砂土填实，对于穿过不透水层进入承压含水层的井管，拔除后应用黏土球填塞封死，杜绝井管位置发生管涌。当坑底承压水头较高时，井点管宜保留至底板做完后再拔除。

降水过程中的观测非常重要，通常有以下几个观测措施：①流量观测。采用流量表或堰箱来观测，发现流量过大而水位降低缓慢甚至降不下去时，应考虑改用流量较大的离心泵，反之，则可改用小泵以免离心泵无水发热并节约电能。②地下水位观测。可用井点管作观测井，在开始抽水时，每隔 4～8h 测一次，以观测整个系统的降水机能，3d 后或降水达到

预定标高前,每日观测 1~2 次,地下水位降到预期标高后,可数日或一周测一次,但若遇下雨或暴雨时,须加强观测。

12.5.1 真空井点和喷射井点的施工

真空井点和喷射井点的施工应符合下列要求:

(1) 真空井点和喷射井点的成孔工艺可选用清水或泥浆钻进、高压水套管冲击工艺(钻孔法、冲孔法或射水法),对不易塌孔、缩颈的地层也可选用长螺旋钻机成孔;成孔深度宜大于降水井设计深度 0.5~1.0m。

(2) 钻进到设计深度后,应注水冲洗钻孔、稀释孔内泥浆,滤料填充应密实均匀,滤料宜采用粒径为 0.4~0.6mm 的纯净中粗砂。

(3) 成井后应及时洗孔,并应抽水检验井的滤水效果,抽水系统不应漏水、漏气。

(4) 抽水时的真空度应保持在 55kPa 以上,且抽水不应间断。

12.5.2 管井施工

管井的施工应符合下列要求:

(1) 管井的成孔施工工艺应适合地层特点,对不易塌孔、缩颈的地层宜采用清水钻进;钻孔深度宜大于降水井设计深度 0.3~0.5m。

(2) 采用泥浆护壁时,应在钻进到孔底后清除孔底沉渣并立即置入井管、注入清水,当泥浆比重不大于 1.05 时,方可投入滤料;遇塌孔时不得置入井管,滤料填充体积不应小于计算量的 95%。

(3) 填充滤料后,应及时洗井,洗井应直至过滤器及滤料滤水畅通,并应抽水检验井的滤水效果。

12.6 降水引起的地层变形计算

目前,降水引起的地层变形计算方法尚不成熟,现阶段,宜根据本地基坑降水工程的经验,结合计算与工程类比综合确定降水引起的地层变形量,分析降水对周边建筑物的影响。降水引起的地层变形计算可采用分层总和法。降水引起的地层变形量可按下式计算:

$$s = \psi_w \sum_{i=1}^{n} \frac{\Delta \sigma'_{zi} \Delta h_i}{E_{si}} \tag{12-21}$$

式中 s——降水引起的地层变形量,m;

ψ_w——沉降计算经验系数,应根据地区工程经验取值,无经验时,宜取 $\psi_w = 1$;

$\Delta \sigma'_{zi}$——降水引起的地面下第 i 土层中点处的附加有效应力,kPa,对黏性土,应取降水结束时土的固结度下的附加有效应力;

Δh_i——第 i 层土的厚度,m,土层的总计算厚度应按渗流分析或实际土层分布情况确定;

E_{si}——第 i 层土的压缩模量,kPa,应取土的自重应力至自重应力与附加有效应力之和的压力段的压缩模量值,确定土的压缩模量时,应考虑土的超固结比对压缩模量的影响。

　　基坑外土中各点降水引起的附加有效应力宜按地下水稳定渗流分析方法计算；当符合非稳定渗流条件时，可按地下水非稳定渗流计算。附加有效应力计算图如图 12-19 所示，附加有效应力可按下列公式计算。

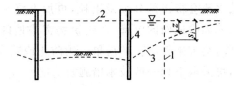

图 12-19　降水引起的附加有效应力计算
1—计算剖面；2—初始地下水位；3—降水后的水位；4—降水井

　　(1) 第 i 土层位于初始地下水位以上时：

$$\Delta\sigma'_{zi} = 0 \tag{12-22}$$

　　(2) 第 i 土层计算点位于降水后水位与初始地下水位之间时：

$$\Delta\sigma'_{zi} = \gamma_w z \tag{12-23}$$

　　(3) 第 i 土层计算点位于降水后水位以下时：

$$\Delta\sigma'_{zi} = \lambda_i \gamma_w s_i \tag{12-24}$$

式中　　γ_w——水的重度，kN/m^3；

　　　　z——第 i 土层中点至初始地下水位的垂直距离，m；

　　　　λ_i——计算系数，应按地下水渗流分析确定，缺少分析数据时，也可根据当地工程经验取值；

　　　　s_i——计算剖面对应的地下水位降深，m。

　　与建筑物地基变形计算时的分层总和法相比，降水引起的地层变形在有些方面是不同的，主要表现在以下方面：

　　(1) 附加应力作用下的建筑物地基变形计算，土中总应力是增加的。地基最终固结时，土中任意点的附加应力等于附加总应力，孔隙水压力不变；降水引起的地层变形计算，土中总应力基本不变。最终固结时，土中任意点的附加应力等于孔隙水压力的负增量。

　　(2) 地基变形计算，土中的最大附加应力在基础中点的纵轴上，基础范围内是附加应力的集中区域，基础以外的附加应力衰减很快。降水引起的地层变形计算，土中的最大附加应力在最大降深的纵轴上，也就是降水井的井壁处，附加应力随着远离降水井逐渐衰减。

　　(3) 地基变形计算，附加应力从基底向下沿深度逐渐衰减。降水引起的地层变形计算，附加应力从初始地下水位向下沿深度逐渐增加。降水后的地下水位以下，含水层内土中附加应力也不衰减。

　　计算建筑物地基变形时，按分层总和法计算出的地基变形量乘以沉降计算经验系数后的数值为地基最终变形量。沉降计算经验系数是根据大量工程实测统计出的修正系数，以修正直接按分层总和法计算的方法误差。降水引起的地层变形，直接按分层总和法计算的变形量与实测变形量也往往差异很大。由于缺少工程实测统计资料，暂时还无法给出定量的修正系数对计算结果进行修正，只能在今后积累大量工程实测数据及进行充分研究后，再加以改进完善。

12.7　降水对周围环境的影响及防范措施

在降水过程中，由于随水流会带出部分细微土粒，再加上降水后土体的含水量降低，使地基土产生固结，因而会引起周围地面的沉降，在建筑物密集地区进行降水施工，如因长时间降水引起过大的地面沉降，会带来较严重的后果。为防止或减少降水对周围环境的影响，避免产生过大的地面沉降，可采取下列一些技术措施。

1. 采用回灌技术

降水对周围环境的影响，是由于地下水流失造成的。回灌技术即在降水井点和要保护的建（构）筑物之间打设一排井点，在降水井点抽水的同时，通过回灌井点向土层内灌入一定数量的水（即降水井点抽出的水），形成一道补水帷幕，从而阻止或减少回灌井点外侧被保护的建（构）筑物的地下水流失，使地下水位基本保持不变，这样就不会因降水使地基自重应力增加而引起地面沉降，回灌方法宜采用管井回灌。

回灌井点可采用一般真空井点降水的设备和技术，仅增加回灌水箱、闸阀和水表等少量设备。采用回灌井点时，回灌井应布置在降水井外侧，回灌井点与降水井点的距离不宜小于6m。回灌井点的间距应根据降水井点的间距和被保护建（构）筑物的平面位置确定。

回灌井点宜进入稳定降水曲面下1m，且位于渗透性较好的土层中。回灌井点滤管的长度应大于降水井点滤管的长度。

回灌水量可通过水位观测孔中水位变化进行控制和调节，通过回灌不宜超过原水位标高。回灌水箱的高度，可根据灌入水量决定。回灌水宜用清水，回灌水质应符合环境保护要求。实际施工时应协调控制降水井点与回灌井点。

许多工程实例证明，用回灌井点回灌水能产生与降水井点相反的地下水降落漏斗，能有效阻止被保护建（构）筑物下的地下水流失，防止产生有害的地面沉降。回灌水量要适当，过小无效，过大会从边坡或钢板桩缝隙流入基坑。

2. 采用砂沟、砂井回灌

在降水井点与被保护建（构）筑物之间设置砂井作为回灌井，沿砂井布置一道砂沟，将降水井点抽出的水，适时、适量排入砂沟，再经砂井回灌到地下，实践证明亦能收到良好效果。回灌砂井的灌砂量，应取井孔体积的95%，填料宜采用含泥量不大于3%、不均匀系数在3～5之间的纯净中粗砂。

3. 减缓降水速度

在砂质粉土中降水影响范围可达80m以上，降水曲线较平缓，为此可将井点管加长，减缓降水速度，防止产生过大的沉降。亦可在井点系统降水过程中，调小离心泵阀，减缓抽水速度。还可在临近被保护建（构）筑物一侧，将井点管间距加大，需要时甚至暂停抽水。

为防止抽水过程中将细微土粒带出，可根据土的粒径选择滤网。另外确保井点管周围砂滤层的厚度和施工质量，亦能有效防止降水引起的地面沉降。

在基坑内部降水，掌握好滤管的埋设深度，如支护结构有可靠的隔水性能，一方面能疏干土层、降低地下水位、便于挖土施工,另一方面又不使降水影响到基坑外面,造成基坑周围产生沉降。

习题

12.1　基坑工程中,地下水控制方法有哪些? 地下水控制作用是什么?

12.2　常用的基坑工程降水方法有哪些? 适用条件如何?

12.3　简述井点降水的分类,并说明各种井点降水方法的工作原理。

12.4　简述真空井点系统的组成及设备。

12.5　真空井点的平面和高程如何布置? 简述真空井点的计算内容和方法。

12.6　基坑降水对周围环境会产生哪些不利影响? 应采取哪些措施进行防范?

12.7　某设备基础基坑,基坑宽 8m,长 12m,深 4.5m,四面放坡,放坡坡度为 1:0.5,地面标高为 ±0.00m,地下水位标高为 −1.5m。土层分布:自然地面以下 1m 为粉质黏土;其下 8m 厚为细砂层,渗透系数 $k=14$m/d;再下为不透水层。采用真空井点降水,试进行真空井点系统设计。(答案:滤管长度取 1m,基坑涌水量 534.23m^3/d,单井出水量 22.7m^3/d)

12.8　某基础底部尺寸为 30m×40m,基础埋深为 4.5m,基坑底部尺寸每边比基础底部放宽 1m,室外地坪标高为 ±0.00m,地下水位标高为 −1.00m。已知 −10.00m 以上为黏质粉土,渗透系数为 5m/d,−10.00m 以下为不透水的黏土层。基坑开挖为四边放坡,边坡坡度为 1:0.5。采用真空井点降水,滤管长度为 1m。试确定该井点系统的群井涌水量。(答案:群井涌水量 368.12m^3/d)

12.9　某基础板底尺寸为 30m×50m,埋深为 −5.5m,基坑底部比基础底板每边放宽 1m,地面标高设为 ±0.000,地下水位为 −1.5m。距离场地边一侧 3.9m 处有一排临近工程的独立基础,其埋深为 −1.8m,如习题 12.9 图所示。已知土层状况为:−1m 以上为粉质黏土;−1~−10m 为粉土,其渗透系数为 5.8×10^{-3}cm/s,−10~−16m 为透水性很小的黏土。该基坑靠临近基础一边采用钢板柱,另三边放坡开挖,坡度系数为 0.5。采用真空井点降水,试设计真空井点系统。(提示:建议井点管平面布置采用环形布置,井点管离坑边取 0.7m,滤管取 1m。)(答案:滤管长度取 1m,基坑涌水量 366.73m^3/d,单井出水量 16.44m^3/d)

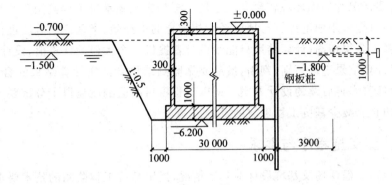

习题 12.9 图

第13章

基 坑 监 测

13.1 概述

13.1.1 监测的必要性

基坑工程是一门实践性很强的学科,存在诸如外力不确定性、变形不确定性、土性不确定性和一些偶然变化所引起的不确定因素,很难对基坑工程的设计与施工订出一套标准模式,或用一套严密的理论计算方法来把握施工过程中可能发生的各种变化,目前只能采用理论计算与地区经验相结合的半经验、半理论的方法进行设计。但由于岩土体性质的复杂多变性及各种计算模型的局限性,很多基坑工程的理论计算结果与实测数据往往有较大差异。一旦基坑变形和土体沉降超出了设计所规定的允许值,就会使基坑工程的正常施工受到威胁,严重的时候基坑开挖会导致基坑的坍塌,造成经济损失和人员伤亡。施工过程中如果出现异常,且这种变化又没有及时发现并任其发展,后果将不堪设想,因此基坑变形监测就显得十分重要。

随着基坑工程的深度和面积加深加大,以及复杂程度的阶梯形上升,深基坑工程的变形监测方案的实施,成为绝大多数城市建设和管理部门必须执行的措施。为保证工程安全顺利地进行,在基坑开挖及结构施工期间开展严密的施工监测是必要的,国家标准《建筑基坑工程监测技术规范》(GB 50497—2009)明确规定:"开挖深度超过 5m,或开挖深度未超过5m 但现场地质情况和周围环境较复杂的基坑工程均应实施基坑工程监测"。

由于目前只能采用理论计算与地区经验相结合的半经验、半理论的方法进行设计,基坑工程定量计算不会很精确,计算结果只能给设计者提供一个大概的计算值,设计者的经验非常重要,要对计算结果进行甄别、判断,最后要靠监测结果来证实计算结果的合理性或准确性,并以此来修改完善后续的设计方案。所以工程项目的监测就显得十分重要了,只有这样才能最有效防止或减少基坑工程事故的发生。

13.1.2 监测实施程序与要求

设计方根据工程现场及基坑设计的具体情况,提出基坑工程监测的技术要求,主要包括监测项目(内容)、测点位置、监测频率和监测报警值。

建设方需提供岩土工程勘察报告、基坑工程设计说明书及图纸、基坑工程影响范围内的道路、地下管线、地下设施及周边建筑物等有关资料。

监测方在编写监测方案前,根据工程监测要求,进行现场踏勘,搜集、分析和利用已有资料,在基坑工程施工前制定合理的监测方案,并经建设、设计等单位的认可。对同一监测项目,监测时宜符合下列要求:

　　(1) 采用相同的观测方法和观测路线;

　　(2) 使用同一监测仪器和设备;

　　(3) 固定观测人员;

　　(4) 在基本相同的环境和条件下工作。

　　现场测试人员应对监测数据的真实性负责,监测分析人员应对监测报告的可靠性负责,监测单位对整个项目监测数据的准确性负责。

13.1.3　监测目的及监测方案要求

　　监测方案是指导监测工作的主要技术文件,监测方案的编制应依据工程合同、工程基础资料、设计资料、施工方案和组织资料,并参照国家现行规定、规范、条例等,同时须与工程建设单位、设计单位、施工单位、监理单位及管线主管单位和道路监察部门充分地协商。

　　监测方案应包括工程概况、监测依据、监测目的、监测项目、测点布置、监测方法及精度、监测人员及主要仪器设备、监测频率、监测报警值、异常情况下的监测措施、监测数据的记录制度和处理方法、工序管理及信息反馈制度等。

1. 监测目的

　　根据场地工程地质和水文地质情况,基坑工程围护体系设计及周围环境情况确定监测目的,监测目的主要有以下三类:

　　(1) 通过监测成果分析预估基坑工程围护体系本身的安全度,保证施工过程中围护体系的安全。

　　(2) 通过监测成果分析预估基坑工程开挖对相邻建(构)筑物的影响,确保相邻建(构)筑物和市政设施的安全和正常工作。

　　(3) 通过监测成果分析检验围护体系设计计算理论和方法的可靠性,为进一步改进设计计算方法提供依据。

　　不同基坑的监测目的应有所侧重。当用于预估相邻建(构)筑物和各种市政设施的影响,要逐个分析周围建(构)筑物和各种市政设施的具体情况,如建筑物和市政设施的重要性、可能受影响程度、抗位移能力等,确定监测重点。

2. 监测方案制定要求

　　1) 在制定基坑监测方案时应根据监测目的和方案设计原则,合理选择现场测试的监测项目。

　　2) 确定测点布置和监测频率。根据监测目的确定各项监测项目的测点数量和布置,根据基坑开挖进度确定监测频率,原则上在开挖初期可几天测一次,随着开挖深度发展,提高监测频率,必要时可一天测数次。

　　3) 建立监测成果反馈制度。应及时将监测成果报告给现场监理、设计和施工单位,达到或超过监测项目报警值应及时研究、及时处理,以确保基坑工程安全顺利施工。

4）制定监测点的保护措施。由于基坑开挖施工现场条件复杂,测试点极易受到破坏,因此,所有测点务必做得牢固,配上醒目标志,并与施工方密切配合,以确保其安全。

5）监测方案设计应密切配合施工组织计划。监测方案是施工组织设计的一个重要内容,只有符合施工组织的总体计划安排才有可能得以顺利实施。

6）对下列基坑工程,监测方案应进行专门论证:

(1) 地质和环境条件很复杂的基坑工程;

(2) 临近重要建筑物和管线,以及历史文物、近代优秀建筑、地铁、隧道等破坏后果很严重的基坑工程;

(3) 已发生严重事故,重新组织实施的基坑工程;

(4) 采用新技术、新工艺、新材料的一、二级基坑工程;

(5) 其他必须论证的基坑工程。

13.1.4 监测方案设计原则

由于监测方案对基坑设计、施工和使用都起着相当重要的作用,因此基坑监测方案应综合分析各种有关资料和信息进行精心设计。方案设计的原则如下:

1）可靠性原则

可靠性原则是监测设计中所要考虑的最重要原则。为此,系统需采用可靠的仪器设备,并应在监测期间保护好测点。

2）多层次原则

(1) 在监测对象上以位移为主,但也考虑其他物理量监测;

(2) 在监测方法上以仪器监测为主,并辅以目测巡视的方法;

(3) 在监测仪器选型上以机测式仪器为主,并辅以电测式仪器;

(4) 为保证监测的可靠性,监测系统应采用多种原理不同的方法和仪器;

(5) 考虑分别在地表、基坑土体内部及临近受影响建筑物与设施内布点,以形成具有一定的测点覆盖率的监测网。

3）重点监测关键区原则

将易出问题且一旦出问题将会造成很大损失的部位列为关键区进行重点监测,并尽早实施。

4）方便实用原则

为减少监测与施工之间的相互干扰,监测系统的安装和测读应尽可能做到方便实用。

5）经济合理原则

在系统设计时应尽可能选用实用而价廉的仪器,以降低监测费用。

6）以位移为主原则

变形监测是基坑监测的主要手段,也是变形破坏的基本依据。

7）整体控制原则

保证监测系统对整个基坑的覆盖。

8）遵照工程需要原则

监测系统的布置要充分考虑工程的特点和工程施工对基坑的要求。

13.2　监测内容

13.2.1　监测对象

基坑监测对象包括：

（1）支护结构：包括围护墙、支撑或锚杆、立柱、冠梁和腰梁等；

（2）相关的自然环境；

（3）施工工况；

（4）地下水状况：包括基坑内外原有水位、承压水状况、降水或回灌后的水位；

（5）基坑底部及周围土体：指的是基坑开挖影响范围内的坑内、坑外土体；

（6）周围建筑物：指的是基坑开挖影响范围之内的建筑物、构筑物；

（7）周围地下管线及地下设施：主要包括供水管道、排污管道、通信、电缆、煤气管道、人防、地铁、隧道等工程；

（8）周围重要的道路：指基坑开挖影响范围之内的高速公路、国道、城市主要干道和桥梁等；

（9）其他应监测的对象：根据工程的具体情况，可能会有一些其他应监测的对象，由设计和有关单位共同确定。

根据《建筑地基基础工程施工质量验收规范》(GB 50202—2002)，基坑工程类别划分见表 13-1。

表 13-1　基坑工程类别表

类别	分 类 标 准
一级	1. 重要工程或支护结构做主体结构的一部分 2. 开挖深度大于 10m 3. 与临近建筑物、重要设施的距离在开挖深度以内的基坑 4. 基坑范围内有历史文物、近代优秀建筑、重要管线等需严加保护的基坑
二级	除一级和三级外的基坑
三级	开挖深度小于 7m，且周围环境无特别要求的基坑

根据表 13-1 的基坑类别，《建筑基坑工程监测技术规范》(GB 50497—2009)对基坑监测项目做了规定，见表 13-2，并可按表 13-2 选用监测项目。

表 13-2　建筑基坑工程仪器监测项目表

监测项目＼基坑类别	一级	二级	三级
围护墙(边坡)顶部水平位移	√	√	√
围护墙(边坡)顶部竖向位移	√	√	√
深层水平位移	√	√	○
立柱竖向位移	√	○	○

续表

监测项目＼基坑类别	一级	二级	三级
围护墙内力	○	⊙	⊙
支撑内力	√	○	⊙
立柱内力	⊙	⊙	⊙
锚杆内力	√	○	⊙
土钉内力	○	⊙	⊙
坑底隆起(回弹)	○	⊙	⊙
围护墙侧向土压力	○	⊙	⊙
孔隙水压力	○	⊙	⊙
地下水位	√	√	√
土层分层竖向位移	○	⊙	⊙
周边地表竖向位移	√	√	○
周边建筑　竖向位移	√	√	√
周边建筑　倾斜	√	○	⊙
周边建筑　水平位移	√	○	⊙
周边建筑、地表裂缝	√	√	√
周围管线变形	√	√	√

注：√应测；○宜测；⊙可测。

表 13-3 为上海市《基坑工程技术规范》(DG/T J08—61—2010)中基坑周边环境监测的监测项目表。环境保护等级是根据环境保护对象的重要性及距离基坑的远近确定的。

表 13-3　根据基坑环境保护等级选择周边环境监测项目表

序号	施工阶段＼监测项目	土方开挖前			基坑开挖阶段		
	环境保护等级	一级	二级	三级	一级	二级	三级
1	基坑外地下水水位	√	√	√	√	√	√
2	孔隙水压力	○			○	○	
3	坑外土体深层侧向变形(测斜)	√	○		√	○	
4	坑外土体分层竖向位移	○			○	○	
5	地表竖向位移	√	√	○	√	√	√
6	基坑外侧地表裂缝(如有)	√	√	√	√	√	√
7	临近建(构)筑物水平及竖向位移	√	√	√	√	√	√
8	临近建(构)筑物倾斜	√	○	○	√	√	○
9	临近建(构)筑物裂缝(如有)	√	√	√	√	√	√
10	临近地下管线水平及竖向位移	√	√	√	√	√	√

注：1. √应测；○选测(视监测工程具体情况和相关单位要求确定)；
　　2. 土方开挖前指基坑围护结构体施工、预降水阶段。

13.2.2　测点布置原则

变形监测网的网点宜分为控制点、工作基点和监测点。

控制点不应受基坑开挖、降水以及周边环境变化的影响,应设置在位移和变形影响范围以外,位置稳定、易于保护的地方,并应定期校核联测,以保证控制点的可靠性。

监测点的布置要最大限度地反映监测对象的实际状态及其变化趋势,并应满足监控要求。布置应不妨碍监测对象的正常工作,并尽量减少对施工作业的不利影响。在监测对象内力和变形变化大的代表性部位,监测点应适当加密。

每个基坑工程至少要有 3 个稳固的基准点。在必要数量的基础上适当增加基准点,可作为基坑施工过程中个别基准点损坏的储备或异常数据校核之用,其增加的成本一般不多,但有利于保证监测成果的连续性和可靠性。在通视条件良好或观测项目较少的情况下,可不设工作基点,直接在基准点上测定变形,否则还要在稳定的位置设置工作基点。各监测点与水准基准点或工作基点应组成闭合环路或复合水准路线。

监测项目初始值应在相关施工工序之前测定,并取至少连续观测 3 次的稳定值的平均值作为初始值。

13.2.3　测点布置方法

基坑监测方法的选择应综合考虑各种因素,如基坑类别不同,基坑及周边环境安全要求不同,相应的监测要求也不同。设计方会根据基坑类别和特点对监测方法提出相应的要求,场地条件可能会适合或限制某种监测方法的应用。当地经验情况可能使某些监测方法更容易接受,监测方法对气候、环境等的适应性也有所差别。合理的监测方法更能适应施工现场条件的变化和施工进度的要求。

1. 水平位移

1)墙顶(坑顶、坡顶)水平位移

对于基坑工程,坑顶水平位移量决定了支护结构和周围环境是否安全,其重要性不言而喻。

围护墙或基坑边坡顶部的水平位移监测点应沿基坑周边布置,周边中部、阳角处应布置监测点。监测点水平间距不宜大于 20m,每边监测点数目不宜少于 3 个。水平和竖向位移监测点宜为共用点,监测点宜设置在围护墙顶或基坑坡顶上。

测定特定方向上的水平位移时,可采用投点法、小角度法、视准线法等。测定监测点任意方向的水平位移时,可视监测点的分布情况,采用极坐标法、后方交会法、前方交会法等。当测点与基准点无法通视或距离较远时,可采用 GPS 测量法或三角、三边、边角测量与基准线法相结合的综合测量方法。

水平位移的监测方法较多,但各种方法的适用条件不一,在方法选择和施测时均应特别注意。如采用小角度法时,监测前应对经纬仪进行垂直轴倾斜修正。采用视准线法时,其测点埋设偏离基准线的距离不宜大于 2cm,对活动觇牌的零位差应进行测定。

2)深层水平位移

围护墙或土体深层水平位移监测点宜布置在基坑周边的中部、阳角处及有代表性的部位。监测点水平间距宜为 20~50m,每边监测点数目不应少于 1 个。

用测斜仪观测深层水平位移时,当测斜管埋设在围护墙体内,测斜管长度不宜小于围护墙的深度;当测斜管埋设在土体中,测斜管长度不宜小于基坑开挖深度的 1.5 倍,并应大于围护墙的深度。以测斜管底为固定起算点时,管底应嵌入到稳定土体中。

　　测斜管应在基坑开挖一周前埋设,埋设前检查测斜管质量,各段接头及管底应保证密封,测斜管埋设时应保持竖直,测斜管一对导槽的方向应与所需测量的位移方向保持一致。当采用钻孔法埋设时,测斜管与钻孔之间的孔隙应填充密实。测斜管主要有钻孔埋设和绑扎埋设,一般测土体深层位移时用钻孔埋设,如图 13-1 所示。

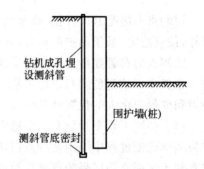

图 13-1　测斜管埋在土中钻孔埋设示意图

2. 竖向位移

　　竖向位移监测一般采用几何水准方法,当不便使用几何水准测量或需要进行自动监测时,可采用液体静力水准测量方法。

　　1) 墙顶(坑顶、坡顶)沉降

　　竖向位移监测点宜为与水平位移监测共用点,也就是说,沉降与水平位移监测都采用同一监测点,埋设要求同水平位移监测点。墙顶位移监测基准点应埋设在基坑开挖深度 4 倍范围以外不受施工影响的稳定区域,或利用已有稳定的施工控制点。

　　2) 坑底隆起

　　基坑开挖对坑底土层卸荷,基坑坑底隆起就是基坑开挖后,坑内土体的回弹变形。坑底隆起宜通过设置回弹标,采用几何水准并配合传递高程的辅助设备进行监测,回弹标安装于测杆底部,传递高程的金属杆或钢尺等应进行温度、尺长和拉力等项修正,坑底隆起(回弹)监测精度不宜低于 1mm,坑底抗隆起测量原理如图 13-2 所示。

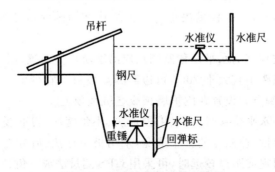

图 13-2　坑底抗隆起测量示意图

　　由于回弹标的埋设和施工过程中的保护比较困难,监测点不宜设置过多。

　　基坑底部隆起监测点应符合下列要求:

　　(1) 监测点宜按纵向或横向剖面布置,剖面应选择在基坑的中央、距坑底边约 1/4 坑底宽度处,以及其他能反映变形特征的位置,剖面数量不应少于 2 个。纵向或横向有多个监测剖面时,其间距宜为 20~50m。

　　(2) 同一剖面上监测点横向间距宜为 10~30m,数量不宜少于 3 个。

　　3) 立柱竖向位移

　　在软土地区或对周围环境要求较高的基坑大多采用内支撑,支撑跨度较大时,一般都架设立柱桩。基坑内土方开挖引起土层的隆起变形,坑底隆起会引起立柱的上浮,而作用于内支撑上竖向荷载则会引起立柱的下沉。立柱的竖向位移幅值过大,可能增大基坑围护结构的侧向位移,加大支撑的轴力。有工程表明立柱竖向位移 20~30mm,支撑轴力会增大约 1倍,因而对于支撑体系应加强立柱的位移监测。

立柱监测示意图如图 13-3 所示。立柱的竖向位移监测点宜布置在基坑中部、多根支撑交汇处、施工栈桥下、地质条件复杂处的立柱上,监测点不宜少于立柱总根数的 5%,逆作法施工的基坑不宜少于 10%,且均不应少于 3 根。

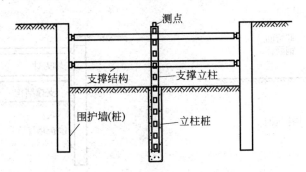

图 13-3　立柱竖向位移监测示意图

3．支护结构及内支撑内力

结构内力监测一般采用在结构内部或表面安装应力计进行测量,适用于对支撑、立柱等部位的内力监测。应力计或应变计的量程宜为最大设计值的 1.2 倍,精度不宜低于 0.5%F・S,分辨率不宜低于 0.2%F・S。

对于钢筋混凝土支撑,宜采用钢筋应力计(钢筋计)或混凝土应变计进行量测。对于钢结构支撑,宜采用轴力计进行量测。

围护墙、桩及腰梁等内力量测,宜在围护墙、桩钢筋制作时,在主筋上焊接钢筋应力计的预埋方法进行安装。

支护结构内力监测值应考虑温度变化的影响,对钢筋混凝土支撑尚应考虑混凝土收缩、徐变以及裂缝开展的影响。围护墙、桩及腰梁等的内力监测元件宜在相应工序施工时埋设并在开挖前取得稳定初始值。

1) 围护桩墙内力及立柱内力

围护墙内力监测点应布置在受力、变形较大且有代表性的部位,监测点数量和水平间距视具体情况而定。竖直方向监测点应布置在弯矩最大处,竖向间距宜为 2~4m。平面上宜选择在围护墙相邻两支撑的跨中部位、开挖深度较大以及地面堆载较大的部位。

立柱的内力监测点宜布置在受力较大的立柱上,位置宜设在坑底以上各层立柱下部 1/3 处。

图 13-4 为支护结构内钢筋计安装示意图。现在工程上的立柱,多采用角钢缀板式立柱,可以采用焊接法将钢筋计与竖向角钢焊接。

2) 支撑内力

支撑内力监测点的布置应符合下列要求:

（1）监测点宜设置在支撑内力较大或在整个支撑系统中起关键作用的杆件上；

（2）每道支撑的内力监测点不应少于3个，各道支撑的监测点位置宜在竖向保持一致；

（3）钢支撑的监测截面宜选择在两支点间1/3部位或支撑的端头，混凝土支撑的监测截面宜选择在两支点间1/3部位，并避开节点位置；

（4）每个监测点截面内传感器的设置数量及布置应满足不同传感器测试要求。

图13-5是钢支撑轴力计安装示意图，图13-6是混凝土支撑钢筋计安装示意图。

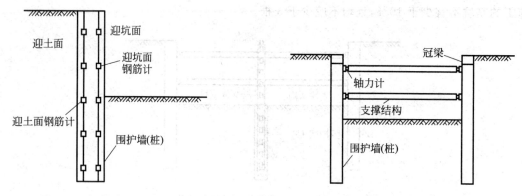

图13-4　钢筋计安装示意图　　　　　图13-5　钢支撑轴力计安装示意图

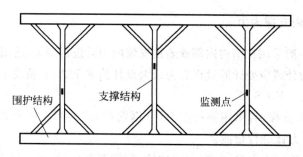

图13-6　混凝土支撑轴力计安装示意图

4. 锚杆、土钉内力

锚杆的内力监测点应选择在受力较大且有代表性的位置，基坑每边中部、阳角处和地质条件复杂的区段宜布置监测点。每层锚杆的内力监测点数量应为该层锚杆总数的1％～3％，并不应少于3根，各层监测点位置在竖向上宜保持一致，每根杆体上的测试点宜设置在锚头附近和受力有代表性的位置。

锚杆拉力量测宜采用专用的锚杆测力计，钢筋锚杆可采用钢筋应力计或应变计，当使用钢筋束时应分别监测每根钢筋的受力。锚杆轴力计、钢筋应力计和应变计的量程宜为设计最大拉力值的1.2倍，量测精度不宜低于0.5％F·S，分辨率不宜低于0.2％F·S。

应力计或应变计应在锚杆锁定前获得稳定初始值，一般取下一层土方开挖前连续2d获得的稳定测试数据的平均值作为其初始值。

土钉的内力监测点应选择在受力较大且有代表性的位置，基坑每边中部、阳角处和地质条件复杂的区段宜布置监测点。监测点数量和间距应视具体情况而定，各层监测点位置在竖向上宜保持一致,每根土钉杆体上的测试点应设置在有代表性的受力位置。

5. 围护墙土压力

土压力宜采用土压力盒进行量测,其量测的是侧向水土压力的总和,是直接作用在基坑支护体系上的荷载,是支护结构的设计依据。

围护墙侧向土压力监测点的布置应符合下列要求:

(1) 监测点应布置在受力、土质条件变化较大或其他有代表性的部位。

(2) 平面布置上基坑每边不宜少于两个监测点,竖向布置上监测点间距宜为 2~5m,下部宜加密。

(3) 当按土层分布情况布设时,每层应至少布设 1 个测点,且宜布置在各层土的中部。

(4) 土压力盒应紧贴围护墙布置,宜埋设在围护墙的迎土面一侧。

挡土结构迎土面土压力盒埋设示意图如图 13-7 所示。

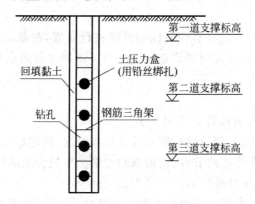

图 13-7　挡土结构迎土面土压力盒埋设示意图

土压力盒埋设以后应立即进行检查测试,基坑开挖前应取得稳定初始值。土压力盒在埋设时可能会造成局部应力集中,至少提前 1 周埋设,有利于传感器应力与周围土体应力的平衡,由此获得的初始值更接近真实状况。

6. 周围建筑物和管线变形

从基坑边缘以外 1~3 倍开挖深度范围内需要保护的建(构)筑物、地下管线等均应作为监控对象。必要时,尚应扩大监控范围。位于重要保护对象(如地铁、上游引水、合流污水等)安全保护区范围内的监测点的布置,尚应满足相关部门的技术要求。

1) 周边建筑物位移

(1) 建筑物沉降

建筑物的竖向位移监测点布置应符合下列要求:

① 建筑物四角、沿外墙每 10~15m 处或每隔 2~3 根柱基上,且每边不少于 3 个监测点;

② 不同地基或基础的分界处;

③ 建筑物不同结构的分界处;

④ 变形缝、抗震缝或严重开裂处的两侧;

⑤ 新、旧建筑物,以及高、低建筑物交接处的两侧;

⑥ 烟囱、水塔和大型储仓罐等高耸构筑物基础轴线的对称部位,每一构筑物不得少于4点。

(2) 建筑物水平位移

建筑物的水平位移监测点应布置在建筑物的墙角、柱基及裂缝的两端,每侧墙体的监测点不应少于 3 处。

(3) 建筑物倾斜

建筑物倾斜监测点应符合下列要求:

① 监测点宜布置在建(构)筑物角点、变形缝或抗震缝两侧的承重柱或墙上;

② 监测点应沿主体顶部、底部对应布设,上、下监测点应布置在同一竖直线上;

③ 当采用铅锤观测法、激光铅直仪观测法时,应保证上、下测点之间具有一定的通视条件。

(4) 建筑物的裂缝

建筑物的裂缝监测点应选择有代表性的裂缝进行布置,在基坑施工期间当发现新裂缝或原有裂缝有增大趋势时,应及时增设监测点。每一条裂缝的测点至少设 2 组,裂缝的最宽处及裂缝末端宜设置测点。

2) 周边管线沉降

地下管线监测点的布置应符合下列要求:

(1) 应根据管线年份、类型、材料、尺寸及现状等情况,确定监测点设置;

(2) 监测点宜布置在管线的节点、转角点和变形曲率较大的部位,监测点平面间距宜为15～25m,并宜延伸至基坑以外 20m;

(3) 上水、煤气、暖气等压力管线宜设置直接监测点,直接监测点应设置在管线上,也可以利用阀门开关、抽气孔以及检查井等管线设备作为监测点;

(4) 在无法埋设直接监测点的部位,可利用埋设套管法设置监测点,也可采用模拟式测点将监测点设置在靠近管线埋深部位的土体中。

3) 基坑周边地表竖向沉降

基坑周边地表竖向沉降监测点的布置范围宜为基坑深度的 1～3 倍,监测剖面宜设在坑边中部或其他有代表性的部位,并与坑边垂直,监测剖面数量视具体情况确定。每个监测剖面上的监测点数量不宜少于 5 个。

4) 坑外土体分层沉降

土体分层竖向位移监测孔应布置在有代表性的部位,数量视具体情况确定,并形成监测剖面。同一监测孔的测点宜沿竖向布置在各层土内,数量与深度应根据具体情况确定,在厚度较大的土层中应适当加密。

7. 孔隙水压力

孔隙水压力监测点宜布置在基坑受力、变形较大或有代表性的部位。监测点竖向布置宜在水压力变化影响深度范围内按土层分布情况布设,监测点竖向间距一般为 2～5m,并不宜少于 3 个。

8．基坑内外地下水位

1）基坑内地下水位监测点的布置应符合下列要求：

（1）当采用深井降水时，水位监测点宜布置在基坑中央和两相邻降水井的中间部位。当采用轻型井点、喷射井点降水时，水位监测点宜布置在基坑中央和周边拐角处，监测点数量视具体情况确定。

（2）水位监测管的埋置深度（管底标高）应在最低设计水位之下 3～5m。对于需要降低承压水水位的基坑工程，水位监测管埋置深度应满足降水设计要求。

2）基坑外地下水位监测点的布置应符合下列要求：

（1）水位监测点应沿基坑周边、被保护对象（如建筑物、地下管线等）周边或在两者之间布置，监测点间距宜为 20～50m。相邻建（构）筑物、重要的地下管线或管线密集处应布置水位监测点；如有止水帷幕，宜布置在止水帷幕的外侧约 2m 处。

（2）水位观测管的管底埋置深度应在最低设计水位或最低允许地下水位之下 3～5m。承压水水位监测管的滤管应埋置在所测的承压含水层中。

（3）回灌井点的观测井应设置在回灌井点与被保护对象之间。

13.3　监测频率与报警值

13.3.1　监测频率

基坑工程监测频率应以能系统反映监测对象所测项目的重要变化过程，而又不遗漏其变化时刻为原则。基坑工程监测工作应贯穿于基坑工程和地下工程施工全过程，监测期应从基坑工程施工前开始，直至地下工程完成为止。监测周期应根据现场情况和数据变化情况等因素确定，监测频率是动态的且随时发生变化的，当监测值相对稳定时，可适当降低监测频率，当有危险事故征兆时，应实时跟踪监测。

对于应测项目，在无数据异常和事故征兆的情况下，开挖后仪器监测频率的确定可参照表 13-4 确定。

表 13-4　现场仪器监测的监测频率

基坑类别	施工进程		基坑设计开挖深度			
			≤5m	5～10m	10～15m	>15m
一级	开挖深度/m	≤5	1次/d	1次/2d	1次/2d	1次/2d
		5～10		1次/d	1次/d	1次/d
		>10			2次/d	2次/d
	底板浇筑后时间/d	≤7	1次/d	1次/d	2次/d	2次/d
		7～14	1次/3d	1次/2d	1次/d	1次/d
		14～28	1次/5d	1次/3d	1次/2d	1次/d
		>28	1次/7d	1次/5d	1次/3d	1次/3d

基坑类别	施工进程		基坑设计开挖深度			
			≤5m	5～10m	10～15m	>15m
二级	开挖深度/m	≤5	1次/2d	1次/2d		
		5～10		1次/d		
	底板浇筑后时间/d	≤7	1次/2d	1次/2d		
		7～14	1次/3d	1次/3d		
		14～28	1次/7d	1次/5d		
		>28	1次/10d	1次/10d		

注：1. 当基坑工程等级为三级时,监测频率可视具体情况适当降低;

2. 基坑工程施工至开挖前的监测频率视具体情况确定;

3. 宜测、可测项目的仪器监测频率可视具体情况要求适当降低;

4. 有支撑的支护结构各道支撑开始拆除到拆除完成后 3d 内监测频率应为 1 次/d。

当出现下列情况之一时,应加强监测,提高监测频率,并及时向委托方及相关单位报告监测结果:

(1) 监测数据达到报警值;

(2) 监测数据变化量较大或者速率加快;

(3) 存在勘察中未发现的不良地质条件;

(4) 超深、超长开挖或未及时加撑等未按设计施工;

(5) 基坑及周边大量积水、长时间连续降雨、市政管道出现泄漏;

(6) 基坑附近地面荷载突然增大或超过设计限值;

(7) 支护结构出现开裂;

(8) 周边地面出现突然较大沉降或严重开裂;

(9) 临近的建(构)筑物出现突然较大沉降、不均匀沉降或严重开裂;

(10) 基坑底部、坡体或支护结构出现管涌、渗漏或流砂等现象;

(11) 基坑工程发生事故后重新组织施工;

(12) 出现其他影响基坑及周边环境安全的异常情况。

13.3.2　监测报警值

在基坑工程的监测中,确定各项监测项目的监控报警值是一项十分重要的工作。《建筑基坑支护技术规程》(JGJ 120—2012)规定:基坑开挖前应做出系统的开挖监测方案,监测方案应包括监控目的、监控项目、监控报警值等。

根据大量工程事故案例分析发现,基坑工程发生重大事故前都有预兆,这些预兆首先反映在监测数据中。如围护结构变形过大、变形速率超常、地面沉降加速、周围建(构)筑物墙体产生裂缝、支撑轴力过大等。在工程监测中,每一项监测的项目都应该根据工程的实际情况、周边环境和设计计算书,事先确定相应的监控报警值,用以判断支护结构的受力、位移是否超过允许的范围,进而判断基坑的安全性,决定是否对设计方案和施工方法进行调整,并采取有效及时的处理措施。因此,监测项目的监控报警值的确定是至关重要的。

基坑工程监测必须确定监测报警值,监测报警值应满足基坑工程设计、地下结构设计以及周边环境中被保护对象的控制要求。监测报警值应由基坑工程设计方确定。

因围护墙施工、基坑开挖以及降水引起的基坑内外地层位移应按下列条件控制：

（1）不得导致基坑的失稳；

（2）不得影响地下结构的尺寸、形状和地下工程的正常施工；

（3）对周边已有建（构）筑物引起的变形不得超过相关技术规范的要求；

（4）不得影响周边道路、地下管线等正常使用；

（5）满足特殊环境的技术要求。

1. 规范规定的监测报警值

基坑工程监测报警值应以监测项目的累计变化量和变化速率共同控制。基坑及支护结构监测报警值应根据土质特征、设计结果及当地经验等因素确定。当无当地经验时，可根据土质特征、设计结果以及表 13-5 确定。

表 13-5　基坑及支护结构监测报警值

序号	监测项目	支护结构类型	一级 累计值 绝对值/mm	一级 累计值 相对基坑深度(h)控制值	一级 变化速率/(mm/d)	二级 累计值 绝对值/mm	二级 累计值 相对基坑深度(h)控制值	二级 变化速率/(mm/d)	三级 累计值 绝对值/mm	三级 累计值 相对基坑深度(h)控制值	三级 变化速率/(mm/d)
1	围护墙（边坡）顶部水平位移	放坡、土钉墙、喷锚支护、水泥土墙	30~35	0.3%~0.4%	5~10	50~60	0.6%~0.8%	10~15	70~80	0.8%~1.0%	15~20
		钢板桩、灌注桩、型钢水泥土墙、地下连续墙	25~30	0.2%~0.3%	2~3	40~50	0.5%~0.7%	4~6	60~70	0.6%~0.8%	8~10
2	围护墙（边坡）顶部竖向位移	放坡、土钉墙、喷锚支护、水泥土墙	20~40	0.3%~0.4%	3~5	50~60	0.6%~0.8%	5~8	70~80	0.8%~1.0%	8~10
		钢板桩、灌注桩、型钢水泥土墙、地下连续墙	10~20	0.1%~0.2%	2~3	25~30	0.3%~0.5%	3~4	35~40	0.5%~0.6%	4~5
3	深层水平位移	水泥土墙	30~35	0.3%~0.4%	5~10	50~60	0.6%~0.8%	10~15	70~80	0.8%~1.0%	15~20
		钢板桩	50~60	0.6%~0.7%	2~3	80~85	0.7%~0.8%	4~6	90~100	0.9%~1.0%	8~10
		型钢水泥土墙	50~55	0.5%~0.6%		75~80	0.7%~0.8%		80~90	0.9%~1.0%	
		灌注桩	45~50	0.4%~0.5%		70~75	0.6%~0.7%		70~80	0.8%~0.9%	
		地下连续墙	40~50	0.4%~0.5%		70~75	0.7%~0.8%		0~90	0.9%~1.0%	

续表

序号	监测项目	支护结构类型	基坑类别								
			一级			二级			三级		
			累计值		变化速率/(mm/d)	累计值		变化速率/(mm/d)	累计值		变化速率/(mm/d)
			绝对值/mm	相对基坑深度(h)控制值		绝对值/mm	相对基坑深度(h)控制值		绝对值/mm	相对基坑深度(h)控制值	
4	立柱竖向位移		25~35	—	2~3	35~45		4~6	55~65	—	8~10
5	基坑周边地表竖向位移		25~35		2~3	50~60		4~6	60~80		8~10
6	坑底隆起(回弹)		25~35		2~3	50~60		4~6	60~80		8~10
7	土压力		$(60\%\sim70\%)f_1$			$(70\%\sim80\%)f_1$			$(70\%\sim80\%)f_1$		
8	孔隙水压力										
9	支撑内力		$(60\%\sim70\%)f_2$			$(70\%\sim80\%)f_2$			$(70\%\sim80\%)f_2$		
10	围护墙内力										
11	立柱内力										
12	锚杆内力										

注：1. h 为基坑设计开挖深度，f_1 为荷载设计值，f_2 为构件承载能力设计值；

2. 累计值取绝对值和相对基坑深度(h)控制值两者的小值；

3. 当监测项目的变化速率达到表中规定值或连续 3d 超过该值的 70%，应报警；

4. 嵌岩的灌注桩或地下连续墙位移报警值宜按表中数值的 50% 取用。

周边环境监测报警值的限值应根据主管部门的要求确定，如无具体规定，可参考表 13-6 确定。

表 13-6　建筑基坑工程周边环境监测报警值

监测对象		项目	累计值/mm	变化速率/(mm/d)	备　注
1	地下水位变化		1000	500	—
2	管线位移	刚性管道　压力		10~30	1~3	直接观察点数据
		刚性管道　非压力	10~40	3~5	
		柔性管道	10~40	3~5	
3	临近建筑位移		10~60	1~3	
4	裂缝宽度	建筑	1.5~3.0	持续发展	—
		地面	10~15	持续发展	—

注：建筑整体倾斜度累计值达到 2/1000 或倾斜速度连续 3d 大于 $0.0001H/d$(H 为建筑承重结构高度)时应报警。

2. 监测报警值确定的依据

确定基坑工程监测项目的监测报警值是一个十分严肃、复杂的问题，建立一个量化的报警指标体系对于基坑工程和周边环境的安全监控意义重大，实际工作中主要依据以下三方面的数据和资料确定报警值。

1) 设计计算结果

基坑工程设计人员对于围护墙、支撑或锚杆的受力和变形、坑内外土层位移、建(构)筑物变形、抗渗等均进行过详尽的设计计算或分析，掌握受力、变形等最不利部位或构件位置，计算结果可以作为确定监测报警值的依据。规范规定监测报警值应由基坑工程设计方案确定。

2）相关规范标准的规定值以及有关部门的规定

随着地下工程经验的积累和增多，各地区的工程管理部门陆续以地区规范、规程等形式对地下工程的稳定判别标准做出了相应的规定。

3）工程经验类比

基坑工程的设计与施工中，工程经验起到十分重要的作用，参考已建类似工程项目的受力和变形规律，提出并确定本工程的基坑报警值，往往能取得较好的效果。

13.4 基坑监测案例

13.4.1 支护体系

基坑开挖深度11m，竖向支护结构采用钻孔灌注桩，内支撑采用两道钢筋混凝土水平支撑，止水帷幕采用三轴水泥土搅拌桩，基坑内的部分裙边被动区采用双轴水泥土搅拌桩加固。

13.4.2 监测项目

监测项目见表13-7，监测内容比较全面，有桩顶位移、土体深层水平位移、支撑轴力、立柱沉降、地面沉降，还有土压力监测。

表 13-7 基坑监测项目一览表

项 目	观测点数量/个	编 号	备 注
桩顶位移	54	WY1～WY54	
桩顶沉降	54	WY1～WY54	
深层水平位移	17	CX1～CX17	425m
支撑轴力	86	ZL1-1～ZL1-43 ZL2-1～ZL2-43	2 层共 86 对
地面沉降	15	DL1～DL15	
水位	12	SW1～SW12	
立柱沉降	40	LZ1～LZ40	
主动区土压力	6×4	TYL1～TYL6	6 个断面
临近建筑物沉降	13	F1～F13	

13.4.3 监测点平面布置图

基坑周围环境条件比较复杂，南侧紧邻通航的张家港河，支护体边缘距离张家港河最近处约3.0m。东南角是个大阳角，基坑的受力与变形较复杂。基坑北侧为城市道路，也紧邻基坑。比较而言，基坑监测重点在基坑南侧及基坑的阳角处。

图13-8是基坑监测点平面布置图，图13-9是第一道内支撑轴力43个监测点平面布置图。

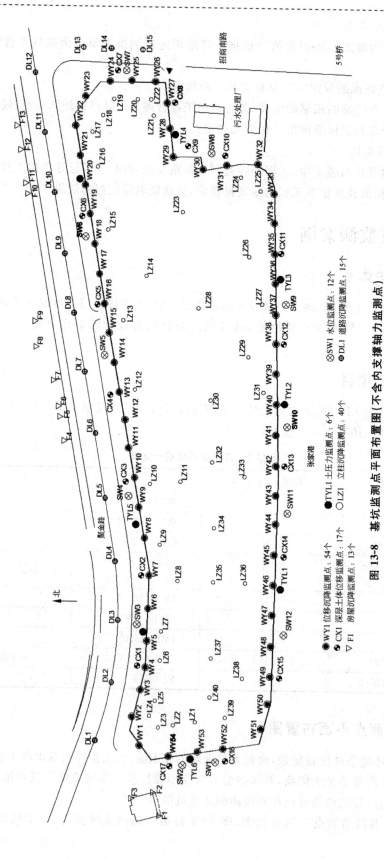

图 13-8 基坑监测点平面布置图（不含内支撑轴力监测点）

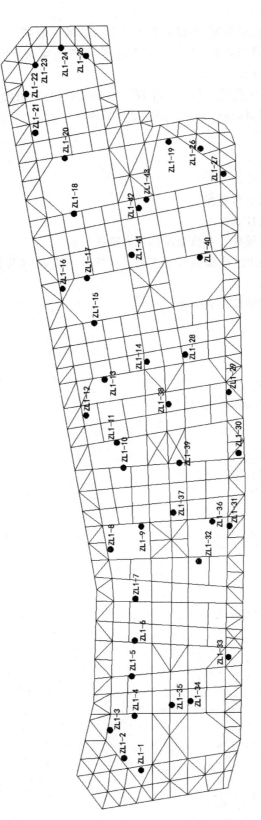

图 13-9 第一道内支撑轴力 43 个监测点平面布置图

　　从本案例看,基坑监测点的布置,不仅要满足监测规范的一般要求,还要针对基坑的特点做具体分析,找出基坑的薄弱处及危险点。只有这样,才能使监测方案适应被监测基坑的工程特性,并能有效指导基坑安全施工。

　　从图 13-8 可以看出,基坑监测点的布置体现了本基坑的特点,沿南侧坑壁及阳角处对相应监测点进行了加密布置,体现了重点监测关键区原则。

习题

　　13.1　为什么要对基坑进行监测?

　　13.2　基坑监测目的是什么?

　　13.3　基坑监测对象有哪些?基坑监测项目有哪些?

　　13.4　当出现何种情况时,应提高监测频率,并及时向委托方及相关单位报告监测结果?

　　13.5　监测报警值确定的依据有哪些?

参 考 文 献

[1] 肖晓春,袁金荣,朱雁飞.新加坡地铁环线 C824 标段失事原因分析(二)——围护体系设计中的错误[J].现代隧道技术,2009,46(6):28-34.

[2] 肖晓春,袁金荣,朱雁飞.新加坡地铁环线 C824 标段失事原因分析(三)——反分析的瑕疵与施工监测不力[J].现代隧道技术,2010,47(1):22-28.

[3] 张旷成,李继民.杭州地铁湘湖站"08.11.15"基坑坍塌事故分析[J].岩土工程学报,2010,32(S1):338-342.

[4] 马海龙,张永利.某深基坑工程事故分析[J].四川建筑,2002,22(3):63-64.

[5] 刘国彬,王卫东.基坑工程手册[M].2 版.北京:中国建筑工业出版社,2009.

[6] 徐日庆.基坑工程安全技术[M].北京:中国建筑工业出版社,2015.

[7] 中国土木工程学会土力学及岩土工程分会.深基坑支护技术指南[M].北京:中国建筑工业出版社,2012.

[8] 中华人民共和国行业标准.建筑基坑支护技术规程:JGJ 120—2012[S].北京:中国建筑工业出版社,2012.

[9] 中华人民共和国国家标准.建筑地基基础设计规范:GB 50007—2011[S].北京:中国建筑工业出版社,2011.

[10] 孔德森,吴燕开.基坑支护工程[M].北京:冶金工业出版社,2012.

[11] 熊智彪.建筑基坑支护[M].北京:中国建筑工业出版社,2013.

[12] 上海市工程建设规范.基坑工程技术规范:DG/T J08—61—2010[S].上海:上海市建筑建材业市场管理总站,2010.

[13] 李镜培,梁发云,赵春风.土力学[M].北京:高等教育出版社,2015.

[14] 马海龙.土力学[M].杭州:浙江大学出版社,2014.

[15] 马海龙,马宇飞.饱和软土中深基坑主动土压力实测研究[J].工程勘察,2016,44(2):7-12.

[16] 连静.基于弹性支点法的基坑排桩支护结构计算模型及方法研究[D].成都:西南交通大学,2014.

[17] WONG I H, POH T Y, CHUAH H L. Performance of excavations for depressed expressway in Singapore [J]. Journal of Geotechnical and Geoenvironmental Engineering, 1997, 123(7): 617-625.

[18] LEUNG E H Y, CHARLES W W. Wall and ground movements associated with excavations supported by cast in situ wall in mixed ground conditions [J]. Journal of Geotechnical and Geoenvironmental Engineering, 2007, 133(2): 129-143.

[19] YOO C. Behavior of braced and anchored[J]. Journal of Geotechnical and Geoenvironmental Engineering, 2001, 127(3): 225-233.

[20] LONG M. Database for retaining wall and ground movements due to deep excavations [J]. Journal of Geotechnical and Geoenvironmental Engineering, 2001, 127(33): 203-224.

[21] MOORMARM C. Analysis of wall and ground movements due to deep excavations in soft soil based on a new worldwide database [J]. Soils and Foundations, 2004, 44(1): 87-98.

[22] 徐中华.上海地区支护结构与主体地下结构相结合的深基坑变形性状研究[D].上海:上海交通大学, 2007.

[23] CHANG Y O, HSIEH P G, CHIOU D C. Characteristics of ground surface settlement during excavation [J]. Journal of Canada Geotechnical, 1993, 30: 758-767.

[24] HSIEH P G, CHANG Y O. Shape of ground surface settlement profiles caused by excavation[J]. Canadian Geotechnical Journal, 1998, 35: 1004-1017.

[25] 侯学渊,夏明耀,李桂花.软土深基坑工程的稳定与隆起研究[M].上海:同济大学出版社,1991.

[26] 马海龙,戈铮.加筋水泥土桩锚墙支护的基坑监测分析[J].土木工程学报,2010,43(4):105-112.

［27］　中华人民共和国行业标准. 型钢水泥土搅拌墙技术规程：JGJ/T 199—2010［S］. 北京：中国建筑工业出版社，2010.

［28］　中华人民共和国行业标准. 建筑桩基技术规范：JGJ 94—2008［S］. 北京：中国建筑工业出版社，2008.

［29］　中华人民共和国国家标准. 混凝土结构设计规范：GB 50010—2011［S］. 北京：中国建筑工业出版社，2010.

［30］　中华人民共和国国家标准. 钢结构设计规范：GB 50017—2003［S］. 北京：中国计划出版社，2003.

［31］　刘同焰. 圆形截面混凝土结构抗剪承载力计算方法探讨［J］. 安徽建筑，2007，5(64)：70-71.

［32］　林鹏，王艳峰，范志雄，等. 双排桩支护结构在软土基坑工程中的应用分析［J］. 岩土工程学报，2010(S2)：331-334.

［33］　赖冠宙，房营光，史宏彦. 深基坑排桩支护结构空间共同变形分析［J］. 岩土力学，2007，8(44)：1749-1752.

［34］　周顺华，刘建国，潘若龙，等. 新型型钢水泥土搅拌墙基坑围护结构的现场试验和分析［J］. 岩土工程学报，2001，23(6)：692-695.

［35］　顾士坦，施建勇. 深基坑型钢水泥土搅拌墙模拟试验研究及工作机理分析［J］. 岩土力学，2008，4(53)：1121-1126.

［36］　黄伟达，张明，蓝永基，等. 型钢水泥土搅拌墙及扩孔锚杆在深大基坑中的工程实践［J］. 岩土工程学报，2010(S1)：261-264.

［37］　龚晓南. 深基坑工程设计施工手册［M］. 北京：中国建筑工业出版社，1998.

［38］　戴国亮，程晔. 基坑工程［M］. 武汉：武汉大学出版社，2015.

［39］　袁聚云，楼晓明，姚笑青，等. 基础工程设计原理［M］. 北京：人民交通出版社，2011.

［40］　SHEN C K, HERRMANN L R, ROMSTAD K M, et al. An in site earth reinforcement lateral support system［D］. Department of Civil Engineering, University of California, Davis, 1981.

［41］　中华人民共和国行业标准. 建筑边坡工程技术规范：GB 50330—2002［S］. 北京：中国建筑工业出版社，2002.

［42］　付文光，杨志银，刘俊彦，等. 复合土钉墙的若干理论问题、兼论《复合土钉墙支护技术规范》［J］. 岩石力学与工程学报，2012，31(11)：2291-2304.

［43］　中华人民共和国国家标准. 复合土钉墙基坑支护技术规范：GB 50739—2012［S］. 北京：中国计划出版社，2011.

［44］　中华人民共和国国家标准. 建筑结构荷载规范：GB 50009—2001［S］. 北京：中国建筑工业出版社，2011.

［45］　魏焕文，杨敏. 土钉墙变形规律及其相关性的实测研究［J］. 岩土力学，2009，30(6)：1753-1758.

［46］　刘澄赤，杨敏. 疏排桩——土钉墙组合支护基坑整体稳定性分析［J］. 岩土工程学报，2014，36(S2)：82-86.

［47］　董建国，袁聚云. 基坑设计考虑黏性土变形局部化的探讨［J］. 岩土工程学报，2006，28(S)：1383-1386.

［48］　秦爱芳，胡中雄，彭世娟. 上海软土地区受卸荷影响的基坑被动区土体加固厚度研究［J］. 岩土工程学报，2008，30(6)：935-940.

［49］　马海龙. 水泥土的实验与分析［J］. 苏州城建环保学院学报，1995，8(3)：34-39.

［50］　马海龙. 基坑被动区加固对支护影响的研究［J］. 岩土工程学报，2013，35(S2)：573-578.

［51］　龚晓南. 对岩土工程数值分析的几点思考［J］. 岩土力学，2011，32(2)：321-325.

［52］　CLOUGH G W, DUNCAN J M. Finite element analysis of retaining wall behavior［J］. Journal of the Soil Mechanics and Foundations Division, ASCE, 1971, 97(12)：1657-1672.

［53］　李围. 隧道及地下工程 FLAC 解析方法［M］. 北京：中国水利水电出版社，2009.

［54］　SCHANZ T, VERMEER P A, BONNIER P G. The hardening soil model: formulation and verification [C]. In：Beyond 2000 in Computational Geotechnics，Amsterdam，Balkema，1999：281-296.

[55] 王春波，丁文其，乔亚飞.硬化土本构模型在 FLAC3D 中的开发及应用[J].岩石力学与工程学报，2014，33(1)：199-208.

[56] BENZ T，VERMEER P A，SCHWAB R. A small-strain overlay model [J]. International Journal for Numerical and Analytical Methods in Geomechanics，2010，33：25-44.

[57] HARDIN B O，DRNEVICH V P. Shear modulus and damping in soils：aeasurement and parameter effects [C]. In：Journal of Soil Mechanics and Foundations Division，ASCE，1972,98(6)：603-624.

[58] BURLAND J B. Small is beautiful—the stiffness of soils at small strains [J]. Canadian Geotechnical Journal，1989，26(4)：499-516.

[59] BRINKGREVE R B J，BROERE W. Plaxis 2D manual [M]. The Netherlands：Delft University of Technology & Plaxis b. v.，2007.

[60] 汪中卫.考虑时间与小应变的地铁深基坑变形及土压力的研究[D].同济大学，2004.

[61] 梁发云，贾亚杰，丁钰津，等.上海地区软土 HSS 模型参数的试验研究[J].岩土工程学报，2017，39(2)：269-278.

[62] 褚峰，李永盛，梁发云，等.土体小应变条件下紧邻地铁枢纽的超深基坑变形特性数值分析[J].岩石力学与工程学报，2010，29(S1)：3184-3192.

[63] 张健为，朱敏捷.土木工程施工[M].北京：机械工业出版社，2016.

[64] 刘建民，张卫红.土木工程施工教程[M].西安：西北工业大学出版社，2012.

[65] 中华人民共和国国家标准.建筑基坑工程监测技术规范：GB 50497—2009[S].北京：中国计划出版社，2009.

[66] 中华人民共和国行业标准.建筑变形测量规范：JGJ 8—2007[S].北京：中国建筑工业出版社，2007.

[67] 中华人民共和国国家标准.工程测量规范：GB 50026—2007[S].北京：中国计划出版社，2007.

[68] 黄秋林.深基坑变形监测及数据处理[J].山西建筑，2005,31(1)：67-68.

[69] 贺勇.基坑工程变形监测与安全预警问题的研究[J].勘察科学技术，2003(44)：29-33.

[70] 杨敏.基坑工程中的位移反分析技术与应用[J].工业建筑，1992,22(9)：1-6.

[71] 严薇，曾友谊，王维说.深基坑桩锚支护结构变形和内力分析方法探讨[J].重庆大学学报，2008，31(3)：344-348.

[72] 姜晨光，林新贤，黄家兴.深基坑桩锚支护结构变形监测与初步分析[J].岩土工程界，2002,5(8)：55-56.

[73] 朱启贵.基坑工程监测报警值的确定[J].地基与基础，2010,24(5)：662-664.

[74] 叶观宝.地基加固新技术[M].北京：机械工业出版社，2002.